Python玩转Excel

轻松实现高效办公

洪锦魁◎著

清華大學出版社
北京

内 容 简 介

这是一本讲解用 Python 操作 Excel 工作表的入门书籍。本书从最基础的工作簿、工作表说起，逐步介绍操作工作表、美化工作表、分析工作表数据、将数据以图表表达的方法，最后讲解将 Excel 工作表保存成 PDF，以达成办公自动化的目的。本书的特色是在讲解 openpyxl 模块或 Pandas 模块时，会将相关的 Excel 窗口内容搭配说明，让读者了解程序设计各参数在 Excel 窗口所代表的真实意义。

本书适合处理大量数据工作的财务人员、数据分析师等职场人士阅读，也适合作为高校程序设计相关课程的教材。

图书在版编目（CIP）数据

Python 玩转 Excel : 轻松实现高效办公 / 洪锦魁著 . —北京：清华大学出版社，2023.8
ISBN 978-7-302-64123-0

Ⅰ . ① P…　Ⅱ . ①洪…　Ⅲ . ①软件工具—程序设计②表处理软件　Ⅳ . ① TP311.561 ② TP391.13

中国国家版本馆 CIP 数据核字 (2023) 第 129662 号

责任编辑：杜　杨
封面设计：杨玉兰
版式设计：方加青
责任校对：胡伟民
责任印制：沈　露

出版发行：清华大学出版社
网　　址：http://www.tup.com.cn，http://www.wqbook.com
地　　址：北京清华大学学研大厦 A 座　　**邮　　编：**100084
社 总 机：010-83470000　　**邮　　购：**010-62786544
投稿与读者服务：010-62776969，c-service@tup.tsinghua.edu.cn
质 量 反 馈：010-62772015，zhiliang@tup.tsinghua.edu.cn
印 装 者：小森印刷（北京）有限公司
经　　销：全国新华书店
开　　本：170mm×240mm　　**印　　张：**17.25　　**字　　数：**505 千字
版　　次：2023 年 9 月第 1 版　　**印　　次：**2023 年 9 月第 1 次印刷
定　　价：99.00 元

产品编号：099571-01

前言

这是一本讲解用 Python 操作 Excel 工作表的入门书籍，全书从最基础的工作簿、工作表说起，然后介绍操作工作表、美化工作表、分析工作表数据、将数据以图表表达的方法，最后讲解将 Excel 工作表保存成 PDF，以达成办公自动化的目的。

本书的特色是在讲解 openpyxl 模块或 Pandas 模块时，会将相关的 Excel 窗口内容搭配说明，让读者了解程序设计各参数在 Excel 窗口所代表的真实意义。

全书分成 23 章，共 300 多个程序实例，完整解说下列知识：

- “Python + openpyxl”操作 Excel
- “Python + Pandas”进阶分析 Excel 数据
- 办公室复杂与日常工作的自动化
- 操作工作表
- 使用单元格
- 设定单元格的数据格式
- 单元格的保护
- 设定工作表格式
- 色阶、数据条与图标集
- 凸显符合条件的数据
- 数据验证
- 工作表打印
- 工作表图像操作
- 各类 2D 与 3D 专业图表设计
- Excel 工作表转成 CSV 文件
- CSV 文件转成 Excel 工作表
- Excel 文件转成 PDF

笔者写过许多计算机图书，本书沿袭笔者写作的特色，程序实例丰富，相信读者只要遵循本书内容必定可以快速学会使用 Python + openpyxl + Pandas 操作 Excel，掌握办公自动化的基础知识。本书虽力求完美，但错误难免，尚祈读者不吝指正。

本书附录及程序实例代码请扫描下方二维码查看。

附录

程序实例代码

洪锦魁

2023 年 8 月

目录

第 4 章　工作表与工作簿整合实操

第 5 章　工作表行与列的操作

第 6 章　单元格的样式

第 7 章　单元格的进阶应用

第 18 章 圆饼图、环形图与雷达图

第 19 章 使用 Python 处理 CSV 文件

第 20 章 Pandas 入门

第 21 章 用 Pandas 操作 Excel

第 22 章 建立数据透视表

第 23 章 Excel 文件转成 PDF

第 1 章

使用 Python 读写 Excel 文件

1-1 前期准备工作
1-2 使用 Python 操作 Excel 的模块说明
1-3 认识 Excel 窗口
1-4 读取 Excel 文件
1-5 切换工作表对象
1-6 写入 Excel 文件
1-7 关闭文件
1-8 找出目前文件夹中的 Excel 文件
1-9 找出目前文件夹所有 out 开头的 Excel 文件
1-10 复制所有 out1 开头的文件
1-11 输入关键词查找工作簿

Excel 是办公人员经常使用的软件，主要用来做数据的统计与分析。

虽然 Excel 的功能已经很强大了，但有时我们可能会遇上需从数百或更多电子表格中依条件复制一些数据到其他表格，或是从数百或更多数据表中搜寻符合特定条件的数据。使用 Excel 只能按部就班一步一步完成，但使用 Python 却可以轻松完成这类工作，本书就是讲解如何使用 Python 更加轻松地操作工作表、工作簿，实现高效办公。

1-1 前期准备工作

本书的讲解是基于读者已经有 Python 基础，如果读者不熟悉 Python，建议可以阅读笔者所著的 Python 书籍《Python 王者归来（增强版）》。

1-2 使用 Python 操作 Excel 的模块说明

本章内容需要使用外挂模块 openpyxl，读者可提前下载此模块，下载指令如下：

```
pip install openpyxl
```

程序导入方法如下：

```
import openpyxl
```

1-3 认识 Excel 窗口

下列是 Microsoft Excel 窗口。

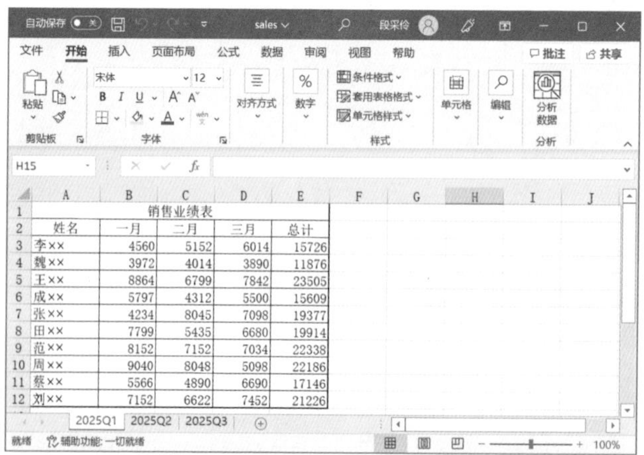

销售业绩表				
姓名	一月	二月	三月	总计
李××	4560	5152	6014	15726
魏××	3972	4014	3890	11876
王××	8864	6799	7842	23505
成××	5797	4312	5500	15609
张××	4234	8045	7098	19377
田××	7799	5435	6680	19914
范××	8152	7152	7034	22338
周××	9040	8048	5098	22186
蔡××	5566	4890	6690	17146
刘××	7152	6622	7452	21226

Microsoft Excel 文件的扩展名是 xlsx，下列是一些基本名词。

工作簿 (workbook)：Excel 的文件又称工作簿。

工作表 (worksheet)：一个工作簿是由不同数量的工作表组成，若以上图为例，是由 2025Q1、2025Q2、2025Q3 这 3 个工作表所组成，其中 2025Q1 底色是白色，表示这是目前工作表 (active sheet)。

列 (column)：工作表的列名是 A、B 等。

行 (row)：工作表的行名称是 1、2 等。

单元格 (cell)：工作表内的每一个格子称单元格，用 (列名 , 行名) 代表。

1-4 读取 Excel 文件

在本书 ch1 文件夹有 sales.xlsx，本节主要以此文件为实例解说。

1-4-1 开启文件

当我们导入 openpyxl 模块后，可以使用 openpyxl.load_workbook( ) 方法开启 Excel 文件。此函数语法如下：

```
wb = openpyxl.load_workbook(filename, read_only=FALSE,
    data_only=False, keep_vba=KEEP_VBA)
```

上述函数参数意义如下：

- filename：所读取的 Excel 文件名。
- read_only：设定是否只读，也就是只能读取不可编辑，预设是 False，表示所开启的 Excel 文件可以读写，如果设为 True 表示所开启的 Excel 文件只能读取无法更改。
- data_only：设定含公式的单元格是否具有公式功能，默认是 False，表示含公式的单元格仍具有公式功能。
- keep_vba：保存 Excel VBA 的内容，预设是保存。

上述函数可以回传工作簿对象 (也可称 Excel 文件对象)wb，本章将用 wb 变量代表 workbook 工作簿文件对象，当然读者也可以使用其他名称。

程序实例 ch1_1.py：开启 sales.xlsx 文件，然后列出回传 Excel 工作簿文件对象的文件类型。

```
# ch1_1.py
import openpyxl

fn = 'sales.xlsx'
wb = openpyxl.load_workbook(fn)      # wb是Excel 文件对象
print(type(wb))
```

执行结果

```
==================== RESTART: D:\Python_Excel\ch1\ch1_1.py ====================
<class 'openpyxl.workbook.workbook.Workbook'>
>>>
```

1-4-2 取得工作表 worksheet 名称

延续前一小节，有了工作簿 wb 对象后，可以使用下列方式获得工作簿的相关信息。

wb.sheetnames：所有工作表。

wb.active：目前工作表。

wb.active.title：目前工作表名称。

程序实例 ch1_2.py：列出 sales.xlsx 工作簿文件所有的工作表、目前工作表和目前工作表的名称。

```
1  # ch1_2.py
2  import openpyxl
3
4  fn = 'sales.xlsx'
5  wb = openpyxl.load_workbook(fn)      # wb是Excel 文件对象
6  print("所有工作表      = ", wb.sheetnames)
7  print("目前工作表      = ", wb.active)
8  print("目前工作表名称 = ", wb.active.title)
```

执行结果

```
==================== RESTART: D:\Python_Excel\ch1\ch1_2.py ====================
所有工作表      =  ['2025Q1', '2025Q2', '2025Q3']
目前工作表      =  <Worksheet "2025Q1">
目前工作表名称 =  2025Q1
```

上述程序获得了所有的工作表、目前工作表和目前工作表名称。其实在开启 Excel 文件后，最左边的工作表是预设的工作表，如下所示：

2025Q1 | 2025Q2 | 2025Q3

就绪　辅助功能: 一切就绪

所以程序实例 ch1_2.py 的第 6 行和第 7 行的输出，才是上述执行结果。

程序实例 ch1_2_1.py：使用循环列出 sales.xlsx 工作簿所有的工作表名称。

```
# ch1_2_1.py
import openpyxl

fn = 'sales.xlsx'
wb = openpyxl.load_workbook(fn)      # wb是Excel 文件对象
print("所有工作表      = ", wb.sheetnames)
for sheet in wb.sheetnames:
    print("工作表名称 = ", sheet)
```

执行结果

```
==================== RESTART: D:\Python_Excel\ch1\ch1_2_1.py ====================
所有工作表      =  ['2025Q1', '2025Q2', '2025Q3']
工作表名称 =  2025Q1
工作表名称 =  2025Q2
工作表名称 =  2025Q3
```

1-5 切换工作表对象

1-5-1 直接使用工作表名称

对于 wb 目前工作簿对象而言，可以使用下列语法切换工作表对象。

ws = wb[sheetname]　　# 假设工作表对象名称是 ws

以目前实例而言，可以使用列表的参数，在此可以称索引，切换特定的工作表对象，下列指令可以切换获得 2025Q3 工作表对象。

```
ws = wb['2025Q3']
```

此例 ws 是工作表对象，可以使用 title 属性列出实际工作表名称。

程序实例 ch1_3.py：重新设计 ch1_2.py，将 title 属性应用在 ws 对象，取得特定工作表对象 wb['2025Q3'] 的名称。

```
# ch1_3.py
import openpyxl

fn = 'sales.xlsx'
wb = openpyxl.load_workbook(fn)
print("预设的工作表名称 = ", wb.active.title)
ws = wb['2025Q3']      # 设定特定工作表的名称
print("特定工作表的名称 = ", ws.title)
```

执行结果

```
==================== RESTART: D:\Python_Excel\ch1\ch1_3.py ====================
预设的工作表名称 =  2025Q1
特定工作表的名称 =  2025Q3
```

1-5-2 使用 worksheets[n] 切换工作表

openpyxl 模块的 wb 对象，也允许使用 worksheets[n] 属性切换工作表，此 n 代表工作表编号，此编号是从 0 开始编号，概念如下：

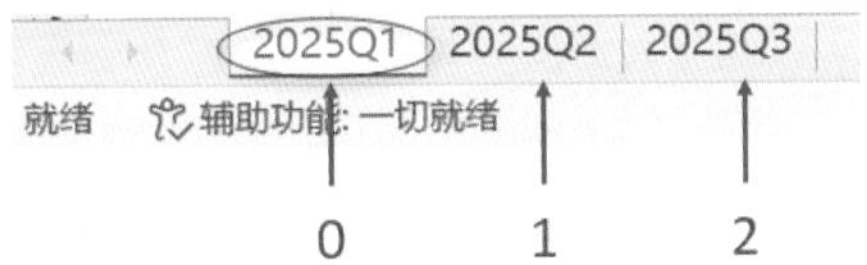

程序实例 ch1_4.py：使用 worksheets[n] 切换显示工作表名称。

```
# ch1_4.py
import openpyxl

fn = 'sales.xlsx'
wb = openpyxl.load_workbook(fn)
print("预设的工作表名称 = ", wb.active.title)
ws0 = wb.worksheets[0]
ws1 = wb.worksheets[1]
ws2 = wb.worksheets[2]
print("特定工作表的名称 = ", ws0.title)
print("特定工作表的名称 = ", ws1.title)
print("特定工作表的名称 = ", ws2.title)
```

执行结果

```
==================== RESTART: D:\Python_Excel\ch1\ch1_4.py ====================
预设的工作表名称 =  2025Q1
特定工作表的名称 =  2025Q1
特定工作表的名称 =  2025Q2
特定工作表的名称 =  2025Q3
```

1-6 写入 Excel 文件

openpyxl 模块也提供了方法可以让我们写入 Excel 文件。

1-6-1 建立空白工作簿

openpyxl.Workbook( ) 可以建立空白的工作簿对象，也可想成 Excel 文件对象，此函数的语法如下：

```
wb = openpyxl.Workbook(write_only=False)
```

上述函数回传 wb 工作簿对象，默认所建立的文件对象是可擦写，如果想要设为只写模式，可以加上 write_only=True 参数。

1-6-2 存储 Excel 文件

save( ) 方法可以存储 Excel 工作簿文件，这个方法需由 Excel 文件对象启动，先前我们是使用 wb 当作文件对象的变量，这时可以使用 active 获得目前工作表对象，概念如下：

```
ws = wb.active                    # 获得目前工作表对象
```

有了 ws 工作表对象，可以使用 title 属性获得或是设定工作表名称，如下所示：

```
ws.title                          # 目前工作表名称
```

假设想要将目前工作表名称改为“My sheet”，可以使用下列指令：

```
ws.title = 'My sheet'
```

要存储目前工作簿文件可以使用下列语法：

```
wb.save(文件名)                    # 可以存储指定文件名的文件
```

或是：

```
wb.save(filename = 文件名)
```

程序实例 ch1_5.py：建立一个空白的 Excel 文件，列出预设的工作表名称，然后将预设工作表名称改为“My sheet”，最后用 out1_5.xlsx 名称存储此文件。

```
# ch1_5.py
import openpyxl

wb = openpyxl.Workbook()                  # 建立空白的工作簿
ws = wb.active                            # 获得目前工作表
print("目前工作表名称 = ", ws.title)        # 打印目前工作表
ws.title = 'My sheet'                     # 更改目前工作表名称
print("新工作表名称   = ", ws.title)        # 打印新的目前工作表
wb.save('out1_5.xlsx')                    # 将工作簿存储
```

执行结果 下列是执行结果与 out1_5.xlsx 的结果。

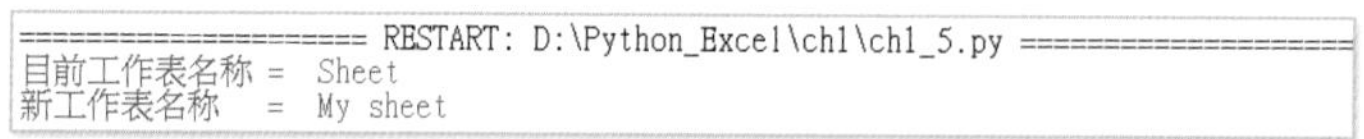

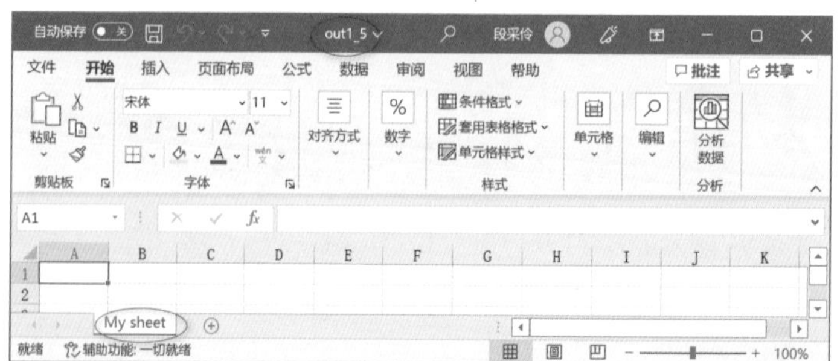

程序实例 ch1_5_1.py：重新设计 ch1_5.py，使用另一种方式建立与存储工作簿文件 out1_5_1.xlsx。

```
# ch1_5_1.py
import openpyxl

wb = openpyxl.Workbook()                    # 建立空白的工作簿
ws = wb.active                              # 获得目前工作表
print("目前工作表名称 = ", ws.title)          # 打印目前工作表
ws.title = 'My sheet'                       # 更改目前工作表名称
print("新工作表名称   = ", ws.title)          # 打印新的目前工作表
fn = 'out1_5_1.xlsx'
wb.save(filename=fn)                        # 将工作簿存储
```

执行结果 与 ch1_5.py 相同，可是此程序建立了 out1_5_1.xlsx 工作簿文件。

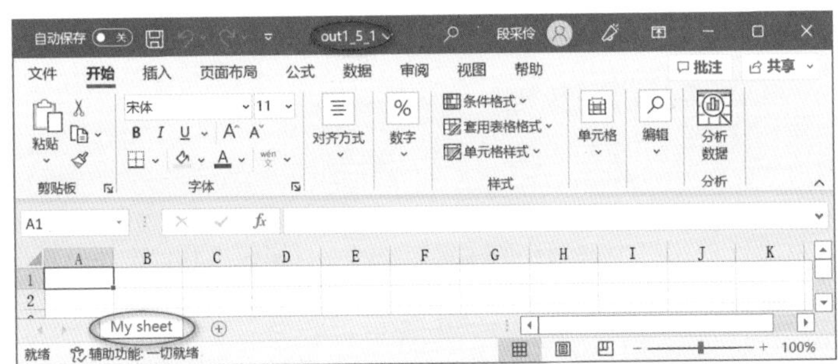

1-6-3 复制 Excel 文件

我们可以开启文件，然后用以新名称存储文件的方式复制 Excel 文件。

程序实例 ch1_6.py：将 sales.xlsx 复制一份至 out1_6.xlsx。

```
# ch1_6.py
import openpyxl

fn = 'sales.xlsx'
wb = openpyxl.load_workbook(fn)   # 开启sales.xlsx工作簿
wb.save('out1_6.xlsx')            # 将工作簿存储至out1_6.xlsx
print("复制完成")
```

执行结果 可以在目前工作文件夹看到所建立的 out1_6.xlsx 文件，文件内容与 sales.xlsx 相同。

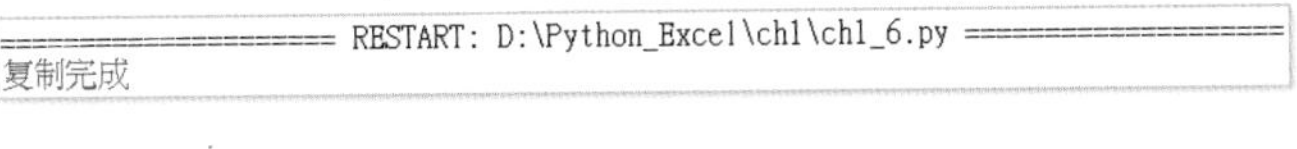

```
==================== RESTART: D:\Python_Excel\ch1\ch1_6.py ====================
复制完成
```

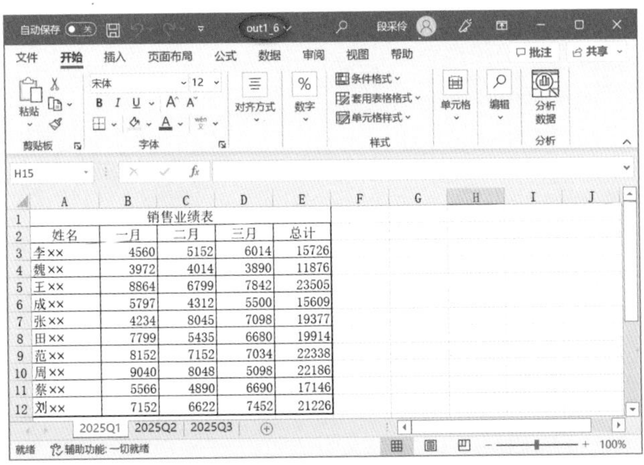

销售业绩表				
姓名	一月	二月	三月	总计
李××	4560	5152	6014	15726
魏××	3972	4014	3890	11876
王××	8864	6799	7842	23505
成××	5797	4312	5500	15609
张××	4234	8045	7098	19377
田××	7799	5435	6680	19914
范××	8152	7152	7034	22338
周××	9040	8048	5098	22186
蔡××	5566	4890	6690	17146
刘××	7152	6622	7452	21226

1-7 关闭文件

先前实例笔者使用 wb 当作工作簿对象，对于未来不再使用的工作簿对象，可以使用 close( ) 函数关闭此工作簿对象，执行 close( ) 函数后，可以将此对象所占据的内存归还系统，语法如下：

```
wb.close( )
```

如果没有执行此函数，程序也不会错，因为本书程序大多较短小，所以笔者大都省略此函数。

程序实例 ch1_6_1.py：增加 close( ) 函数，重新设计 ch1_6.py 程序。

```
# ch1_6_1.py
import openpyxl

fn = 'sales.xlsx'
wb = openpyxl.load_workbook(fn)  # 开启sales.xlsx工作簿
wb.save('out1_6_1.xlsx')         # 工作簿存储至out1_6_1.xlsx
print("复制完成")
wb.close()
```

执行结果 可以在目前工作文件夹看到所建立的 out1_6_1.xlsx 文件，文件内容与 sales.xlsx 相同。

```
=================== RESTART: D:\Python_Excel\ch1\ch1_6_1.py ===================
复制完成
```

1-8 找出目前文件夹中的 Excel 文件

Python 内有一个模块 glob 可用于列出特定工作文件夹的内容(不含子文件夹)，当导入这个模块后可以使用 glob( ) 方法获得特定工作目录的内容，这个方法最大特色是可以使用通配符“*”，例如：可用“*.xlsx”获得所有 Excel 文件。“?”可以是任意字符、“[abc]”必须是 abc 字符。更多应用可参考下列实例。

程序实例 ch1_7.py：方法 1 是列出所有特定文件夹的文件，方法 2 是列出目前文件夹中的 Excel 文件，方法 3 是列出 out1 开头的所有文件，方法 4 是使用“?”字符列出 out1_ 开头的文件(注：out1_ 后面只限一个字符)。

```
# ch1_7.py
import glob

print("方法1:列出\\Python\\ch1文件夹的所有Excel文件")
for file in glob.glob('D:\\Python_Excel\\ch1\*.xlsx'):
    print(file)

print("方法2:列出目前文件夹的Excel文件")
for file in glob.glob('*.xlsx'):
    print(file)

print("方法3:列出目前文件夹out1开头的Excel文件")
for file in glob.glob('out1*.xlsx'):
    print(file)

print("方法4:列出目前文件夹out1_开头的Excel文件")
for file in glob.glob('out1_?.xlsx'):
    print(file)
```

执行结果

```
==================== RESTART: D:\Python_Excel\ch1\ch1_7.py ====================
方法1:列出\Python\ch1文件夹的所有Excel文件
D:\Python_Excel\ch1\out1_5.xlsx
D:\Python_Excel\ch1\out1_6.xlsx
D:\Python_Excel\ch1\sales.xlsx
D:\Python_Excel\ch1\~$sales.xlsx
方法2:列出目前文件夹的Excel文件
out1_5.xlsx
out1_6.xlsx
sales.xlsx
~$sales.xlsx
方法3:列出目前文件夹out1开头的Excel文件
out1_5.xlsx
out1_6.xlsx
方法4:列出目前文件夹out1_开头的Excel文件
out1_5.xlsx
out1_6.xlsx
```

1-9 找出目前文件夹所有 out 开头的 Excel 文件

为了更有效率操作 Excel，可能我们会想要一次下载多个 Excel 文件，可以参考下列实例。

程序实例 ch1_8.py：下载目前文件夹内所有 out1 开头的 Excel 文件，同时列出这些文件的工作表。

```
# ch1_8.py
import glob
import openpyxl

files = glob.glob('out1*.xlsx')
for file in files:
    wb = openpyxl.load_workbook(file)
    print(f'下载 {file} 成功')
    print(f'{file} = {wb.sheetnames}')
```

执行结果

```
==================== RESTART: D:\Python_Excel\ch1\ch1_8.py ====================
下载 out1_5.xlsx 成功
out1_5.xlsx = ['My sheet']
下载 out1_6.xlsx 成功
out1_6.xlsx = ['2025Q1', '2025Q2', '2025Q3']
```

1-10 复制所有 out1 开头的文件

在操作文件夹时，可能会想要将所有特定的 Excel 文件全部复制一份，这时可以使用复制下载，然后更改文件名。

程序实例 ch1_9.py：将所有 out1 开头的 Excel 文件名前面增加 new 字符串。

```
# ch1_9.py
import glob
import openpyxl

files = glob.glob('out1*.xlsx')
for file in files:
    wb = openpyxl.load_workbook(file)
    newfile = 'new' + file
    wb.save(newfile)
newfiles = glob.glob('new*.xlsx')
print("输出复制结果")
for newf in newfiles:
    print(newf)
```

执行结果

```
==================== RESTART: D:\Python_Excel\ch1\ch1_9.py ====================
输出复制结果
newout1_5.xlsx
newout1_6.xlsx
```

程序实例 ch1_10.py：将所有 out 开头的 Excel 文件，另外复制一份为 new 取代 out 开头。

```
# ch1_10.py
import glob
import openpyxl

files = glob.glob('out1*.xlsx')
for file in files:
    wb = openpyxl.load_workbook(file)
    newfile = file.replace('out','new')
    wb.save(newfile)
newfiles = glob.glob('new1*.xlsx')
print("输出复制结果")
for newf in newfiles:
    print(newf)
```

执行结果

```
==================== RESTART: D:\Python_Excel\ch1\ch1_10.py ====================
输出复制结果
new1_5.xlsx
new1_6.xlsx
```

1-11 输入关键词查找工作簿

1-11-1 目前工作文件夹

在使用 Excel 时，也可以用关键词搜寻工作簿。

程序实例 ch1_11.py：搜寻目前工作文件夹内文件名含 out 的工作簿。

```
# ch1_11.py
import glob

key = input('请输入关键词 : ')
keyword = '*' + key + '*.xlsx'   # 组成关键词的字符串
files = glob.glob(keyword)
for fn in files:
    print(fn)
```

执行结果

```
==================== RESTART: D:\Python_Excel\ch1\ch1_11.py ====================
请输入关键词 : out
newout1_5.xlsx
newout1_6.xlsx
out1_5.xlsx
out1_6.xlsx
```

1-11-2 搜寻特定文件夹

前一小节是搜寻目前工作文件夹内含 out 字符串的工作簿，读者也可以搜寻其他工作文件夹的工作簿，只要增加文件夹名称即可。

程序实例 ch1_12.py：可以参考下列实例。

```
# ch1_12.py
import glob

mydir = input('请输入指定文件夹 : ')
key = input('请输入关键词 : ')
keyword = mydir + '*' + key + '*.xlsx'
files = glob.glob(keyword)
for fn in files:
    print(fn)
```

执行结果

```
==================== RESTART: D:\Python_Excel\ch1\ch1_12.py ====================
请输入指定文件夹 : D:/Python_Excel/ch1/
请输入关键词 : out
D:/Python_Excel/ch1\newout1_5.xlsx
D:/Python_Excel/ch1\newout1_6.xlsx
D:/Python_Excel/ch1\out1_5.xlsx
D:/Python_Excel/ch1\out1_6.xlsx
```

上述输入是使用“/”区隔子文件夹，也可以使用“\”区隔子文件夹，可以参考下列执行结果。

```
=================== RESTART: D:\Python_Excel\ch1\ch1_12.py ===================
请输入指定文件夹 : D:\Python_Excel\ch1\
请输入关键字 : out
D:\Python_Excel\ch1\newout1_5.xlsx
D:\Python_Excel\ch1\newout1_6.xlsx
D:\Python_Excel\ch1\out1_5.xlsx
D:\Python_Excel\ch1\out1_6.xlsx
```

1-11-3　使用 os.walk( ) 遍历所有文件夹下的文件

Python 的 os 模块有 os.walk( ) 方法可以遍历指定文件夹下所有的子文件夹，有了这个概念我们就可以使用 os.walk( ) 方法找特定工作簿文件。这个方法每次执行循环时将回传 3 个值：

（1）目前工作文件夹名称 (dirName)。

（2）目前工作文件夹下的子文件夹列表 (sub_dirNames)。

（3）目前工作文件夹下的文件列表 (fileNames)。

下列是语法格式：

```
for dirName, sub_dirNames, fileNames in os.walk(文件夹路径):
    程序区块
```

程序实例 ch1_13.py：输入指定文件夹与文件名关键词，这个程序会输出所有文件夹下相符的工作簿。

```
# ch1_13.py
import glob
import os

mydir = input('请输入指定文件夹 : ')
key = input('请输入关键词 : ')
for dirName, sub_dirNames, fileNames in os.walk(mydir):
    print(f"目前文件夹名称 : {dirName}")
    keyword = dirName + '\*' + key + '*.xlsx'
    files = glob.glob(keyword)
    for fn in files:
        print(fn)
```

执行结果

```
==================== RESTART: D:\Python_Excel\ch1\ch1_13.py ====================
请输入指定文件夹 : D:\Python_Excel\
请输入关键词 : out
目前文件夹名称 : D:\Python_Excel\
目前文件夹名称 : D:\Python_Excel\ch1
D:\Python_Excel\ch1\newout1_5.xlsx
D:\Python_Excel\ch1\newout1_6.xlsx
D:\Python_Excel\ch1\out1_5.xlsx
D:\Python_Excel\ch1\out1_6.xlsx
目前文件夹名称 : D:\Python_Excel\ch10
D:\Python_Excel\ch10\out10_1.xlsx
D:\Python_Excel\ch10\out10_2.xlsx
```

注 当读者执行此文件时，由于许多文件夹下皆有 *out*.xlsx 文件，所以可以看到更多搜寻结果。

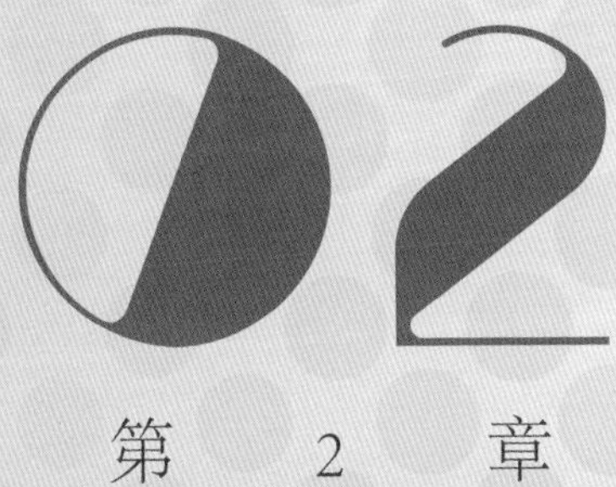

第 2 章

操作 Excel 工作表

2-1 建立工作表

函数 wb.create_sheet( ) 可以建立工作表，注：wb 是工作簿 (Workbook) 对象，此函数语法如下：

```
ws = wb.create_sheet([title= 工作表名称 ][index = N])
```

上述函数各参数意义如下：

- title= 工作表名称：title 也可以省略，代表所建立的工作表名称，如果整个省略会使用系统默认的工作表名称 sheet*n*，第一次 *n* 是省略，未来如果再建立工作表时，*n* 会由阿拉伯数字 1 开始递增。注：工作簿成功后系统会自动建立 sheet 工作表。
- index=*n*：index 也可以省略，预设是省略此参数，将建立的工作表放在工作表行的末端。如果 *n* 是 0 会将建立的工作表放在工作表前端，如果是 −1 会将建立的工作表放在倒数第 2 的位置。

建立工作表成功后，会回传工作表对象 ws。

注 上述 w.create_sheet( ) 语法是建立工作表时，同时为工作表命名，也可以建立完工作表后，使用 title 属性取得或重新为工作表命名。

程序实例 ch2_1.py：建立空白工作簿，然后打印所有工作表。接着新增工作表，再度打印所有工作表，最后将这个工作簿存储至 out2_1.xlsx。

```
# ch2_1.py
import openpyxl

wb = openpyxl.Workbook()                           # 建立空白的工作簿
print("所有工作表名称 = ", wb.sheetnames)          # 打印所有工作表
wb.create_sheet()                                  # 建立新工作表
print("所有工作表名称 = ", wb.sheetnames)          # 打印所有工作表
ws = wb.active                                     # 取得目前工作表
print("目前工作表名称 = ", ws.title)               # 打印目前工作表
wb.save('out2_1.xlsx')                             # 将工作簿存储
```

执行结果 同时在文件夹可以看到拥有 2 个工作表的 out19_19.xlsx 文件。

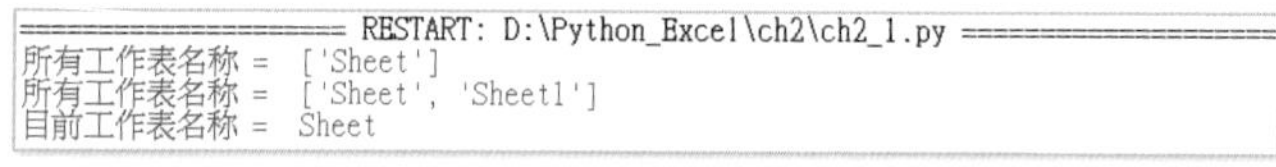

```
==================== RESTART: D:\Python_Excel\ch2\ch2_1.py ====================
所有工作表名称 =  ['Sheet']
所有工作表名称 =  ['Sheet', 'Sheet1']
目前工作表名称 =  Sheet
```

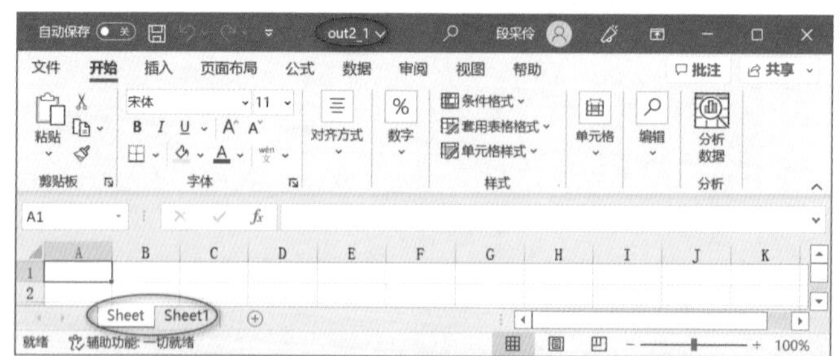

在建立工作表时预设工作表名称是“Sheet*n*”，*n* 是数字编号以递增方式显示，另外新建立的工作表是放在工作表行的最右边，我们可以在 create_sheet( ) 内增加参数 title 和 index 设定新工作表的名称和位置。工作表的位置是从 0 开始，所以如果 index=0，表示在最左边。

程序实例 ch2_2.py：扩充 ch2_1.py，增加使用 title 和 index 关键词。

```
wb = openpyxl.Workbook()
print("所有工作表名称 = ", wb.sheetnames)
wb.create_sheet()
print("所有工作表名称 = ", wb.sheetnames)
wb.create_sheet(index=0, title='First sheet')
print("所有工作表名称 = ", wb.sheetnames)
wb.create_sheet(index=2, title='Third sheet')
print("所有工作表名称 = ", wb.sheetnames)
wb.create_sheet(index=-1, title='Fourth sheet
```

执行结果

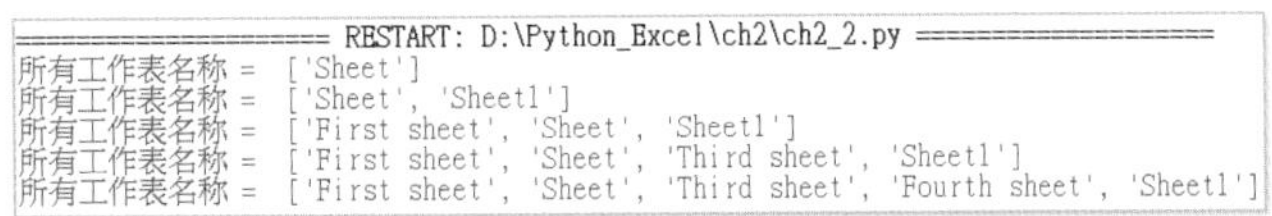

```
==================== RESTART: D:\Python_Excel\ch2\ch2_2.py ====================
所有工作表名称 =  ['Sheet']
所有工作表名称 =  ['Sheet', 'Sheet1']
所有工作表名称 =  ['First sheet', 'Sheet', 'Sheet1']
所有工作表名称 =  ['First sheet', 'Sheet', 'Third sheet', 'Sheet1']
所有工作表名称 =  ['First sheet', 'Sheet', 'Third sheet', 'Fourth sheet', 'Sheet1']
```

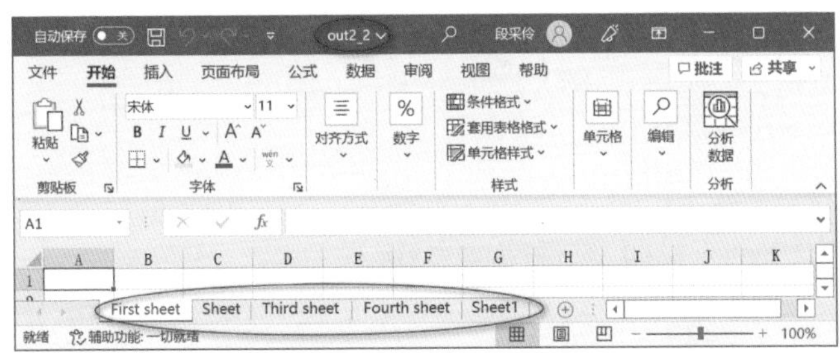

程序实例 ch2_3.py：省略 index 和 title 参数，重新设计 ch2_2.py。

```
# ch2_3.py
import openpyxl

wb = openpyxl.Workbook()                         # 建立空白的工作簿
print("所有工作表名称 = ", wb.sheetnames)         # 打印所有工作表
wb.create_sheet()                                # 建立新工作表
print("所有工作表名称 = ", wb.sheetnames)         # 打印所有工作表
wb.create_sheet('First sheet', 0)                # 第 1 个工作表
print("所有工作表名称 = ", wb.sheetnames)         # 打印所有工作表
wb.create_sheet('Third sheet', 2)                # 第 3 个工作表
print("所有工作表名称 = ", wb.sheetnames)         # 打印所有工作表
wb.create_sheet('Fourth sheet', -1)              # 第 4 个工作表
print("所有工作表名称 = ", wb.sheetnames)         # 打印所有工作表
wb.save('out2_3.xlsx')                           # 将工作簿存储
```

执行结果 与ch2_2.py相同。

注 当省略 index 和 title 参数时，建议是将所建立的工作表位置放在工作表名称后。

2-2 复制工作表

可以使用下列方法复制工作表。

```
wb.copy_worksheet(src)
```

上述 src 是要复制的工作表，例如，下列是复制工作表简单的语法。

```
src = wb.active
dst = wb.copy_worksheet(src)
```

复制工作表时需留意下列事项：

（1）只复制单元格的值、格式、超链接、批注、大小等属性。

（2）影像、图表不复制。

（3）当工作簿以只读 (Read Only) 或只写 (Write Only) 模式开启时，无法复制。

（4）不可以在不同工作簿间复制工作表。

注 若是想在不同工作簿间复制工作表，必须读取来源自工作簿的工作表内容，然后写入目的工作簿指定的工作表内，相关实例可以参考 4-2 节。

程序实例 ch2_4.py：为 data2_4.xlsx 的 2025Q1 工作表复制一份，如果没有指定新的名称，系统会自定义为“原名称 +Copy”。

```
# ch2_4.py
import openpyxl

fn = "data2_4.xlsx"
wb = openpyxl.load_workbook(fn)              # 开启工作簿
print("所有工作表名称 = ", wb.sheetnames)    # 打印所有工作表
src = wb.active
dst = wb.copy_worksheet(src)
print("所有工作表名称 = ", wb.sheetnames)    # 打印所有工作表
wb.save('out2_4.xlsx')                       # 将工作簿存储
```

执行结果 下列是 Python Shell 窗口和 out2_4.xlsx 的结果。

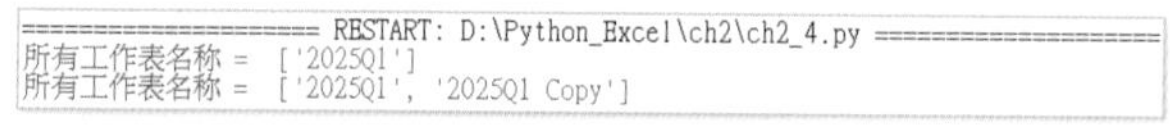

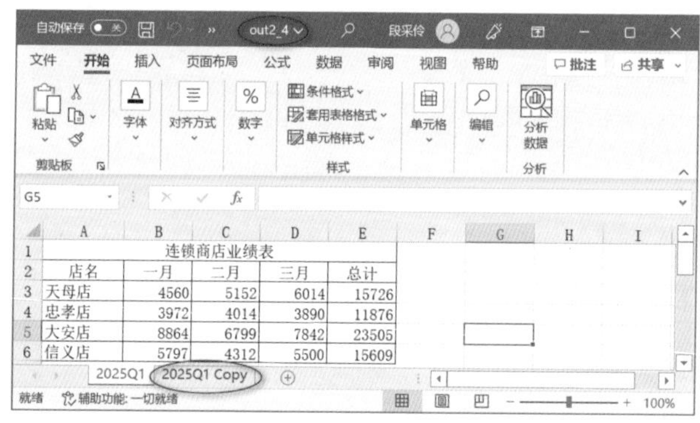

注 文件若是在开启状态，无法执行存储，所以如果读者多次测试本程序，请记得将 out2_4.xlsc 关闭。

2-3 更改工作表名称

工作表复制后，系统会给予默认的名称，对名称如果不满意，可以利用 title 属性更改工作表名称，细节可以参考下列实例。

程序实例 ch2_5.py：为 data2_5.xlsx 的 2025Q1，复制 3 份，然后将名称分别改为 2025Q2、2025Q3 和 2025Q4。

```
# ch2_5.py
import openpyxl

fn = "data2_5.xlsx"
wb = openpyxl.load_workbook(fn)                # 开启工作簿
print("所有工作表名称 = ", wb.sheetnames)      # 打印所有工作表
src = wb.active
dst2 = wb.copy_worksheet(src)
dst2.title = "2025Q2"
dst3 = wb.copy_worksheet(src)
dst3.title = "2025Q3"
dst4 = wb.copy_worksheet(src)
dst4.title = "2025Q4"
print("所有工作表名称 = ", wb.sheetnames)      # 打印所有工作表
wb.save('out2_5.xlsx')                         # 将工作簿存储
```

执行结果　开启 out2_5.xlsx 可以得到如下结果。

```
==================== RESTART: D:\Python_Excel\ch2\ch2_5.py ====================
所有工作表名称 =  ['2025Q1']
所有工作表名称 =  ['2025Q1', '2025Q2', '2025Q3', '2025Q4']
```

程序实例 ch2_5_1.py：将 data2_5_1.xlsx 的工作表 2025Q1、2025Q2、2025Q3 和 2025Q4，改为 2026Q1、2026Q2、2026Q3 和 2026Q4，然后将结果存入 out2_5_1.xlsx。

```
# ch2_5_1.py
import openpyxl

fn = "data2_5_1.xlsx"
wb = openpyxl.load_workbook(fn)                # 开启工作簿
print("所有工作表名称 = ", wb.sheetnames)      # 打印所有工作表
for sheet in wb.sheetnames:
    ws = wb[sheet]
    ws.title = sheet.replace('2025', '2026')
print("所有工作表名称 = ", wb.sheetnames)      # 打印所有工作表
wb.save('out2_5_1.xlsx')                       # 将工作簿存储
```

执行结果　开启 out2_5_1.xlsx 可以得到如下结果。

```
==================== RESTART: D:\Python_Excel\ch2\ch2_5_1.py ====================
所有工作表名称 =  ['2025Q1', '2025Q2', '2025Q3', '2025Q4']
所有工作表名称 =  ['2026Q1', '2026Q2', '2026Q3', '2026Q4']
```

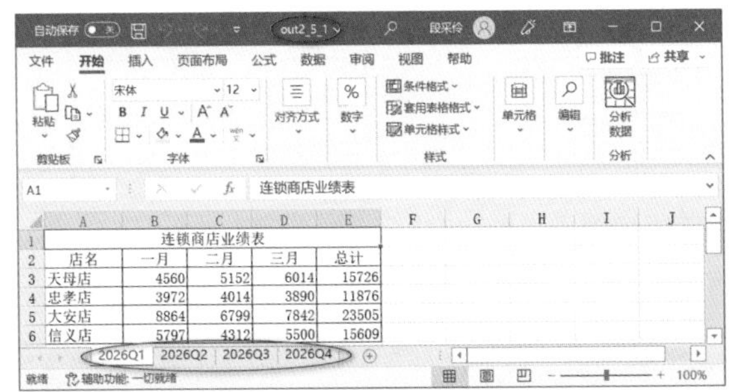

2-4 删除工作表

删除工作表可以使用 remove( ) 方法或 del 方法，本小节将分别说明。

2-4-1 remove( )

可以使用下列方法删除指定的工作表，例如，下列是要删除 2025Q3 工作表。

```
sheet = wb['2025Q3']
wb.remove(sheet)
```

上述 sheet 是要删除的工作表对象，也可以用索引方式删除工作表，例如，下列是删除索引 2 的工作表。

```
sheet = wb.worksheets[2]
wb.remove(sheet)
```

程序实例 ch2_6.py：先删除 data2_6.xlsx 的 2025Q3 工作表，然后删除索引 1 的工作表。

```
# ch2_6.py
import openpyxl

fn = "data2_6.xlsx"
wb = openpyxl.load_workbook(fn)                  # 开启工作簿
print("所有工作表名称 = ", wb.sheetnames)        # 打印所有工作表
sheet = wb['2025Q3']
wb.remove(sheet)
print("所有工作表名称 = ", wb.sheetnames)        # 打印所有工作表
sheet = wb.worksheets[1]
wb.remove(sheet)
print("所有工作表名称 = ", wb.sheetnames)        # 打印所有工作表
wb.save('out2_6.xlsx')                           # 将工作簿存储
```

执行结果 开启 out2_6.xlsx 可以得到如下结果。

```
==================== RESTART: D:\Python_Excel\ch2\ch2_6.py ====================
所有工作表名称 =  ['2025Q1', '2025Q2', '2025Q3', '2025Q4']
所有工作表名称 =  ['2025Q1', '2025Q2', '2025Q4']
所有工作表名称 =  ['2025Q1', '2025Q4']
```

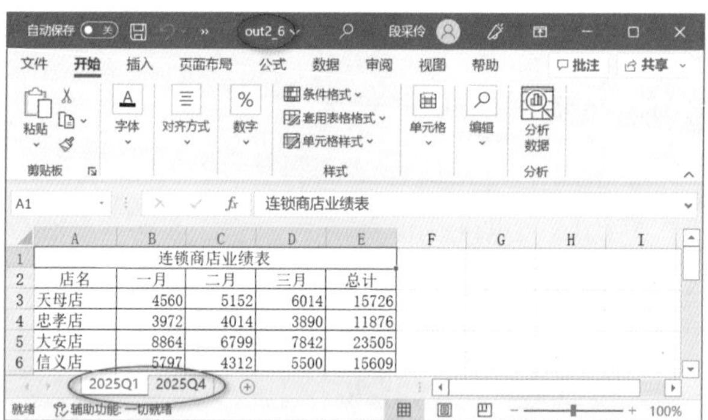

连锁商店业绩表				
店名	一月	二月	三月	总计
天母店	4560	5152	6014	15726
忠孝店	3972	4014	3890	11876
大安店	8864	6799	7842	23505
信义店	5797	4312	5500	15609

2-4-2 del 方法

可以使用下列代码删除特定的工作表。

```
del wb['2025Q5']
```

注 一般比较少使用 del 删除工作表，建议使用 2-4-1 节的 remove( ) 函数删除工作表即可。

程序实例 ch2_6_1.py：使用 del 方法删除 2025Q3 工作表。

```
# ch2_6_1.py
import openpyxl

fn = "data2_6_1.xlsx"
wb = openpyxl.load_workbook(fn)                # 开启工作簿
print("所有工作表名称 = ", wb.sheetnames)    # 打印所有工作表
del wb['2025Q3']
print("所有工作表名称 = ", wb.sheetnames)    # 打印所有工作表
wb.save('out2_6_1.xlsx')                       # 将工作簿存储
```

执行结果　开启 out2_6_1.xlsx 可以得到如下结果。

```
==================== RESTART: D:\Python_Excel\ch2\ch2_6_1.py ====================
所有工作表名称 =  ['2025Q1', '2025Q2', '2025Q3', '2025Q4']
所有工作表名称 =  ['2025Q1', '2025Q2', '2025Q4']
```

连锁商店业绩表				
店名	一月	二月	三月	总计
天母店	4560	5152	6014	15726
忠孝店	3972	4014	3890	11876
大安店	8864	6799	7842	23505
信义店	5797	4312	5500	15609

2025Q1　2025Q2　2025Q4

2-5 更改工作表标签的颜色

工作表标签可以使用 sheet_properties_tabColor 属性更改颜色，颜色采用十六进制 RGB 格式，概念如下。

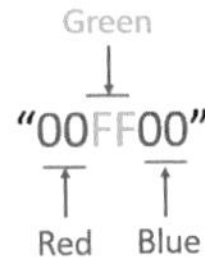

注 RGB 数字与色彩对照表，可以参考附录 B，请在本书前言扫描查看。

程序实例 ch2_7.py：为 data2_7.xlsx 的 4 个标签分别创建不同的颜色。

```
# ch2_7.py
import openpyxl

fn = "data2_7.xlsx"
wb = openpyxl.load_workbook(fn)                # 开启工作簿
ws1 = wb['2025Q1']
ws1.sheet_properties.tabColor = "0000FF"
ws2 = wb['2025Q2']
ws2.sheet_properties.tabColor = "00FF00"
ws3 = wb['2025Q3']
ws3.sheet_properties.tabColor = "FF0000"
ws4 = wb['2025Q4']
ws4.sheet_properties.tabColor = "FFFF00"
wb.save('out2_7.xlsx')                         # 将工作簿存储
```

执行结果 这个程序 Python Shell 没有输出结果，读者可以开启 out2_7.py，得到如下结果。

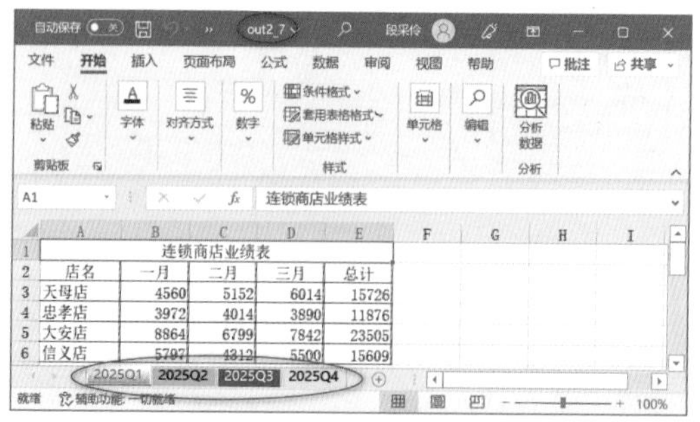

2-6 隐藏 / 显示工作表

2-6-1 隐藏工作表

所有工作表默认是显示 (visible) 状态，但是可以使用 sheet_state 属性设定隐藏 (hidden) 或显示 (visible) 工作表，语法概念如下：

```
ws.sheet_state = “hidden”
```

程序实例 ch2_8.py：将 data2_8.xlsx 的 2025Q3 工作表隐藏，然后将隐藏的工作表存入 out2_8.xlsx。

```
# ch2_8.py
import openpyxl

fn = "data2_8.xlsx"
wb = openpyxl.load_workbook(fn)                    # 开启工作簿
print("所有工作表名称 = ", wb.sheetnames)          # 打印所有工作表
ws = wb['2025Q3']
ws.sheet_state = "hidden"
print("所有工作表名称 = ", wb.sheetnames)          # 打印所有工作表
wb.save('out2_8.xlsx')                             # 将工作簿存储
```

执行结果 工作表 2025Q3 只是被隐藏，所以工作区还有这个工作表。

```
==================== RESTART: D:\Python_Excel\ch2\ch2_8.py ====================
所有工作表名称 =  ['2025Q1', '2025Q2', '2025Q3', '2025Q4']
所有工作表名称 =  ['2025Q1', '2025Q2', '2025Q3', '2025Q4']
```

但是如果开启 out2_8.xlsx，因为 2025Q3 工作表已经被隐藏，所以就看不到此工作表了，可以参考下列 out2_8.xlsx 的 Excel 窗口截图。

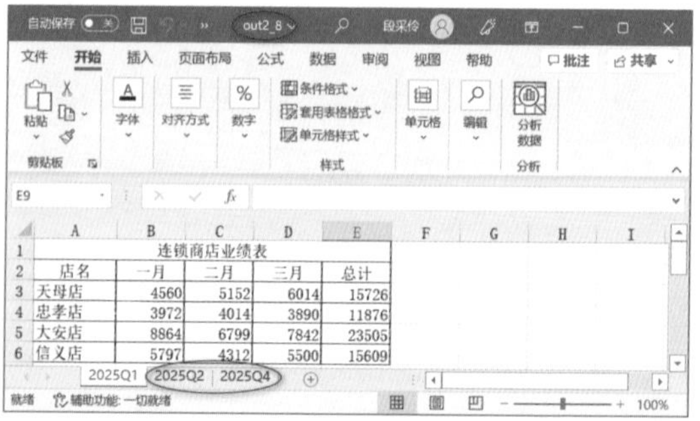

2-6-2　显示工作表

所谓的显示工作表，也可以想成是取消隐藏工作表，语法概念如下：

ws.sheet_state = "visible"

程序实例 ch2_9.py：将 data2_9.xlsx 的 2025Q3 工作表取消隐藏，然后将取消隐藏的工作表存入 out2_9.xlsx。注：data2_9.xlsx 其实是 out2_8.xlsx 复制的文件。

```
# ch2_9.py
import openpyxl

fn = "data2_9.xlsx"
wb = openpyxl.load_workbook(fn)                 # 开启工作簿
print("所有工作表名称 = ", wb.sheetnames)        # 打印所有工作表
ws = wb['2025Q3']
ws.sheet_state = "visible"
print("所有工作表名称 = ", wb.sheetnames)        # 打印所有工作表
wb.save('out2_9.xlsx')                          # 将工作簿存储
```

执行结果

```
==================== RESTART: D:\Python_Excel\ch2\ch2_9.py ====================
所有工作表名称 =  ['2025Q1', '2025Q2', '2025Q3', '2025Q4']
所有工作表名称 =  ['2025Q1', '2025Q2', '2025Q3', '2025Q4']
```

下列是原先 data2_9.xlsx 的窗口截图。

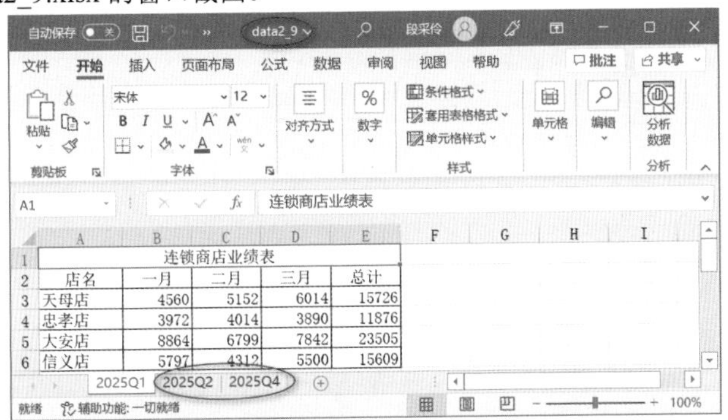

连锁商店业绩表				
店名	一月	二月	三月	总计
天母店	4560	5152	6014	15726
忠孝店	3972	4014	3890	11876
大安店	8864	6799	7842	23505
信义店	5797	4312	5500	15609

下列是 out2_9.xlsx 的窗口截图。

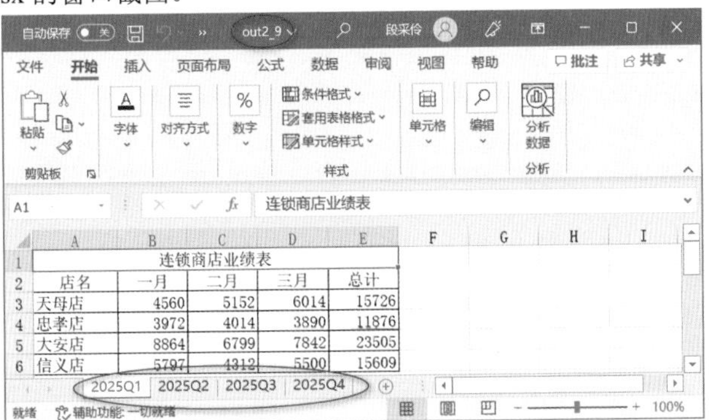

连锁商店业绩表				
店名	一月	二月	三月	总计
天母店	4560	5152	6014	15726
忠孝店	3972	4014	3890	11876
大安店	8864	6799	7842	23505
信义店	5797	4312	5500	15609

2-7 将一个工作表另外复制 11 份

在执行 Excel 操作中，有时会要将 1 月份的工作表复制到其他 11 个月份中。有一个 data2_10.xlsx 工作簿内容如下。

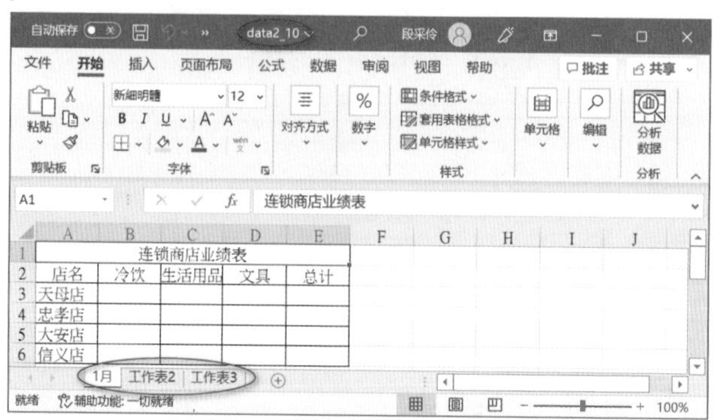

程序实例 ch2_10.py：将上述 1 月份工作表复制到 2—12 月份。

```
# ch2_10.py
import openpyxl

fn = "data2_10.xlsx"
wb = openpyxl.load_workbook(fn)                # 开启工作簿
print("所有工作表名称 = ", wb.sheetnames)      # 打印所有工作表
src = wb.active
for i in range(2,13):
    dst = wb.copy_worksheet(src)
    month = str(i) + "月"
    dst.title = month
print("所有工作表名称 = ", wb.sheetnames)      # 打印所有工作表
wb.save('out2_10.xlsx')                        # 将工作簿存储
```

执行结果 开启 out2_10.xlsx 可以得到如下结果。

```
==================== RESTART: D:\Python_Excel\ch2\ch2_10.py ====================
所有工作表名称 =  ['1月', '工作表2', '工作表3']
所有工作表名称 =  ['1月', '工作表2', '工作表3', '2月', '3月', '4月', '5月', '6月', '7月', '8月', '9月', '10月', '11月', '12月']
```

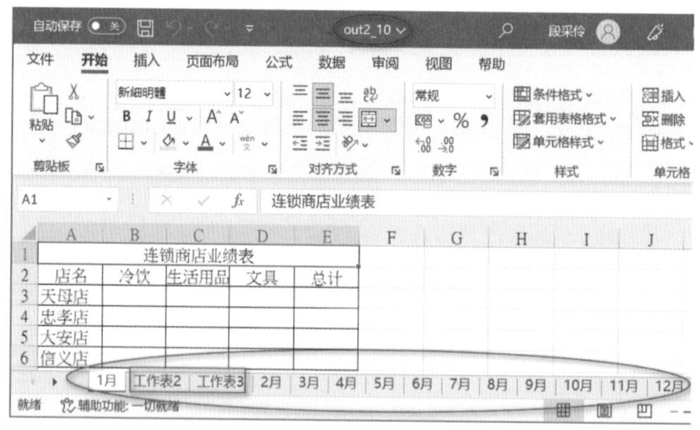

上述程序有一点不完美：工作表 2 和工作表 3 仍在 out2_10.xlsx 工作簿内。

程序实例 ch2_11.py：重新设计 ch2_10.py，复制月份时，同时将不需要的工作表 2 和工作表 3 删除。

```
# ch2_11.py
import openpyxl

fn = "data2_11.xlsx"
wb = openpyxl.load_workbook(fn)              # 开启工作簿
print("所有工作表名称 = ", wb.sheetnames)    # 打印所有工作表
for sheet in wb.sheetnames:
    if sheet != "1月":
        ws = wb[sheet]
        wb.remove(ws)
src = wb.active
for i in range(2,13):
    dst = wb.copy_worksheet(src)
    month = str(i) + "月"
    dst.title = month
print("所有工作表名称 = ", wb.sheetnames)    # 打印所有工作表
wb.save('out2_11.xlsx')                      # 将工作簿存储
```

执行结果　开启 out2_11.xlsx 可以得到如下结果。

```
==================== RESTART: D:\Python_Excel\ch2\ch2_11.py ====================
所有工作表名称 =  ['1月', '工作表2', '工作表3']
所有工作表名称 =  ['1月', '2月', '3月', '4月', '5月', '6月', '7月', '8月', '9月'
, '10月', '11月', '12月']
```

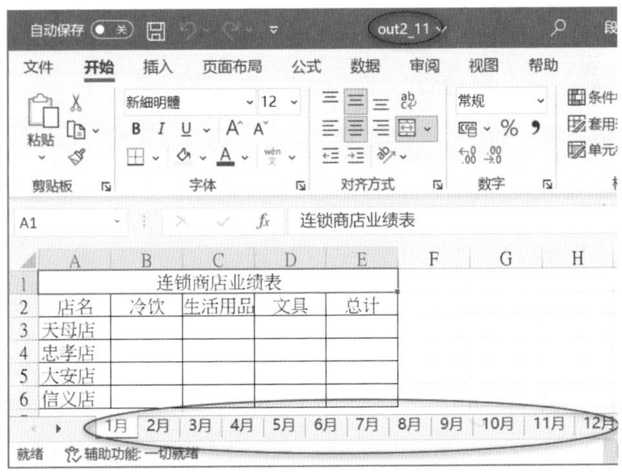

2-8 保护与取消保护工作表

保护工作表的方法如下：

```
ws.protection.sheet = True
ws.protection.enable( )
```

如果要设定保护工作表的密码可以用如下指令：

```
ws.protection.password = 'pwd'
```

要取消保护工作表，可以使用如下指令：

```
ws.protection.disable( )
```

程序实例 ch2_12.py：保护 2025Q1 工作表，将所保护的工作表的工作簿存储至 out2_12.xlsx。

```python
# ch2_12.py
import openpyxl

fn = "data2_12.xlsx"
wb = openpyxl.load_workbook(fn)
ws = wb.active
ws.protection.sheet = True
ws.protection.enable()
wb.save("out2_12.xlsx")
```

执行结果 开启 out2_12.xlsx，若是想要修改 2025Q1 工作表内容，将看到工作表被保护中的对话框。

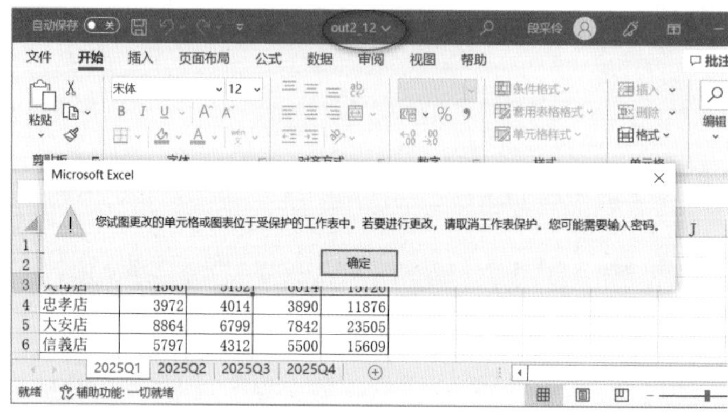

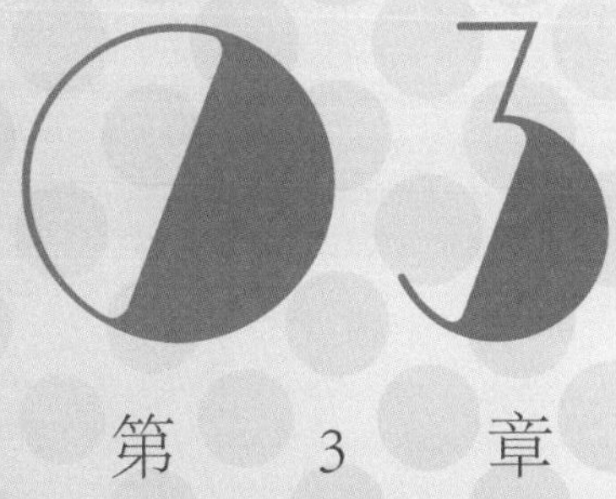

第 3 章

读取与写入单元格内容

提醒：本章所使用的 ws 是指工作表对象。

3-1 单一单元格的存取

3-1-1 基础语法与实操概念

可以使用下列公式取得或是设定单一单元格的内容。

ws[存储格位置]

或是改为：

ws['行列']

上述单元格位置可以使用我们熟知的 Excel 单元格位置概念“列行”，其中列是用 A、B、C 等英文字母代表，行则是用数字代表。例如，下列是设定 A2 单元格的内容是 10。

```
ws['A2'] = 10
```

下列是取得 A2 单元格的内容。

```
data = ws['A2'].value
```

注 需留意的是需要增加 value 属性。

程序实例 ch3_1.py：开启一个空的工作簿，然后设定此工作簿的内容，最后将结果存入 out3_1.xlsx 文件内。

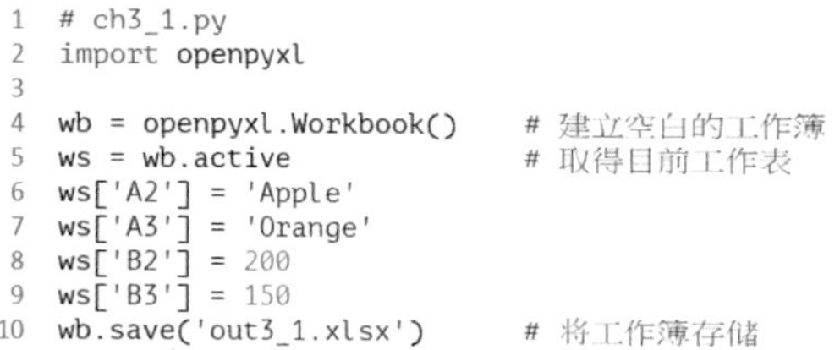

```
# ch3_1.py
import openpyxl

wb = openpyxl.Workbook()      # 建立空白的工作簿
ws = wb.active                # 取得目前工作表
ws['A2'] = 'Apple'
ws['A3'] = 'Orange'
ws['B2'] = 200
ws['B3'] = 150
wb.save('out3_1.xlsx')        # 将工作簿存储
```

执行结果 开启 out3_1.xlsx 可以得到如下结果。

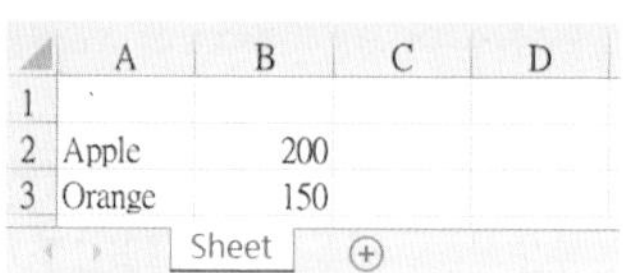

	A	B	C	D
1				
2	Apple	200		
3	Orange	150		

Sheet

注 输入数据的格式与在 Excel 窗口时相同，字符串靠左对齐，数值数据靠右对齐。

程序实例 ch3_2.py：假设有一个工作簿 data3_2.xlsx 内容如下，这个程序会列出几个特定单元格的内容。

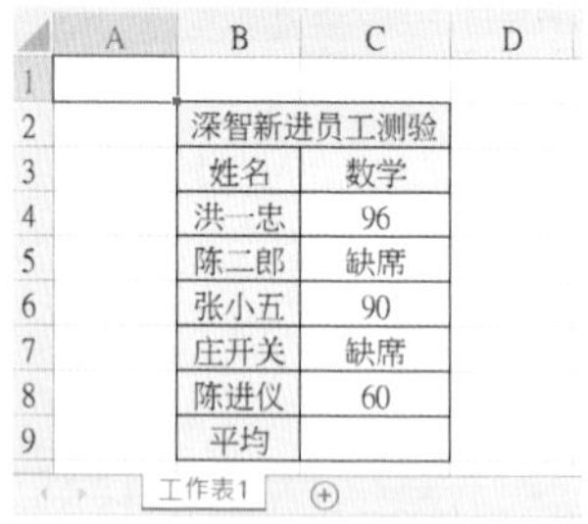

	A	B	C	D
1				
2		深智新进员工测验		
3		姓名	数学	
4		洪一忠	96	
5		陈二郎	缺席	
6		张小五	90	
7		庄开关	缺席	
8		陈进仪	60	
9		平均		

工作表1

```
# ch3_2.py
import openpyxl

fn = 'data3_2.xlsx'
wb = openpyxl.load_workbook(fn)
ws = wb.active
print("单元格B2 = ", ws['B2'].value)     # B2
print("单元格B3 = ", ws['B3'].value)     # B3
print("单元格B4 = ", ws['B4'].value)     # B4
print("单元格C3 = ", ws['C3'].value)     # C3
print("单元格C4 = ", ws['C4'].value)     # C4
```

执行结果

```
==================== RESTART: D:\Python_Excel\ch3\ch3_2.py ====================
单元格B2 =  深智新进员工测验
单元格B3 =  姓名
单元格B4 =  洪一忠
单元格C3 =  数学
单元格C4 =  96
```

3-1-2　使用 cell( ) 函数设定单元格的值

使用 cell( ) 函数，可以用下列语法设定特定存储的内容。

```
ws.cell(row= 行数 , column= 列数 , value= 值 )
```

或是：

```
ws.cell(row= 行数 , column= 列数 ).value = 值
```

例如，下列设定 3 行 2 列的值是 10。

```
ws.cell(row=3, column=2, value=10)
```

或是：

```
ws.cell(row=3, column=2).value = 10
```

程序实例 ch3_3.py：使用 cell( ) 函数的概念重新设计 ch3_1.py。

```
# ch3_3.py
import openpyxl

wb = openpyxl.Workbook()      # 建立空白的工作簿
ws = wb.active                # 取得目前工作表
ws.cell(row=2, column=1, value='Apple')
ws.cell(row=3, column=1, value='Orange')
ws.cell(row=2, column=2, value=200)
ws.cell(row=3, column=2, value=150)
wb.save('out3_3.xlsx')        # 将工作簿存储
```

执行结果　开启 out3_3.xlsx 可以得到如下结果。

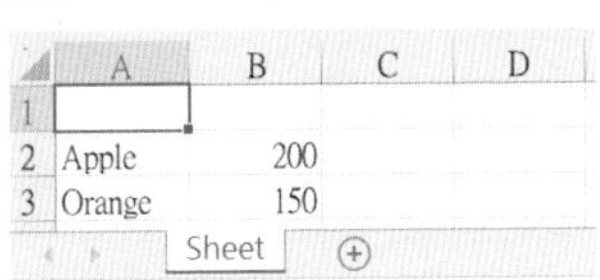

程序实例 ch3_3_1.py：使用另一种 ws.cell( ) 方式重新设计 ch3_3.py。

```
# ch3_3_1.py
import openpyxl

wb = openpyxl.Workbook()      # 建立空白的工作簿
ws = wb.active                # 取得目前工作表
ws.cell(row=2, column=1).value = 'Apple'
ws.cell(row=3, column=1).value = 'Orange'
ws.cell(row=2, column=2).value = 200
ws.cell(row=3, column=2).value = 150
wb.save('out3_3_1.xlsx')      # 将工作簿存储
```

执行结果　out3_3_1.xlsx 内容与 out3_3.xlsx 相同。

读者可能会觉得使用 cell( ) 函数比较麻烦，但是未来要存储单元格区间时，使用这个函数配合循环函数会比较简单。

3-1-3　使用 cell( ) 函数取得单元格的值

使用 cell( ) 函数，可以用下列语法设定特定存储的内容。

```
data = ws.cell(row= 行数 , column= 列数 ).value
```

上述语法相当于 cell( ) 函数内省略 value 参数设定，但是用了 value 属性取得特定函数的内容。

程序实例 ch3_4.py：使用 cell( ) 函数的概念重新设计 ch3_2.py。

```
# ch3_4.py
import openpyxl

fn = 'data3_2.xlsx'
wb = openpyxl.load_workbook(fn)
ws = wb.active
print("单元格B2 = ", ws.cell(row=2, column=2).value)    # B2
print("单元格B3 = ", ws.cell(row=3, column=2).value)    # B3
print("单元格B4 = ", ws.cell(row=4, column=2).value)    # B4
print("单元格C3 = ", ws.cell(row=3, column=3).value)    # C3
print("单元格C4 = ", ws.cell(row=4, column=3).value)    # C4
```

执行结果

```
===================== RESTART: D:\Python_Excel\ch3\ch3_4.py =====================
单元格B2 =  深智新进员工测验
单元格B3 =  姓名
单元格B4 =  洪一忠
单元格C3 =  数学
单元格C4 =  96
```

3-1-4 货品价格信息

当今社会原物料行情是波动的，我们也可以应用 Excel 的 time 模块的 strftime( ) 函数，记录每天的原物料行情。

注 strftime(“%Y/%m/%d”) 函数可以回传年 / 月 / 日格式的日期。

程序实例 ch3_5.py：建立商品期货价格的信息。

```
# ch3_5.py
import openpyxl
import time

wb = openpyxl.Workbook()      # 建立空白的工作簿
ws = wb.active                # 取得目前工作表
ws['A1'] = time.strftime("%Y/%m/%d")
ws['A2'] = '期货行情'
ws['A3'] = '小麦'
ws['A4'] = '玉米'
ws['B3'] = 1097
ws['B4'] = 742
wb.save('out3_5.xlsx')        # 将工作簿存储
```

执行结果 开启 out3_5.xlsx 可以得到如下结果。

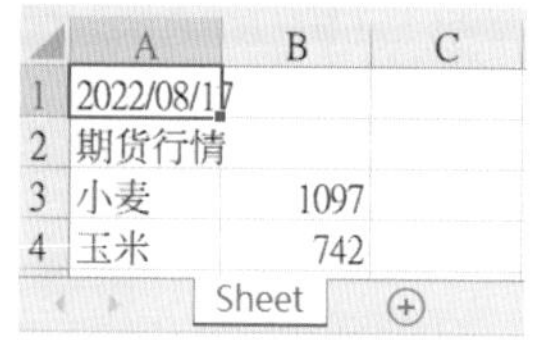

	A	B	C
1	2022/08/17		
2	期货行情		
3	小麦	1097	
4	玉米	742	

3-2 公式与值的概念

3-2-1 使用 ws[‘列行’] 格式

有一个工作簿 data3_6.xlsx 工作表 1 的内容如下，其中 C7 和 C8 单元格是公式，分别如下：

```
=MAX(C4:C6)                # C7 单元格
=MIN(C4:C6)                # C8 单元格
```

可以参考下列 Excel 窗口。

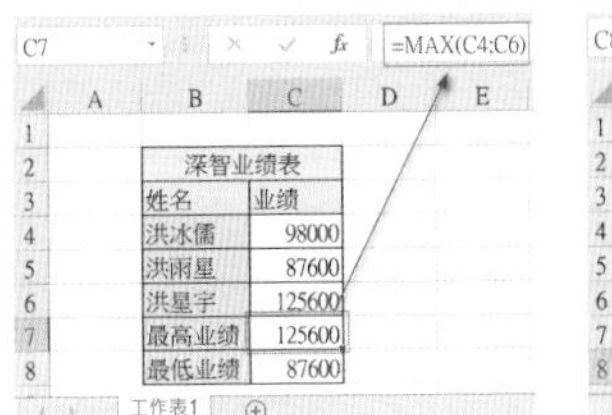

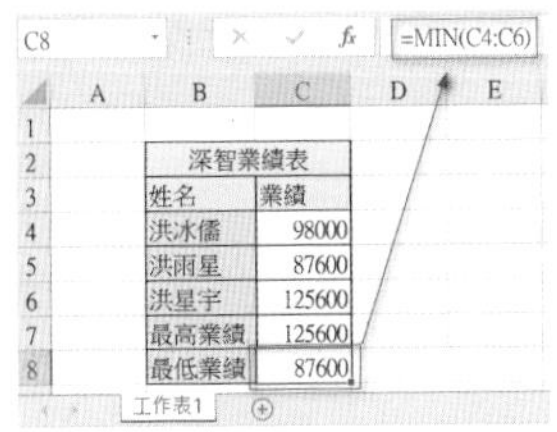

当我们使用 3-1-1 节的 value 属性的取值时，所获得的是公式，可以参考下列实例。

程序实例 ch3_6.py：列出含公式的单元格内容。

```
# ch3_6.py
import openpyxl

fn = 'data3_6.xlsx'
wb = openpyxl.load_workbook(fn)
ws = wb.active
print("单元格B4 = ", ws['B4'].value)
print("单元格B5 = ", ws['B5'].value)
print("单元格B6 = ", ws['B6'].value)
print("单元格B7 = ", ws['B7'].value)
print("单元格B8 = ", ws['B8'].value)
print("单元格C4 = ", ws['C4'].value)
print("单元格C5 = ", ws['C5'].value)
print("单元格C6 = ", ws['C6'].value)
print("单元格C7 = ", ws['C7'].value)
print("单元格C8 = ", ws['C8'].value)
```

执行结果

```
==================== RESTART: D:\Python_Excel\ch3\ch3_6.py ====================
单元格B4 =  洪冰儒
单元格B5 =  洪雨星
单元格B6 =  洪星宇
单元格B7 =  最高业绩
单元格B8 =  最低业绩
单元格C4 =  98000
单元格C5 =  87600
单元格C6 =  125600
单元格C7 =  =MAX(C4:C6)
单元格C8 =  =MIN(C4:C6)
```

如果希望上述实例得到数值结果，参考 1-4-1 节在使用 load_workbook( ) 下载工作簿时，需加上 data_only=True 参数。

程序实例 ch3_7.py：使用 data_only=True 参数，重新设计 ch3_6.py。

```
# ch3_7.py
import openpyxl

fn = 'data3_6.xlsx'
wb = openpyxl.load_workbook(fn, data_only=True)
ws = wb.active
print("单元格B4 = ", ws['B4'].value)
print("单元格B5 = ", ws['B5'].value)
print("单元格B6 = ", ws['B6'].value)
print("单元格B7 = ", ws['B7'].value)
print("单元格B8 = ", ws['B8'].value)
print("单元格C4 = ", ws['C4'].value)
print("单元格C5 = ", ws['C5'].value)
print("单元格C6 = ", ws['C6'].value)
print("单元格C7 = ", ws['C7'].value)
print("单元格C8 = ", ws['C8'].value)
```

执行结果

```
==================== RESTART: D:\Python_Excel\ch3\ch3_7.py ====================
单元格B4 =  洪冰儒
单元格B5 =  洪雨星
单元格B6 =  洪星宇
单元格B7 =  最高业绩
单元格B8 =  最低业绩
单元格C4 =  98000
单元格C5 =  87600
单元格C6 =  125600
单元格C7 =  125600
单元格C8 =  87600
```

3-2-2　使用 cell( ) 函数的概念

若是使用 cell( ) 函数概念重新设计 ch3_6.py 和 ch3_7.py，可以获得一样的结果。

程序实例 ch3_8.py：使用 cell( ) 函数的概念重新设计 ch3_6.py。

```
# ch3_8.py
import openpyxl

fn = 'data3_6.xlsx'
wb = openpyxl.load_workbook(fn)
ws = wb.active
print("单元格B4 = ", ws.cell(row=4, column=2).value)
print("单元格B5 = ", ws.cell(row=5, column=2).value)
print("单元格B6 = ", ws.cell(row=6, column=2).value)
print("单元格B7 = ", ws.cell(row=7, column=2).value)
print("单元格B8 = ", ws.cell(row=8, column=2).value)
print("单元格C4 = ", ws.cell(row=4, column=2).value)
print("单元格C5 = ", ws.cell(row=5, column=3).value)
print("单元格C6 = ", ws.cell(row=6, column=3).value)
print("单元格C7 = ", ws.cell(row=7, column=3).value)
print("单元格C8 = ", ws.cell(row=8, column=3).value)
```

执行结果　与 ch3_6.py 相同。

程序实例 ch3_9.py：使用 cell( ) 函数的概念重新设计 ch3_7.py。

```
# ch3_9.py
import openpyxl

fn = 'data3_6.xlsx'
wb = openpyxl.load_workbook(fn, data_only=True)
ws = wb.active
print("单元格B4 = ", ws.cell(row=4, column=2).value)
print("单元格B5 = ", ws.cell(row=5, column=2).value)
print("单元格B6 = ", ws.cell(row=6, column=2).value)
print("单元格B7 = ", ws.cell(row=7, column=2).value)
print("单元格B8 = ", ws.cell(row=8, column=2).value)
print("单元格C4 = ", ws.cell(row=4, column=2).value)
print("单元格C5 = ", ws.cell(row=5, column=3).value)
print("单元格C6 = ", ws.cell(row=6, column=3).value)
print("单元格C7 = ", ws.cell(row=7, column=3).value)
print("单元格C8 = ", ws.cell(row=8, column=3).value)
```

执行结果 与 ch3_7.py 相同。

3-3 取得单元格位置信息

上述对于 ws[' 列行 '] 而言，除了可以使用 value 属性取得单元格内容外，也可以使用 row、column 或 coordinate 取得单元格相对位置信息。

- row：回传行信息。
- column：用数字回传列信息。
- coordinate：回传 Excel 格式的“列行”信息，也可以称为坐标信息。

程序实例 ch3_10.py：列出单元格位置信息，假设有一个 data3_10.xlsx 工作簿的工作表内容如下。

	A	B	C
1	品项	销售金额	
2	鼠标	6000	
3	键盘	3000	
4	USB	4200	
5	小计	13200	

工作表1

```
# ch3_10.py
import openpyxl

fn = 'data3_10.xlsx'
wb = openpyxl.load_workbook(fn)
ws = wb.active
print(f"A1 = {ws['A1'].value}")
print(f"A1 = {ws['A1'].column}, {ws['A1'].row}, {ws['A1'].coordinate}")
print(f"A2 = {ws['A2'].value}")
print(f"A2 = {ws['A2'].column}, {ws['A2'].row}, {ws['A2'].coordinate}")
print(f"A3 = {ws['A3'].value}")
print(f"A3 = {ws['A3'].column}, {ws['A3'].row}, {ws['A3'].coordinate}")
print(f"B1 = {ws['B1'].value}")
print(f"B1 = {ws['B1'].column}, {ws['B1'].row}, {ws['B1'].coordinate}")
print(f"B2 = {ws['B2'].value}")
print(f"B2 = {ws['B2'].column}, {ws['B2'].row}, {ws['B2'].coordinate}")
print(f"B3 = {ws['B3'].value}")
print(f"B3 = {ws['B3'].column}, {ws['B3'].row}, {ws['B3'].coordinate}")
```

执行结果

```
==================== RESTART: D:\Python_Excel\ch3\ch3_10.py ====================
A1 = 品项
A1 = 1, 1, A1
A2 = 鼠标
A2 = 1, 2, A2
A3 = 键盘
A3 = 1, 3, A3
B1 = 销售金额
B1 = 2, 1, B1
B2 = 6000
B2 = 2, 2, B2
B3 = 3000
B3 = 2, 3, B3
```

3-4 取得工作表使用的列数和行数

对于目前工作表对象 (本章实例使用 ws 作为变量) 而言，有两个属性可以了解目前工作表使用信息。

- max_column：使用 ws.max_column 回传工作表内容所使用的列数。
- max_row：使用 ws.max_row 回传工作表内容所使用的行数。

程序实例 ch3_11.py：假设有一个工作簿的工作表内容如下，这个程序会回传 data3_11.xlsx 工作簿工作表 1 的列数和行数。

	A	B	C	D
1				
2		STARKCOFFEE进货单		
3		日期	品项	金额
4		2021/3/8	Arabica	88000
5		2021/3/15	Robusta	56000
6		2021/3/20	Java	60000
7		2021/3/22	Arabica	78000
8		2021/4/8	Arabica	48000
9		2021/4/9	Java	62000
10		2021/4/10	Robusta	46000
11		2021/5/5	Arabica	120000

工作表1

```
# ch3_11.py
import openpyxl

fn = 'data3_11.xlsx'
wb = openpyxl.load_workbook(fn)
ws = wb.active
print(f"工作表列数 = {ws.max_column}")
print(f"工作表行数 = {ws.max_row}")
```

执行结果

```
==================== RESTART: D:\Python_Excel\ch3\ch3_11.py ====================
工作表列数 = 4
工作表行数 = 11
```

读者从执行结果可以看到，即使第 1 行和第 1 列是空白，也会被当作行数和列数。

3-5 列出工作表区间内容

3-5-1 输出行区间内容

通过学习前面几节的内容相信读者已经可以取得个别单元格的内容，如果想要取得单元格区间的内容可以使用循环的概念。

程序实例 ch3_12.py：取得 data3_11.xlsx 工作簿工作表 1 的第 3 行内容。

```
# ch3_12.py
import openpyxl

fn = 'data3_11.xlsx'
wb = openpyxl.load_workbook(fn)
ws = wb.active
for i in range(2,ws.max_column+1):
    print(ws.cell(row=3,column=i).value, end=' ')
```

执行结果

```
==================== RESTART: D:\Python_Excel\ch3\ch3_12.py ====================
日期 品项 金额
```

3-5-2 输出列区间内容

程序实例 ch3_13.py：取得 data3_11.xlsx 工作簿工作表 1 的第 B 列内容。

```
# ch3_13.py
import openpyxl

fn = 'data3_11.xlsx'
wb = openpyxl.load_workbook(fn)
ws = wb.active
for i in range(2,ws.max_row+1):
    print(ws.cell(row=i,column=2).value)
```

执行结果

```
==================== RESTART: D:\Python_Excel\ch3\ch3_13.py ====================
STARKCOFFEE进货单
日期
2021-03-08 00:00:00
2021-03-15 00:00:00
2021-03-20 00:00:00
2021-03-22 00:00:00
2021-04-08 00:00:00
2021-04-09 00:00:00
2021-04-10 00:00:00
2021-05-05 00:00:00
```

3-5-3 输出整个单元格区间数据

如果想要取得某一区间单元格数据可以使用双层循环的概念。

程序实例 ch3_14.py：data3_14.xlsx 工作簿的工作表 1 内容如下，这个程序会列出 A1:B5 区间的单元格数据。

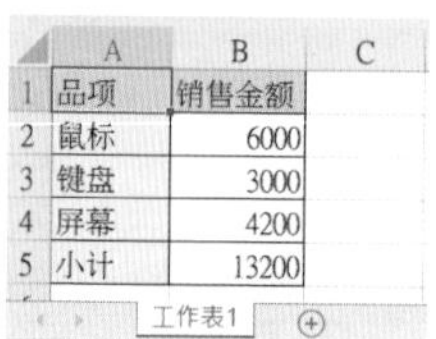

	A	B	C
1	品项	销售金额	
2	鼠标	6000	
3	键盘	3000	
4	屏幕	4200	
5	小计	13200	


```
# ch3_14.py
import openpyxl

fn = 'data3_14.xlsx'
wb = openpyxl.load_workbook(fn)
ws = wb.active
for i in range(1,ws.max_row+1):             # row做索引增值
    for j in range(1,ws.max_column+1):      # column做索引增值
        print(f"{ws.cell(row=i,column=j).value}", end=" ")
    print()                                 # 换行输出
```

执行结果

```
==================== RESTART: D:\Python_Excel\ch3\ch3_14.py ====================
品项 销售金额
鼠标 6000
键盘 3000
屏幕 4200
小计 =SUM(B2:B4)
```

上述程序执行结果的 B5 单元格显示的是公式，可以在开启文件时设定 data_only 参数为 True，就可以获得公式的计算结果。

程序实例 ch3_15.py：改良 ch3_14.py，设定显示销售金额小计的结果。

```
# ch3_15.py
import openpyxl

fn = 'data3_14.xlsx'
wb = openpyxl.load_workbook(fn, data_only=True)
ws = wb.active
for i in range(1,ws.max_row+1):            # row做索引增值
    for j in range(1,ws.max_column+1):     # column做索引增值
        print(f"{ws.cell(row=i,column=j).value}", end=" ")
    print()                                # 换行输出
```

执行结果

```
==================== RESTART: D:\Python_Excel\ch3\ch3_15.py ====================
品项 销售金额
鼠标 6000
键盘 3000
屏幕 4200
小计 13200
```

3-6 工作表对象 ws 的 rows 和 columns

3-6-1 认识 rows 和 columns 属性

当建立工作表对象 ws 成功后，会自动产生下列数据产生器 (generators) 属性。

- rows：工作表数据产生器以行方式包裹，每一行用一个元组 (tuple) 包裹。
- columns：工作表数据产生器以列方式包裹，每一列用一个元组 (tuple) 包裹。

程序实例 ch3_16.py：使用 data3_16.xlsx 工作簿的工作表 1 为实例，此工作表内容如下，输出 ws.rows 和 ws.columns 的数据类型。

	A	B	C	D	E
1	天空SPA客户资料				
2	姓名	地区	性别	身高	身份
3	洪冰儒	士林	男	170	会员
4	洪雨星	中正	男	165	会员
5	洪星宇	信义	男	171	非会员
6	洪冰雨	信义	女	162	会员
7	郭孟华	士林	女	165	会员
8	陈新华	信义	男	178	会员
9	谢冰	士林	女	166	会员

工作表1

```
# ch3_16.py
import openpyxl

fn = 'data3_16.xlsx'
wb = openpyxl.load_workbook(fn)
ws = wb.active
print(type(ws.rows))          # 获得ws.rows数据类型
print(type(ws.columns))       # 获得ws.columns数据类型
```

执行结果

```
================== RESTART: D:/Python_Excel/ch3/ch3_16.py ==================
<class 'generator'>
<class 'generator'>
```

由于 ws.rows 和 ws.columns 是数据产生器，若是想取得它的内容须先将它们转换成列表 (list)，然后就可以用索引方式取得。

程序实例 ch3_17.py：列出 data3_16.xlsx 工作簿工作表 1，特定列与行的信息。留意由于数据转成了列表，所以索引值是从 0 开始。本程序会列出 A 列数据和索引 2 这行 (洪冰儒) 数据。

```
# ch3_17.py
import openpyxl

fn = 'data3_16.xlsx'
wb = openpyxl.load_workbook(fn)
ws = wb.active
for cell in list(ws.columns)[0]:     # A列
    print(cell.value)
for cell in list(ws.rows)[2]:        # 索引是2
    print(cell.value, end=' ')
```

执行结果

```
================== RESTART: D:\Python_Excel\ch3\ch3_17.py ==================
天空SPA客户资料
姓名
洪冰儒
洪雨星
洪星宇
洪冰雨
郭孟华
陈新华
谢冰
洪冰儒 士林 男 170 会员
```

3-6-2 逐行方式输出工作表内容

对于数据产生器而言，我们也可以不用转成列表，直接使用逐行方式获得全部的工作表内容。

程序实例 ch3_18.py：使用逐行方式获得 data3_16.xlsx 工作簿工作表 1 全部的内容。

```
# ch3_18.py
import openpyxl

fn = 'data3_16.xlsx'
wb = openpyxl.load_workbook(fn)
ws = wb.active
for row in ws.rows:
    for cell in row:
        print(cell.value, end=' ')
    print()
```

执行结果

```
================== RESTART: D:\Python_Excel\ch3\ch3_18.py ==================
天空SPA客户资料 None None None None
姓名 地区 性别 身高 身份
洪冰儒 士林 男 170 会员
洪雨星 中正 男 165 会员
洪星宇 信义 男 171 非会员
洪冰雨 信义 女 162 会员
郭孟华 士林 女 165 会员
陈新华 信义 男 178 会员
谢冰 士林 女 166 会员
```

在上述执行结果中，由于第一行只有 A1 单元格有数据，此数据是跨行居中对齐，Python 读取 B2:E2 的数据是 None。

3-6-3　逐列方式输出工作表内容

读者可能会想是否可以使用逐列方式获得全部的工作表内容，答案是可以的。

程序实例 ch3_19.py：使用逐列方式获得全部的工作表内容。

```
# ch3_19.py
import openpyxl

fn = 'data3_16.xlsx'
wb = openpyxl.load_workbook(fn)
ws = wb.active
for col in ws.columns:
    for cell in col:
        print(cell.value, end=' ')
    print()
```

执行结果

```
=================== RESTART: D:\Python_Excel\ch3\ch3_19.py ===================
天空SPA客户资料 姓名 洪冰儒 洪雨星 洪星宇 洪冰雨 郭孟华 陈新华 谢冰
None 地区 士林 中正 信义 信义 士林 信义 士林
None 性别 男 男 男 女 女 男 女
None 身高 170 165 171 162 165 178 166
None 身份 会员 会员 非会员 会员 会员 会员 会员
```

3-7　iter_rows( ) 和 iter_cols( ) 方法

建立了工作表对象后，有下列两个方法可以使用。

```
ws.iter_rows( )              # 在特定区间内，逐行遍历
ws.iter_cols( )              # 在特定区间内，逐列遍历
```

上述方法回传的是元组类型的行或列数据。

3-7-1　认识属性

在讲解 3-7 节的两个函数前，读者需要先认识下列几个工作表对象 ws 的属性。

- min_row：可以回传工作表有数据的最小行数。
- max_row：可以回传工作表有数据的最大行数。
- min_column：可以回传工作表有数据的最小列数。
- max_column：可以回传工作表有数据的最大列数。

程序实例 ch3_19_1.py：假设有一个 data3_19_1.xlsx 工作簿工作表 1 内容如下，请使用此工作表列出 min_row、max_row、min_column 和 max_column 属性的内容。

	A	B	C	D	E
1	1	5	9	13	
2	2	6	10	14	
3	3	7	11	15	
4	4	8	12	16	

工作表1　工作表2　工作表3

```
# ch3_19_1.py
import openpyxl

fn = 'data3_19_1.xlsx'
wb = openpyxl.load_workbook(fn)
ws = wb.active
print(f"工作表有数据最小行数 = {ws.min_row}")
print(f"工作表有数据最大行数 = {ws.max_row}")
print(f"工作表有数据最小列数 = {ws.min_column}")
print(f"工作表有数据最大列数 = {ws.max_column}")
```

执行结果

```
=================== RESTART: D:\Python_Excel\ch3\ch3_19_1.py ===================
工作表有数据最小行数 = 1
工作表有数据最大行数 = 4
工作表有数据最小列数 = 1
工作表有数据最大列数 = 4
```

3-7-2 iter_rows( )

iter_rows( ) 方法产生的效果类似 3-6 节的 rows 属性，不过可以使用此方法设定遍历的区间。此函数包含 4 个参数，语法如下：

```
ws.iter_rows(min_row, max_row, min_col, max_col)
```

- min_row 和 max_row：可以设定逐行遍历的行区间。
- min_col 和 max_col：可以设定逐列遍历的列区间。

注 如果省略上述参数，表示遍历工作表所有行，更多相关细节将在 3-7-4 节和 3-7-5 节讲解。

程序实例 ch3_19_2.py：使用 data3_19_1.xlsx 工作簿工作表 1，遍历行区间是 2~3，列区间也是 2~3。

```
# ch3_19_2.py
import openpyxl

fn = 'data3_19_1.xlsx'
wb = openpyxl.load_workbook(fn)
ws = wb.active
for row in ws.iter_rows(min_row=2,max_row=3,min_col=2,max_col=3):
    for cell in row:
        print(cell.value, end=' ')
    print()
```

执行结果

```
================== RESTART: D:/Python_Excel/ch3/ch3_19_2.py ==================
6 10
7 11
```

3-7-3 iter_cols( )

iter_cols( ) 方法产生的效果类似 3-6 节的 columns 属性，不过可以使用此方法设定遍历的区间。此函数包含 4 个参数，语法如下：

```
ws.iter_cols(min_row, max_row, min_col, max_col)
```

- min_row 和 max_row：可以设定逐行遍历的行区间。
- min_col 和 max_col：可以设定逐列遍历的列区间。

注 如果省略上述参数，表示遍历工作表所有列，更多相关细节将在 3-7-4 和 3-7-5 节解说。

程序实例 ch3_19_3.py：使用 data3_19_1.xlsx 工作簿工作表 1，遍历行区间是 2~3，列区间也是 2~3。

```
# ch3_19_3.py
import openpyxl

fn = 'data3_19_1.xlsx'
wb = openpyxl.load_workbook(fn)
ws = wb.active
for col in ws.iter_cols(min_row=2,max_row=3,min_col=2,max_col=3):
    for cell in col:
        print(cell.value, end=' ')
    print()
```

执行结果

```
================== RESTART: D:/Python_Excel/ch3/ch3_19_3.py ==================
6 7
10 11
```

3-7-4 遍历所有列与认识回传的数据

前面已经介绍过，可以使用 ws.iter_rows( ) 遍历所有的行数据，回传的是元组数据类型，在先前实例使用下列方式解析行数据，得到输出结果。

```
for cell in row:
    print(cell.value, end=' ')
```

下列实例将输出 cell 的数据原型。

程序实例 ch3_19_4.py：使用 ws.iter_rows( ) 遍历和输出所有的行数据原型。

```
# ch3_19_4.py
import openpyxl

fn = 'data3_19_1.xlsx'
wb = openpyxl.load_workbook(fn)
ws = wb.active
for row in ws.iter_rows():
    print(type(row))
    print(row)
```

执行结果

```
================== RESTART: D:/Python_Excel/ch3/ch3_19_4.py ==================
<class 'tuple'>
(<Cell '工作表1'.A1>, <Cell '工作表1'.B1>, <Cell '工作表1'.C1>, <Cell '工作表1'.D1>)
<class 'tuple'>
(<Cell '工作表1'.A2>, <Cell '工作表1'.B2>, <Cell '工作表1'.C2>, <Cell '工作表1'.D2>)
<class 'tuple'>
(<Cell '工作表1'.A3>, <Cell '工作表1'.B3>, <Cell '工作表1'.C3>, <Cell '工作表1'.D3>)
<class 'tuple'>
(<Cell '工作表1'.A4>, <Cell '工作表1'.B4>, <Cell '工作表1'.C4>, <Cell '工作表1'.D4>)
```

由上述输出我们知道 ws.iter_rows( ) 回传的 row 数据类型是元组 (tuple)，而元组的元素是 openpyxl 模块特有的数据类型，元素可以使用下列方式解析获得实际单元格的内容。注：下列指令笔者重复书写，主要是方便读者理解。

```
for cell in row:
    print(cell.value, end=' ')
```

程序实例 ch3_19_5.py：将 ch3_19_4.py 的概念应用在 ws.iter_cols( )，遍历和输出所有的列数据原型。

```
# ch3_19_5.py
import openpyxl

fn = 'data3_19_1.xlsx'
wb = openpyxl.load_workbook(fn)
ws = wb.active
for col in ws.iter_cols():
    print(type(col))
    print(col)
```

执行结果

```
================== RESTART: D:/Python_Excel/ch3/ch3_19_5.py ==================
<class 'tuple'>
(<Cell '工作表1'.A1>, <Cell '工作表1'.A2>, <Cell '工作表1'.A3>, <Cell '工作表1'.A4>)
<class 'tuple'>
(<Cell '工作表1'.B1>, <Cell '工作表1'.B2>, <Cell '工作表1'.B3>, <Cell '工作表1'.B4>)
<class 'tuple'>
(<Cell '工作表1'.C1>, <Cell '工作表1'.C2>, <Cell '工作表1'.C3>, <Cell '工作表1'.C4>)
<class 'tuple'>
(<Cell '工作表1'.D1>, <Cell '工作表1'.D2>, <Cell '工作表1'.D3>, <Cell '工作表1'.D4>)
```

若是和 ch3_19_4.py 相比较，可以看到元组内元素组合不同，其余概念是类似的。

3-7-5 参数 values_only=True

使用 ws.iter_rows( ) 或是 ws_iter_cols( ) 函数时，也可以加上下列参数：

```
values_only=True
```

有了这个参数可以让回传的元组元素显示单元格内容。

程序实例 ch3_19_6.py：增加参数重新设计 ch3_19_4.py。

```
# ch3_19_6.py
import openpyxl

fn = 'data3_19_1.xlsx'
wb = openpyxl.load_workbook(fn)
ws = wb.active
for row in ws.iter_rows(values_only=True):
    print(type(row))
    print(row)
```

执行结果

```
================== RESTART: D:/Python_Excel/ch3/ch3_19_6.py ==================
<class 'tuple'>
(1, 5, 9, 13)
<class 'tuple'>
(2, 6, 10, 14)
<class 'tuple'>
(3, 7, 11, 15)
<class 'tuple'>
(4, 8, 12, 16)
```

上述可以获得容易理解的执行结果。

程序实例 ch3_19_7.py：增加参数重新设计 ch3_19_5.py。

```
# ch3_19_7.py
import openpyxl

fn = 'data3_19_1.xlsx'
wb = openpyxl.load_workbook(fn)
ws = wb.active
for col in ws.iter_cols(values_only=True):
    print(type(col))
    print(col)
```

执行结果

```
================== RESTART: D:/Python_Excel/ch3/ch3_19_7.py ==================
<class 'tuple'>
(1, 2, 3, 4)
<class 'tuple'>
(5, 6, 7, 8)
<class 'tuple'>
(9, 10, 11, 12)
<class 'tuple'>
(13, 14, 15, 16)
```

3-8 指定列或行

在 3-6 节有介绍工作表对象 ws 的 columns 和 rows 属性，然后将结果转成列表，再使用索引方式取得特定列或行的内容。其实也可以使用下列方式获得特定列的内容。

```
colA = ws['A']                    # 取得第 A 列的内容
row5 = ws[5]                      # 取得第 5 行内容
```

上述回传的是元组 (tuple) 数据类型。

程序实例 ch3_20.py：使用 data3_16.xlsx 的工作表 1，输出第 A 列和第 5 行的数据。

```
# ch3_20.py
import openpyxl

fn = 'data3_16.xlsx'
wb = openpyxl.load_workbook(fn)
ws = wb.active
for cell in ws['A']:      # A列
    print(cell.value)
for cell in ws[5]:        # 索引是5
    print(cell.value, end=' ')
```

执行结果

```
==================== RESTART: D:\Python_Excel\ch3\ch3_20.py ====================
天空SPA客户资料
姓名
洪冰儒
洪雨星
洪星宇
洪冰雨
郭孟华
陈新华
谢冰
洪星宇 信义 男 171 非会员
```

3-9 切片

Excel 的单元格区间的切片概念也可以应用在 Python 操作工作表。

3-9-1 指定的单元格区间

3-8 节介绍了特定列和行的单元格数据，也可以使用下列切片方式取得特定单元格区间的数据。

```
ws['A1':'E9']                     # A1:E9 单元格区间的数据
```

这是使用切片的概念读取某区间数据，回传数据类型是元组 (tuple)，例如，读取 A1:E9 数据可用下列方法：

```
for row in ws['A1':'E9']:            # 逐行读取
    for cell in row:                 # 读取特定列的每一单元格
        print(cell.value)
```

程序实例 ch3_21.py：采用切片概念读取 data3_16.xlsx 的工作表 1 中，A1:E9 单元格区间内容。

```
# ch3_21.py
import openpyxl

fn = 'data3_16.xlsx'
wb = openpyxl.load_workbook(fn)
ws = wb.active
for row in ws['A1':'E9']:
    for cell in row:
        print(cell.value, end=' ')
    print()
```

执行结果

```
==================== RESTART: D:\Python_Excel\ch3\ch3_21.py ====================
天空SPA客户资料 None None None None
姓名 地区 性别 身高 身份
洪冰儒 士林 男 170 会员
洪雨星 中正 男 165 会员
洪星宇 信义 男 171 非会员
洪冰雨 信义 女 162 会员
郭孟华 士林 女 165 会员
陈新华 信义 男 178 会员
谢冰 士林 女 166 会员
```

程序实例 ch3_21_1.py：使用另一种格式重新设计 ch3_21.py。

```
# ch3_21_1.py
import openpyxl

fn = 'data3_16.xlsx'
wb = openpyxl.load_workbook(fn)
ws = wb.active
range = ws['A1':'E9']
for a, b, c, d, e in range:
    print(f"{a.value} {b.value} {c.value} {d.value} {e.value}")
```

执行结果 与 ch3_21.py 相同。

3-9-2 特定列的区间

也可以使用下列切片方式取得特定列的单元格数据。

```
ws['B:D']                      # 取得 B~D 列的单元格数据
ws[3:6]                        # 取得第 3~6 行的单元格数据
```

程序实例 ch3_22.py：输出 data3_16.xlsx 工作表 1 中，B~D 列的单元格数据。

```
# ch3_22.py
import openpyxl

fn = 'data3_16.xlsx'
wb = openpyxl.load_workbook(fn)
ws = wb.active
data_range = ws['B':'D']
for cols in data_range:
    for cell in cols:
        print(cell.value, end=' ')
    print()
```

执行结果

```
==================== RESTART: D:\Python_Excel\ch3\ch3_22.py ====================
None 地区 士林 中正 信义 信义 士林 信义 士林
None 性别 男 男 男 女 女 男 女
None 身高 170 165 171 162 165 178 166
```

上述因为 B1:D1 皆没有数据，所以输出是 None。

程序实例 ch3_23.py：输出 data3_16.xlsx 工作表 1 中，第 3~6 行 (含) 的单元格数据。

```
# ch3_23.py
import openpyxl

fn = 'data3_16.xlsx'
wb = openpyxl.load_workbook(fn)
ws = wb.active
data_range = ws[3:6]
for rows in data_range:
    for cell in rows:
        print(cell.value, end=' ')
    print()
```

执行结果

```
==================== RESTART: D:\Python_Excel\ch3\ch3_23.py ====================
洪冰儒 士林 男 170 会员
洪雨星 中正 男 165 会员
洪星宇 信义 男 171 非会员
洪冰雨 信义 女 162 会员
```

3-10　工作表对象 ws 的 dimensions

工作表对象的 dimensions 属性可以回传目前表格的“左上角 : 右下角”的坐标。

程序实例 ch3_24.py：以 data3_16.xlsx 为例，测试 dimensions 属性。

```
# ch3_24.py
import openpyxl

fn = 'data3_16.xlsx'
wb = openpyxl.load_workbook(fn)
ws = wb.active
print(ws.dimensions)
```

执行结果

```
==================== RESTART: D:/Python_Excel/ch3/ch3_24.py ====================
A1:E9
```

运行 data3_24.xlsx 可以看到如下结果。

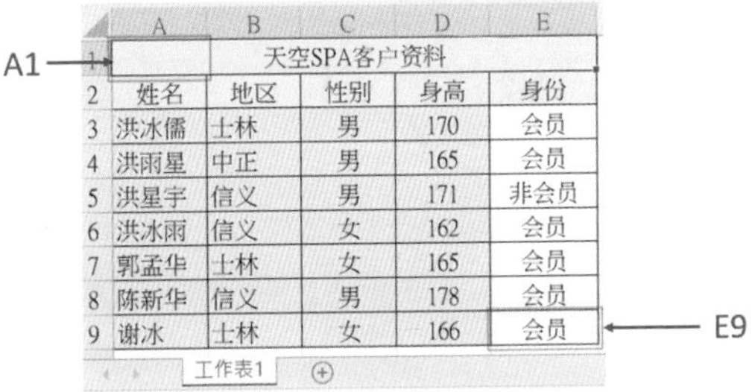

	A	B	C	D	E
1		天空SPA客户资料			
2	姓名	地区	性别	身高	身份
3	洪冰儒	士林	男	170	会员
4	洪雨星	中正	男	165	会员
5	洪星宇	信义	男	171	非会员
6	洪冰雨	信义	女	162	会员
7	郭孟华	士林	女	165	会员
8	陈新华	信义	男	178	会员
9	谢冰	士林	女	166	会员

有时候我们会碰上一个工作表内有多个表格，这时 dimensions 属性是回传多个表格的“最左上角：最右下角”的坐标。例如，假设 data3_25.xlsx 工作簿工作表 1 内容如下。

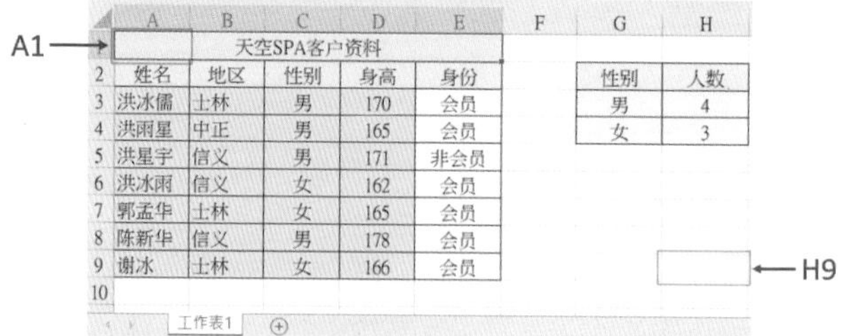

A	B	C	D	E	F	G	H
	天空SPA客户资料						
姓名	地区	性别	身高	身份		性别	人数
洪冰儒	士林	男	170	会员		男	4
洪雨星	中正	男	165	会员		女	3
洪星宇	信义	男	171	非会员			
洪冰雨	信义	女	162	会员			
郭孟华	士林	女	165	会员			
陈新华	信义	男	178	会员			
谢冰	士林	女	166	会员			

程序实例 ch3_25.py：使用 data3_25.xlsx 重新设计 ch3_24.py 可以得到下列结果。

```
# ch3_25.py
import openpyxl

fn = 'data3_25.xlsx'
wb = openpyxl.load_workbook(fn)
ws = wb.active
print(ws.dimensions)
```

执行结果

```
================== RESTART: D:/Python_Excel/ch3/ch3_25.py ==================
A1:H9
```

程序实例 ch3_26.py：使用 dimensions 属性的概念重新设计 ch3_21.py。

```
# ch3_26.py
import openpyxl

fn = 'data3_16.xlsx'
wb = openpyxl.load_workbook(fn)
ws = wb.active
for row in ws[ws.dimensions]:
    for cell in row:
        print(cell.value, end=' ')
    print()
```

执行结果

```
=================== RESTART: D:\Python_Excel\ch3\ch3_26.py ===================
天空SPA客户资料 None None None None
姓名 地区 性别 身高 身份
洪冰儒 士林 男 170 会员
洪雨星 中正 男 165 会员
洪星宇 信义 男 171 非会员
洪冰雨 信义 女 162 会员
郭孟华 士林 女 165 会员
陈新华 信义 男 178 会员
谢冰 士林 女 166 会员
```

3-11 将列表数据写进单元格

我们可以使用 append( ) 方法将列表数据写入单元格，append 这个名词有附加的意义，如果目前工作表没有数据，append( ) 可将数据从第一行 (row) 开始写入，如果目前工作表已经有数据，可将数据从已有数据的下一行开始写入。

程序实例 ch3_27.py：在空白工作表使用 append( ) 输入列表数据，最后将输出结果存入 out3_27.xlsx。

```
# ch3_27.py
import openpyxl

wb = openpyxl.Workbook()            # 建立空白的工作簿
ws = wb.active                      # 获得目前工作表
row1 = ['数学','物理','化学']        # 定义列表数据
ws.append(row1)                     # 写入列表
row2 = [98, 82, 89]                 # 定义列表数据
ws.append(row2)                     # 写入列表
wb.save('out3_27.xlsx')             # 将工作簿存储
```

执行结果　开启 out3_27.xlsx 可以看到如下结果。

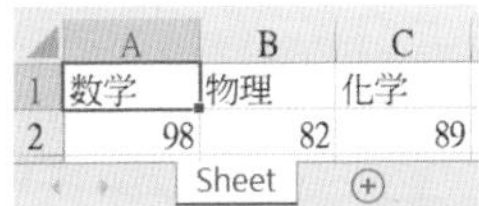

	A	B	C
1	数学	物理	化学
2	98	82	89

上述成功地一次输入一个列表数据，如果列表数据的元素也是列表，可以使用循环方式输入内含列表元素的列表。

程序实例 ch3_28.py：在已有数据的工作表，使用 append( ) 输入内含列表元素的列表。

```
# ch3_28.py
import openpyxl

wb = openpyxl.Workbook()      # 建立空白的工作簿
ws = wb.active                # 获得目前工作表
ws['A1'] = '明志科技大学'
rows = [                      # 定义列表数据
    ['数学', '物理', '化学'],
    [98, 82, 89],
    [79, 88, 90],
    [80, 78, 91]]
for row in rows:
    ws.append(row)            # 写入列表
wb.save('out3_28.xlsx')       # 将工作簿存储
```

执行结果　开启 out3_28.xlsx 可以看到如下结果。

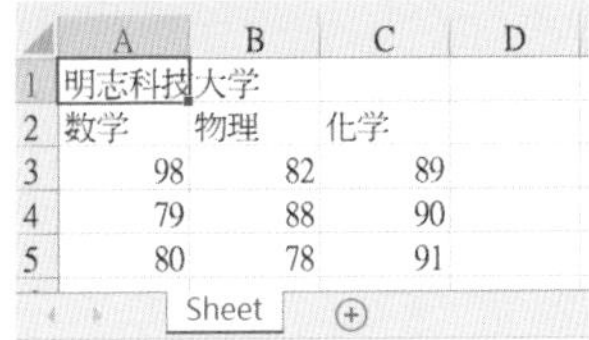

	A	B	C	D
1	明志科技大学			
2	数学	物理	化学	
3	98	82	89	
4	79	88	90	
5	80	78	91	

3-12 列数与域名的转换

在 Excel 中列名称是 A、B、…、Z、AA、AB、AC 等，例如，1 代表 A、2 代表 B、26 代表 Z、27 代表 AA、28 代表 AB。如果工作表的列数很多时，很明显我们无法很清楚了解到底索引是多少（例如 BC 是多少？）。为了解决这方面的问题，下列将介绍两个转换方法：

```
get_column_letter(数值)                    # 将数值转换成字母
column_index_from_string(字母)             # 将字母转换成数值
```

上述方法存在于 openpyxl.utils 模块内，所以程序前面要加上下列指令。

```
from openpyxl.utils import get_column_letter, column_index_from_string
```

程序实例 ch3_29.py：将数值转换成字母，以及将列数的字母转换成数值。

```
# ch3_29.py
import openpyxl
from openpyxl.utils import get_column_letter, column_index_from_string

wb = openpyxl.Workbook()
ws = wb.active
print("列数= ",get_column_letter(ws.max_column))
print("3   = ",get_column_letter(3))
print("27  = ",get_column_letter(27))
print("100 = ",get_column_letter(100))
print("800 = ",get_column_letter(800))

print("A   = ", column_index_from_string('A'))
print("E   = ", column_index_from_string('E'))
print("AA  = ", column_index_from_string('AA'))
print("AZ  = ", column_index_from_string('AZ'))
print("AAA = ", column_index_from_string('AAA'))
```

执行结果

```
==================== RESTART: D:\Python_Excel\ch3\ch3_29.py ====================
列数=  A
3   =  C
27  =  AA
100 =  CV
800 =  ADT
A   =  1
E   =  5
AA  =  27
AZ  =  52
AAA =  703
```

第 4 章

工作表与工作簿整合实操

前面 3 章笔者介绍了存取工作表数据、操作工作表与工作簿，这一节主要是将前 3 章所学的概念做一个整合性的实操，方便读者融会贯通。

4-1 建立多个工作表的应用

程序实例 ch4_1.xlsx：建立 out4_1.xlsx 工作簿，同时在此工作簿内建立 3 个工作表，这 3 个工作表将显示不同类型的数据。

```
# ch4_1.py
import openpyxl
from openpyxl.utils import get_column_letter
wb = openpyxl.Workbook()
ws1 = wb.active
ws1.title = "DataRange"
for row in range(1, 20):
    ws1.append(range(500))
ws2 = wb.create_sheet(title="School")
ws2['F5'] = "明志科技大学"
ws3 = wb.create_sheet(title="Data")
for row in range(10, 20):
    for col in range(27, 54):
        ws3.cell(column=col,row=row,value="{0}".format(get_column_letter(col)))
wb.save("out4_1.xlsx")
```

执行结果 开启 out4_1.xlsx 可以得到如下结果。

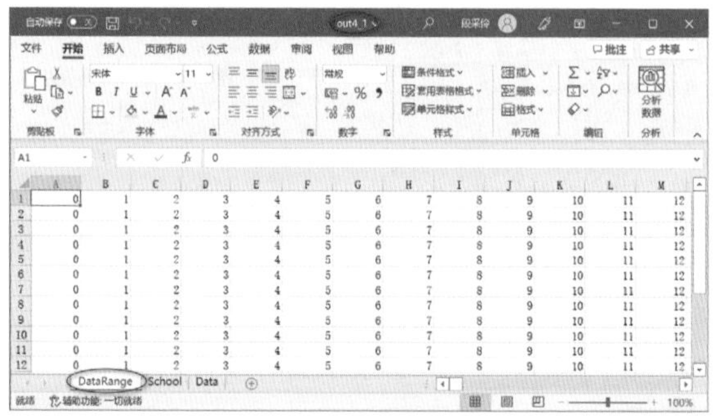

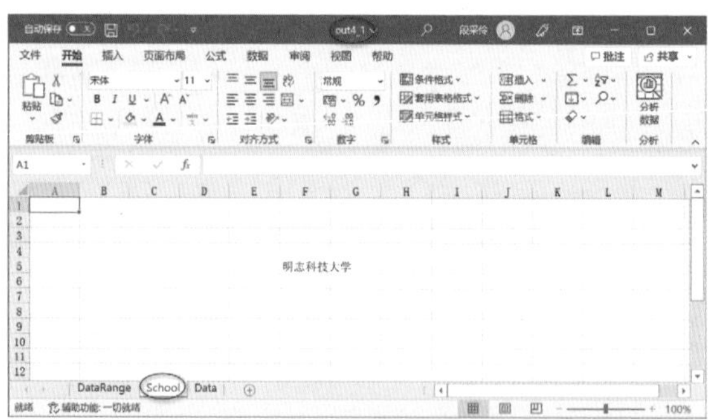

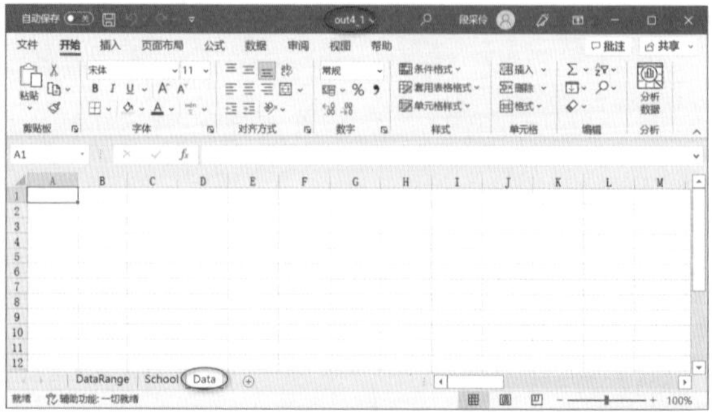

4-2 将工作簿的工作表复制到不同的工作簿

在 2-2 节介绍了在同一工作簿内复制工作表，这一节重点解说将工作表复制到不同工作簿内。由于目前尚未解说单元格的格式概念，所以复制的工作表只是工作表的内容。有一个工作簿 data4_2.xlsx 工作表 1 的内容如下。

	A	B	C	D	E	F	G	H
1	天空SPA客户资料							
2	姓名	地区	性别	身高	身份		性别	人数
3	洪冰儒	士林	男	170	会员		男	4
4	洪雨星	中正	男	165	会员		女	3
5	洪星宇	信义	男	171	非会员			
6	洪冰雨	信义	女	162	会员			
7	郭孟华	士林	女	165	会员			
8	陈新华	信义	男	178	会员			
9	谢冰	士林	女	166	会员			
10								

工作表1

程序实例 ch4_2.xlsx：将 data4_2.xlsx 工作表 1 的内容复制到 out4_2.xlsx 的 sheet 工作表。

```
1  # ch4_2.py
2  import openpyxl
3
4  fn = "data4_2.xlsx"             # 来源工作簿
5  wb = openpyxl.load_workbook(fn)
6  ws = wb.active
7
8  new_wb = openpyxl.Workbook()    # 建立目的工作簿
9  new_ws = new_wb.active
10
11 for m in range(1, ws.max_row+1):
12     for n in range(65, 65+ws.max_column):    # 65是A
13         ch = chr(n)              # 将ASCII码值转字符
14         index = ch + str(m)
15         data =  ws[index].value
16         new_ws[index].value = data  # 写入目的工作簿
17
18 new_wb.save("out4_2.xlsx")          # 存储结果
```

执行结果　下列是开启 out4_2.xlsx 工作表的结果。

	A	B	C	D	E	F	G	H
1	天空SPA客户资料							
2	姓名	地区	性别	身高	身份		性别	人数
3	洪冰儒	士林	男	170	会员		男	4
4	洪雨星	中正	男	165	会员		女	3
5	洪星宇	信义	男	171	非会员			
6	洪冰雨	信义	女	162	会员			
7	郭孟华	士林	女	165	会员			
8	陈新华	信义	男	178	会员			
9	谢冰	士林	女	166	会员			

Sheet

上述程序的重点是第 15 行：

```
data = ws[index].value
```

因为 index 的格式是‘列行’，其中 A 的 ASCII 码值是 65，所以第 12 行使用 for 循环时是使用 65 当作起始点，第 13 行则是将 ASCII 码值转成字符：

```
ch = chr(n)
```

上述可以符合 Excel 的列号标记。第 14 行的指令如下：

```
index = ch + str(m)
```

上述就可以组成‘列行’的单元格地址概念。

程序实例 ch4_3.py：使用 iter_rows( ) 函数遍历行的概念重新设计 ch4_2.py。

```
1  # ch4_3.py
2  import openpyxl
3
4  fn = "data4_2.xlsx"              # 来源工作簿
5  wb = openpyxl.load_workbook(fn)
6  ws = wb.active
7
8  new_wb = openpyxl.Workbook()     # 建立目的工作簿
9  new_ws = new_wb.active
10
11 for data in ws.iter_rows(min_row=1,max_row=ws.max_row,
12                          min_col=1,max_col=ws.max_column, values_only=True):
13     value = list(data)
14     new_ws.append(value)         # 写入目的工作簿
15
16 new_wb.save("out4_3.xlsx")       # 存储结果
```

执行结果 读者可以开启 out4_3.xlsx，可以得到和 out4_2.xlsx 相同的结果。

上述程序的关键是第 11 行，使用 for 循环搭配 iter_rows( ) 函数，遍历工作表时使用 data，因为 data 可以取得每一行的数据，然后第 13 行将 data 转为列表 (list) 变量 value，最后就可以使用 append( ) 函数将列表数据 value 写入新工作簿工作表对象的单元格。

上述实例是将工作簿的工作表复制到新的工作簿，读者可能会想可以使用开启原始工作簿，再使用另一个工作簿名称存储此工作簿也可以达到复制至新工作簿的目的，这个概念也是对的，其实上述程序只是让读者了解设计此类程序的逻辑，下列将以实例解说，将工作簿的工作表复制到不同已经存在的工作簿内。

程序实例 ch4_4.py：将工作簿的工作表复制到不同已经存在的工作簿内，假设已经存在的工作表 data4_4.xlsx 内容如下。

A1 天空SPA客户资料

	A	B	C	D	E	F	G	H
1	天空SPA客户资料							
2	姓名	地区	性别	身高	身份		性别	人数
3	洪冰儒	士林	男	170	会员		男	4
4	洪雨星	中正	男	165	会员		女	1
5	洪星宇	信义	男	171	非会员			
6	陈新华	信义	男	178	会员			
7	谢冰	士林	女	166	会员			

原始SPA客户表

这个程序会将 data4_2.xlsx 工作表 1 复制到 data4_4.xlsx 内，但是最后使用 out4_4.xlsx 存储含复制结果的工作表。

```
# ch4_4.py
import openpyxl

fn = "data4_2.xlsx"                        # 来源工作簿
wb = openpyxl.load_workbook(fn)
ws = wb.active
dst = "data4_4.xlsx"
new_wb = openpyxl.load_workbook(dst)       # 开启目的工作簿
new_ws = new_wb.create_sheet(title="新SPA客户表")
for data in ws.iter_rows(min_row=1,max_row=ws.max_row,
                         min_col=1,max_col=ws.max_column, values_only=True):
    value = list(data)
    new_ws.append(value)         # 写入目的工作簿

new_wb.save("out4_4.xlsx")       # 用新工作簿存储结果
```

执行结果 开启 out4_4.xlsx 可以得到 2 个工作表，其中新 SPA 客户表是复制的结果。

天空SPA客户资料							
姓名	地区	性别	身高	身份		性别	人数
洪冰儒	士林	男	170	会员		男	4
洪雨星	中正	男	165	会员		女	3
洪星宇	信义	男	171	非会员			
洪冰雨	信义	女	162	会员			
郭孟华	士林	女	165	会员			
陈新华	信义	男	178	会员			
谢冰	士林	女	166	会员			

原始SPA客户表　新SPA客户表

4-3 将工作簿的所有工作表复制到另一个工作簿

有一个工作簿 data4_5.xlsx 内有 4 个工作表，内容如下。

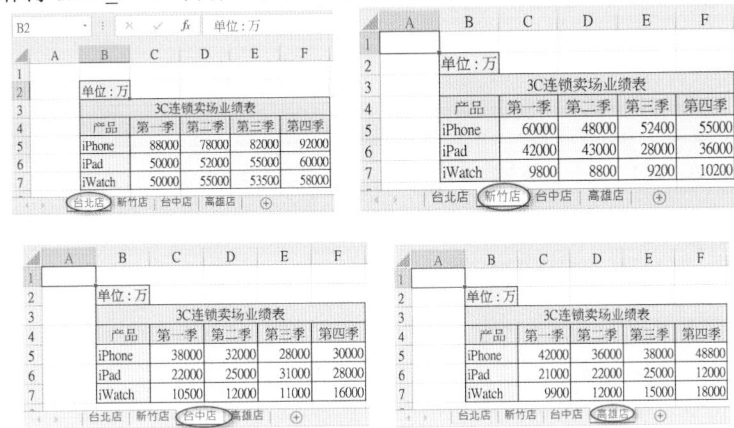

台北店（单位：万）

3C连锁卖场业绩表				
产品	第一季	第二季	第三季	第四季
iPhone	88000	78000	82000	92000
iPad	50000	52000	55000	60000
iWatch	50000	55000	53500	58000

新竹店（单位：万）

3C连锁卖场业绩表				
产品	第一季	第二季	第三季	第四季
iPhone	60000	48000	52400	55000
iPad	42000	43000	28000	36000
iWatch	9800	8800	9200	10200

台中店（单位：万）

3C连锁卖场业绩表				
产品	第一季	第二季	第三季	第四季
iPhone	38000	32000	28000	30000
iPad	22000	25000	31000	28000
iWatch	10500	12000	11000	16000

高雄店（单位：万）

3C连锁卖场业绩表				
产品	第一季	第二季	第三季	第四季
iPhone	42000	36000	38000	48800
iPad	21000	22000	25000	12000
iWatch	9900	12000	15000	18000

工作簿 dst.xlsx 内有一个工作表，内容如下。

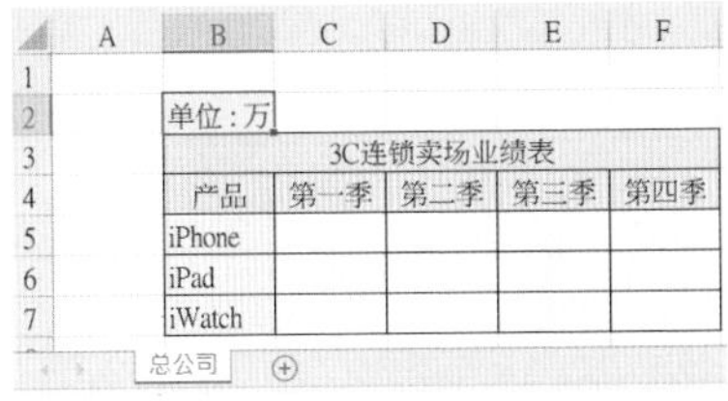

总公司（单位：万）

3C连锁卖场业绩表				
产品	第一季	第二季	第三季	第四季
iPhone				
iPad				
iWatch				

程序实例 ch4_5.xlsx：将 data4_5.xlsx 工作簿的所有工作表复制至 dst4_5.xlcs 工作簿内，最后使用 out4_5.xlsx 工作簿存储。

```
# ch4_5.py
import openpyxl

fn1 = "data4_5.xlsx"                         # 来源工作簿
wb = openpyxl.load_workbook(fn1)
fn2 = "dst4_5.xlsx"
new_wb = openpyxl.load_workbook(fn2)         # 建立目的工作簿
for i in range(4):
    ws = wb.worksheets[i]
    dst_title = ws.title
    new_ws = new_wb.create_sheet(title=dst_title)
    for data in ws.iter_rows(min_row=1,max_row=ws.max_row,
            min_col=1,max_col=ws.max_column, values_only=True):
        value = list(data)
        new_ws.append(value)                 # 写入目的工作簿
new_wb.save("out4_5.xlsx")                   # 存储结果
```

执行结果 下列是开启 out4_5.xlsx 的两个工作表的验证结果。

	A	B	C	D	E	F
1						
2		单位：万				
3		3C连锁卖场业绩表				
4		产品	第一季	第二季	第三季	第四季
5		iPhone				
6		iPad				
7		iWatch				

总公司 | 台北店 | 新竹店 | 台中店 | 高雄店

	A	B	C	D	E	F
1						
2		单位：万				
3		3C连锁卖场业绩表				
4		产品	第一季	第二季	第三季	第四季
5		iPhone	88000	78000	82000	92000
6		iPad	50000	52000	55000	60000
7		iWatch	50000	55000	53500	58000

总公司 | 台北店 | 新竹店 | 台中店 | 高雄店

4-4 将工作簿内的所有工作表独立复制成个别的工作簿

程序实例 ch4_6.xlsx：data4_5.xlsx 有多个工作表，每个工作表用一个工作簿存储，所以会有多个工作簿产生。

```
# ch4_6.py
import openpyxl

fn = "data4_5.xlsx"                     # 来源工作簿
wb = openpyxl.load_workbook(fn)
ws = wb.active
for i in range(4):
    ws = wb.worksheets[i]
    fname = ws.title
    new_wb = openpyxl.Workbook()        # 建立目的工作簿
    new_ws = new_wb.active
    for data in ws.iter_rows(min_row=1,max_row=ws.max_row,
            min_col=1,max_col=ws.max_column, values_only=True):
        value = list(data)
        new_ws.append(value)            # 写入目的工作簿
    fname = fname + '.xlsx'
    new_wb.save(fname)                  # 存储结果
```

执行结果 因为 data4_5.xlsx 有 4 个工作表，分别是台中店、台北店、新竹店、高雄店，所有执行此程序后可以得到以店名为名称的工作簿，下列是示范输出。

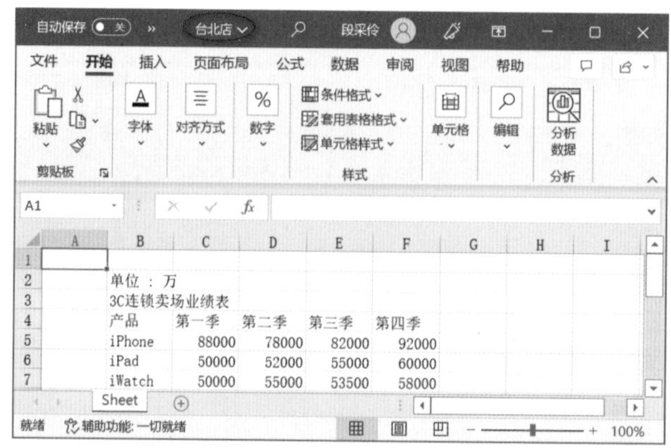

第 5 章

工作表行与列的操作

这一章将针对插入工作表行与列的相关知识做解说。

5-1 插入行

5-1-1 基础概念实例

插入行的语法如下：

```
ws.insert_rows(index, amount)
```

上述参数说明如下：

- index：插入的起始行。
- amount：插入的行数，如果省略 amount 相当于插入 1 行。

注 当执行插入行后，插入起始行后面的行号将会自动往下移动。

有一个 data5_1.xlsx 工作簿文件的薪资工作表内容如下。

	A	B	C	D	E	F	G	H
1	深智数位薪资表							
2	员工编号	姓名	底薪	奖金	加班费	健保费	劳保费	薪资金额
3	A001	陈新华	56000	3000	0	-800	-600	57600
4	A004	周汤家	49000	2000	0	-600	-500	49900
5	A010	李家佳	46000	2000	0	-600	-500	46900
6	A012	陈嘉许	43000	0	0	-600	-500	41900
7	A015	张进一	38000	0	0	-600	-500	36900

薪资

注 上述 H3 单元格是一个公式 =SUM(C3:G3)，H4:H7 概念与 H3 相同。

下面将从读者容易犯错的概念说起。

程序实例 ch5_1.py：在第 4 ~ 7 行上方增加 1 行空白行，相当于在每一个员工编号上方增加 1 个空白行。

```
# ch5_1.py
import openpyxl

fn = "data5_1.xlsx"
wb = openpyxl.load_workbook(fn)
ws = wb.active

ws.insert_rows(4,1)
ws.insert_rows(6,1)
ws.insert_rows(8)           # 省略amount参数
ws.insert_rows(10)          # 省略amount参数
wb.save("out5_1.xlsx")
```

执行结果 开启 out5_1.xlsx 可以得到如下结果。

	A	B	C	D	E	F	G	H
1	深智数位薪资表							
2	员工编号	姓名	底薪	奖金	加班费	健保费	劳保费	薪资金额
3	A001	陈新华	56000	3000	0	-800	-600	57600
4								
5	A004	周汤家	49000	2000	0	-600	-500	0
6								
7	A010	李家佳	46000	2000	0	-600	-500	49900
8								
9	A012	陈嘉许	43000	0	0	-600	-500	0
10								
11	A015	张进一	38000	0	0	-600	-500	46900

薪资

上述程序因为每插入 1 行空白行会造成增加 1 行，所以实际插入的起始行并不是连续的第 4 ~ 7 行。

注 1 上述第 10～11 行省略了 amount 参数，表示只插入 1 行。

注 2 从上述的 H3:H11，除了 H3 单元格外，其余单元格的数据是错误的，因为开启文件时没有考虑 H3:H7 单元格是公式，程序实例 ch5_2.py 会做改良。

程序实例 ch5_2.py：修订 ch5_1.py 的错误，改良方式是在使用 load_workbook( ) 函数时增加 data_only=True 参数。

```
# ch5_2.py
import openpyxl

fn = "data5_1.xlsx"
wb = openpyxl.load_workbook(fn,data_only=True)
ws = wb.active

ws.insert_rows(4,1)
ws.insert_rows(6,1)
ws.insert_rows(8)        # 省略amount参数
ws.insert_rows(10)       # 省略amount参数
wb.save("out5_2.xlsx")
```

执行结果 如果开启 out5_2.xlsx 可以得到如下正确的结果。

	A	B	C	D	E	F	G	H
1	深智数位薪资表							
2	员工编号	姓名	底薪	奖金	加班费	健保费	劳保费	薪资金额
3	A001	陈新华	56000	3000	0	-800	-600	57600
4								
5	A004	周汤家	49000	2000	0	-600	-500	49900
6								
7	A010	李家佳	46000	2000	0	-600	-500	46900
8								
9	A012	陈嘉许	43000	0	0	-600	-500	41900
10								
11	A015	张进一	38000	0	0	-600	-500	36900

薪资

从上述执行结果可以看到当插入工作表行后，会造成工作表部分框线遗失，本书将在 6-3 节讲解绘制框线的方法。

5-1-2　循环实例

如果员工有 100 个，使用 ch5_2.py 不是一个很有效率的方法，这一节将使用循环方法重新设计 ch5_2.py。

程序实例 ch5_3.py：使用循环的概念重新设计 ch5_2.py。

```
# ch5_3.py
import openpyxl

fn = "data5_1.xlsx"
wb = openpyxl.load_workbook(fn,data_only=True)
ws = wb.active
row = 0;
for i in range(4,8):
    ws.insert_rows(i+row,1)
    row = row + 1
wb.save("out5_3.xlsx")
```

执行结果 开启 out5_3.xlsx 可以得到和 out5_2.xlsx 相同的结果。

5-1-3　建立薪资条数据

工作簿的 data5_1.xlsx 是财务部的薪资数据，每个月发薪资的时候，财务部需要给每位员工一份薪资条，如果只给下列数据，员工无法判断各字段的数据所代表的真实意义。

A001	陈新华	56000	3000	0	-800	-600	57600

如果每个人的薪资数据上方增加明细，则可以让人一目了然。

员工编号	姓名	底薪	奖金	加班费	健保费	劳保费	薪资金额
A001	陈新华	56000	3000	0	-800	-600	57600

程序实例 ch5_4.py：在薪资条上方加上薪资项目。

```
1   # ch5_4.py
2   import openpyxl
3
4   fn = "data5_1.xlsx"
5   wb = openpyxl.load_workbook(fn,data_only=True)
6   ws = wb.active
7   data = ["员工编号","姓名","底薪","奖金","加班费",
8           "健保费","劳保费","薪资金额"]
9   length = len(data)
10  row = 0;
11  for i in range(4,8):
12      ws.insert_rows(i+row,2)
13      for j in range(0, length):    # 写入薪资项目
14          ws.cell(row=i+row+1,column=j+1,value=data[j])
15      row = row + 2
16  wb.save("out5_4.xlsx")
```

执行结果 开启 out5_4.xlsx 可以得到如下结果。

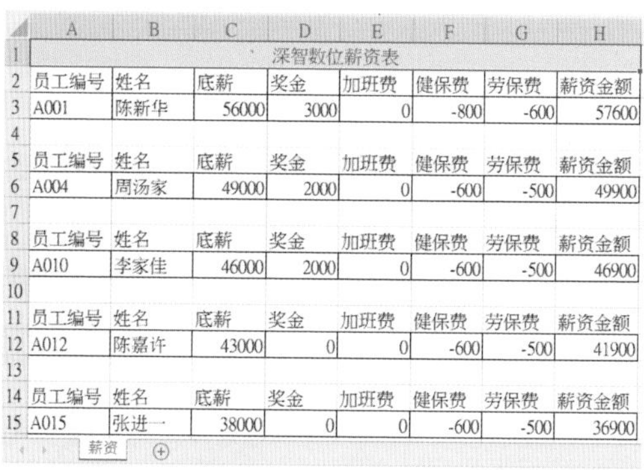

	A	B	C	D	E	F	G	H
1	深智数位薪资表							
2	员工编号	姓名	底薪	奖金	加班费	健保费	劳保费	薪资金额
3	A001	陈新华	56000	3000	0	-800	-600	57600
4								
5	员工编号	姓名	底薪	奖金	加班费	健保费	劳保费	薪资金额
6	A004	周汤家	49000	2000	0	-600	-500	49900
7								
8	员工编号	姓名	底薪	奖金	加班费	健保费	劳保费	薪资金额
9	A010	李家佳	46000	2000	0	-600	-500	46900
10								
11	员工编号	姓名	底薪	奖金	加班费	健保费	劳保费	薪资金额
12	A012	陈嘉许	43000	0	0	-600	-500	41900
13								
14	员工编号	姓名	底薪	奖金	加班费	健保费	劳保费	薪资金额
15	A015	张进一	38000	0	0	-600	-500	36900

薪资

从上述可以得到每个人的薪资条上方已经有薪资项目了，其实上述程序的缺点是第 7 ~ 8 行，使用 data 重新定义了薪资项目，我们可以参考 3-9-1 节的概念取得薪资项目的数据，重新设计 ch5_4.py 程序。

程序实例 ch5_4_1.py：省略重新定义薪资项目，重新设计 ch5_4.py。

```
# ch5_4_1.py
import openpyxl

fn = "data5_1.xlsx"
wb = openpyxl.load_workbook(fn,data_only=True)
ws = wb.active
area = ws['A2':'H2']                    # 薪资项目
row = 0;
for i in range(4,8):
    ws.insert_rows(i+row,2)             # 插入 2 行空白行
    for datarow in area:
        data = list(datarow)            # 转成列表
        for j, d in enumerate(data):    # 取得列表内容
            ws.cell(row=i+row+1,column=j+1,value=d.value)
    row = row + 2
wb.save("out5_4_1.xlsx")
```

执行结果 与 ch5_4.py 相同。

上述程序虽然可以得到结果，但是使用了 ws[‘A2’ : ‘H2’] 获得了薪资项目，为了要解析出项目内容需使用双层 for 循环。其实以 data5_1.xlsx 工作簿而言，我们需要的只是第 2 行的薪资项目，可以采用 3-8 节的概念获得第 2 行数据。

```
area = ws[2]
```

上述取得薪资项目方式可以简化整个设计，细节可以参考下列实例。

程序实例 ch5_4_2.py：使用 ws[2] 方式取得薪资明细，重新设计 ch5_4_1.py。

```
# ch5_4_2.py
import openpyxl

fn = "data5_1.xlsx"
wb = openpyxl.load_workbook(fn,data_only=True)
ws = wb.active
data = ws[2]                                  # 薪资项目
row = 0;
for i in range(4,8):
    ws.insert_rows(i+row,2)                   # 插入 2 行空白行
    for j, d in enumerate(data):              # 取得元组内容
        ws.cell(row=i+row+1,column=j+1,value=d.value)
    row = row + 2
wb.save("out5_4_2.xlsx")
```

执行结果　与 ch5_4_1.py 相同。

5-1-4　使用 iter_rows( ) 验证插入行

程序实例 ch5_4_3.py：重新设计 ch5_3.py，使用 iter_row( ) 函数在执行插入行前和执行插入行后输出行数据，观察插入行的结果。

```
# ch5_4_3.py
import openpyxl

fn = "data5_1.xlsx"
wb = openpyxl.load_workbook(fn,data_only=True)
ws = wb.active
print("执行前")
for r in ws.iter_rows(values_only=True):      # 执行前输出
    print(r)
row = 0;
for i in range(4,8):
    ws.insert_rows(i+row,1)
    row = row + 1
print("执行后")
for r in ws.iter_rows(values_only=True):      # 执行后输出
    print(r)
wb.save("out5_4_3.xlsx")
```

执行结果

```
================== RESTART: D:\Python_Excel\ch5\ch5_4_3.py ==================
执行前
('深智数位薪资表', None, None, None, None, None, None, None)
('员工编号', '姓名', '底薪', '奖金', '加班费', '健保费', '劳保费', '薪资金额')
('A001', '陈新华', 56000, 3000, 0, -800, -600, 57600)
('A004', '周汤家', 49000, 2000, 0, -600, -500, 49900)
('A010', '李家佳', 46000, 2000, 0, -600, -500, 46900)
('A012', '陈嘉许', 43000, 0, 0, -600, -500, 41900)
('A015', '张进一', 38000, 0, 0, -600, -500, 36900)
执行后
('深智数位薪资表', None, None, None, None, None, None, None)
('员工编号', '姓名', '底薪', '奖金', '加班费', '健保费', '劳保费', '薪资金额')
('A001', '陈新华', 56000, 3000, 0, -800, -600, 57600)
(None, None, None, None, None, None, None, None)
('A004', '周汤家', 49000, 2000, 0, -600, -500, 49900)
(None, None, None, None, None, None, None, None)
('A010', '李家佳', 46000, 2000, 0, -600, -500, 46900)
(None, None, None, None, None, None, None, None)
('A012', '陈嘉许', 43000, 0, 0, -600, -500, 41900)
(None, None, None, None, None, None, None, None)
('A015', '张进一', 38000, 0, 0, -600, -500, 36900)
```

上述框起来的就是插入的行，因为尚未设定单元格内容所以得到 None。如果开启 out5_4_3.xlsx，可以得到和 out5_3.xlsx 相同的结果。

5-2 删除行

5-2-1 基础概念实例

删除行的语法如下：

```
ws.delete_rows(index, amount)
```

上述参数说明如下：

- index：删除的起始行。
- amount：删除的行数，如果省略相当于删除 1 行。

注 当执行删除行后，删除起始行后面的行号将会自动往前移动。

下列是几个删除行可能的用法。

```
ws.delete_rows(行号)                      # 删除指定行号
ws.delete_rows(起始行, 行数)              # 删除多行
ws.delete_rows(1, ws.max_row)             # 删除整个工作表的数据
```

程序实例 ch5_5.py：删除第 4 行周汤家员工数据。

```
# ch5_5.py
import openpyxl

fn = "data5_1.xlsx"
wb = openpyxl.load_workbook(fn)
ws = wb.active

ws.delete_rows(4)
wb.save("out5_5.xlsx")
```

执行结果 开启 out5_5.xlsx 可以得到如下结果。

	A	B	C	D	E	F	G	H
1	深智数位薪资表							
2	员工编号	姓名	底薪	奖金	加班费	健保费	劳保费	薪资金额
3	A001	陈新华	56000	3000	0	-800	-600	57600
4	A010	李家佳	46000	2000	0	-600	-500	41900
5	A012	陈嘉许	43000	0	0	-600	-500	36900
6	A015	张进一	38000	0	0	-600	-500	0

从上述可以得到原先第 4 行周汤家员工数据被删除了。

5-2-2 删除多行

程序实例 ch5_6.py：删除员工的薪资数据。

```
# ch5_6.py
import openpyxl

fn = "data5_1.xlsx"
wb = openpyxl.load_workbook(fn,data_only=True)
ws = wb.active
length = ws.max_row + 1
for i in range(3,length):
    ws.delete_rows(3)
wb.save("out5_6.xlsx")
```

执行结果 开启 out5_6.xlsx 可以得到如下结果。

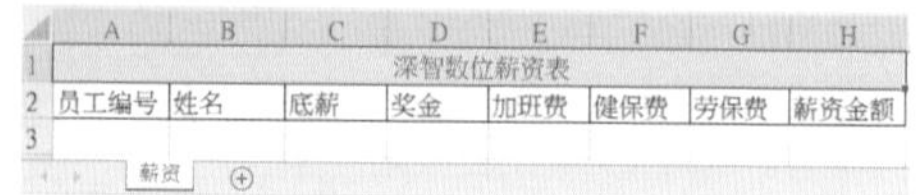

	A	B	C	D	E	F	G	H
1	深智数位薪资表							
2	员工编号	姓名	底薪	奖金	加班费	健保费	劳保费	薪资金额
3								

程序实例 ch5_7.py：删除工作表的所有数据行。

```
# ch5_7.py
import openpyxl

fn = "data5_1.xlsx"
wb = openpyxl.load_workbook(fn,data_only=True)
ws = wb.active
ws.delete_rows(1,ws.max_row)
wb.save("out5_7.xlsx")
```

执行结果　开启 out5_7.xlsx 可以得到如下结果。

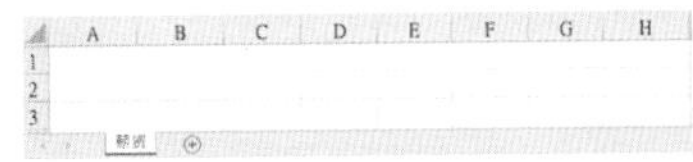

5-3　插入列

5-3-1　基础概念实例

插入列的语法如下：

```
ws.insert_cols(index, amount)
```

上述参数说明如下：

- index：插入的起始列。
- amount：插入的列数，如果省略 amount 相当于插入 1 列。

注　当执行插入列后，插入起始列后面的列号将会自动往后移动。

有一个 data5_8.xlsx 工作簿文件的会员工作表内容如下。

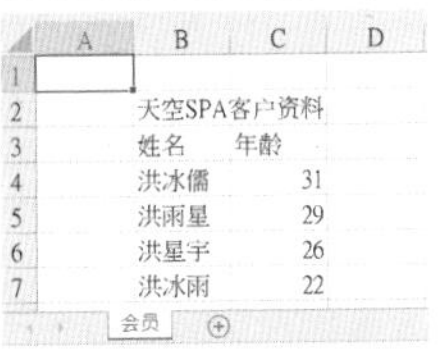

	A	B	C	D
1				
2		天空SPA客户资料		
3		姓名	年龄	
4		洪冰儒	31	
5		洪雨星	29	
6		洪星宇	26	
7		洪冰雨	22	

程序实例 ch5_8.py：使用 data5_8.xlsx 的会员工作表在第 3 列插入 1 列，同时在 C3 位置输入性别。

```
# ch5_8.py
import openpyxl

fn = "data5_8.xlsx"
wb = openpyxl.load_workbook(fn,data_only=True)
ws = wb.active
ws.insert_cols(3,1)
ws['C3'] = '性别'
wb.save("out5_8.xlsx")
```

执行结果　开启 out5_8.xlsx 可以得到如下结果。

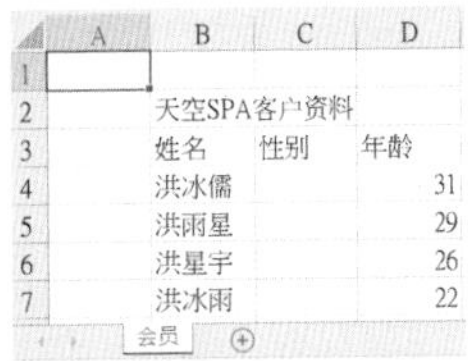

	A	B	C	D
1				
2		天空SPA客户资料		
3		姓名	性别	年龄
4		洪冰儒		31
5		洪雨星		29
6		洪星宇		26
7		洪冰雨		22

5-3-2　插入多列

程序实例 ch5_9.py：使用 data5_8.xlsx 的会员工作表插入多列的实例。

```
# ch5_9.py
import openpyxl

fn = "data5_8.xlsx"
wb = openpyxl.load_workbook(fn,data_only=True)
ws = wb.active
ws.insert_cols(3,2)
ws['C3'] = 'ID'
ws['D3'] = '性别'
wb.save("out5_9.xlsx")
```

执行结果　开启 out5_9.xlsx 可以得到如下结果。

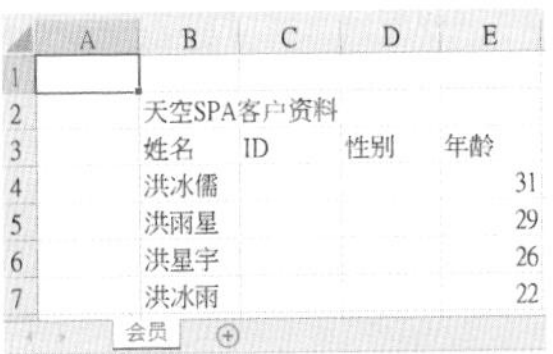

	A	B	C	D	E
1					
2		天空SPA客户资料			
3		姓名	ID	性别	年龄
4		洪冰儒			31
5		洪雨星			29
6		洪星宇			26
7		洪冰雨			22

5-4 删除列

5-4-1 基础概念实例

删除列的语法如下：

```
ws.delete_cols(index, amount)
```

上述参数说明如下：

- index：删除的起始列。
- amount：删除的列数，如果省略相当于删除 1 列。

注 当执行删除列后，删除起始列后面的列号将会自动往前移动。

下列是几个删除列可能的用法。

```
ws.delete_cols(列号)                       # 删除指定列号
ws.delete_cols(起始列, 列数)                # 删除多列
ws.delete_cols(1, ws.max_col)              # 删除整个工作表的数据
```

程序实例 ch5_10.xlsx：工作簿 data5_10.xlsx 的会员工作表基本上是 out5_9.xlsx 的内容，请删除 C 列。

```
# ch5_10.py
import openpyxl

fn = "data5_10.xlsx"
wb = openpyxl.load_workbook(fn)
ws = wb.active
ws.delete_cols(3)
wb.save("out5_10.xlsx")
```

执行结果 开启 out5_10.xlsx 可以得到如下结果。

	A	B	C	D
1				
2		天空SPA客户资料		
3		姓名	性别	年龄
4		洪冰儒		31
5		洪雨星		29
6		洪星宇		26
7		洪冰雨		22

会员

5-4-2 删除多列

程序实例 ch5_11.py：以 data5_10.xlsx 的会员工作表为例，删除 C 列和 D 列。

```
# ch5_11.py
import openpyxl

fn = "data5_10.xlsx"
wb = openpyxl.load_workbook(fn)
ws = wb.active
ws.delete_cols(3,2)
wb.save("out5_11.xlsx")
```

执行结果 开启 out5_11.xlsx 可以得到如下结果。

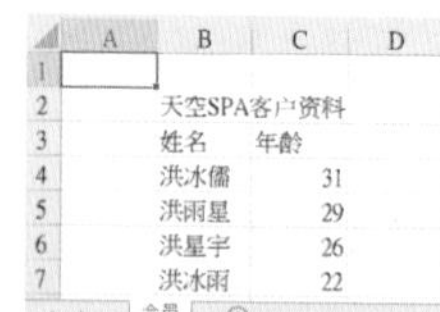

	A	B	C	D
1				
2		天空SPA客户资料		
3		姓名	年龄	
4		洪冰儒	31	
5		洪雨星	29	
6		洪星宇	26	
7		洪冰雨	22	

会员

5-5 移动单元格区间

移动单元格区间的语法如下：

```
ws.move_range(cell_range, row, col, translate=False)
```

上述各参数意义如下：

- cell_range：要移动的单元格区间。
- row：移动的行数，正值是往下移动，负值是往上移动。
- col：移动的列数，正值是往右移动，负值是往左移动。
- translate：预设是 True，表示移动时不包含公式，也就是公式特性将消失。如果设为 True，移动时含有公式特性。

有一个 data5_12.xlsx 工作簿的薪资工作表内容如下：

H2 =SUM(C2:G2)

	A	B	C	D	E	F	G	H
1	员工编号	姓名	底薪	奖金	加班费	健保费	劳保费	薪资金额
2	A001	陈新华	56000	3000	0	-800	-600	57600
3	A004	周汤家	49000	2000	0	-600	-500	49900
4	A010	李家佳	46000	2000	0	-600	-500	46900
5	A012	陈嘉许	43000	0	0	-600	-500	41900
6	A015	张进一	38000	0	0	-600	-500	36900
7								

薪资

注 上述 H2:H6 单元格区间是公式。

程序实例 ch5_12.py：将 A1:H6 单元格区间移至 B3:I8 单元格区间，这个程序相当于 A1:H6 单元格区间往下移动 2 行，往右移动 1 列。

```
# ch5_12.py
import openpyxl

fn = "data5_12.xlsx"
wb = openpyxl.load_workbook(fn,data_only=True)
ws = wb.active
ws.move_range("A1:H6",rows=2,cols=1)
wb.save("out5_12.xlsx")
```

执行结果　开启 out5_12.xlsx 可以得到如下结果。

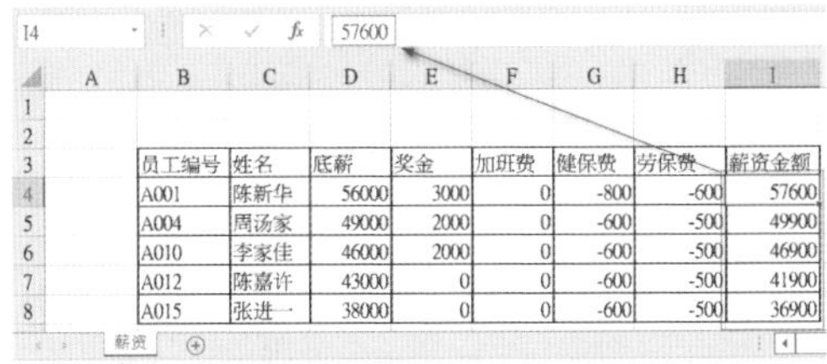

I4 57600

	A	B	C	D	E	F	G	H	I
1									
2									
3		员工编号	姓名	底薪	奖金	加班费	健保费	劳保费	薪资金额
4		A001	陈新华	56000	3000	0	-800	-600	57600
5		A004	周汤家	49000	2000	0	-600	-500	49900
6		A010	李家佳	46000	2000	0	-600	-500	46900
7		A012	陈嘉许	43000	0	0	-600	-500	41900
8		A015	张进一	38000	0	0	-600	-500	36900

薪资

从上述执行结果可以看到 H2:H6 单元格区间的内容已经转换为数值了。

程序实例 ch5_13.py：使用移动单元格区间时单元格的公式保留，重新设计 ch5_12.py。需要特别留意的是，因为要保留公式，所以在第 5 行下载开启 data5_12.xlsx 工作簿时需要取消 data_only=True 的参数。

```
1  # ch5_13.py
2  import openpyxl
3
4  fn = "data5_12.xlsx"
5  wb = openpyxl.load_workbook(fn)
6  ws = wb.active
7  ws.move_range("A1:H6",rows=2,cols=1,translate=True)
8  wb.save("out5_13.xlsx")
```

执行结果　开启 out5_13.xlsx 可以得到如下结果。

I4 =SUM(D4:H4)

员工编号	姓名	底薪	奖金	加班费	健保费	劳保费	薪资金额
A001	陈新华	56000	3000	0	-800	-600	57600
A004	周汤家	49000	2000	0	-600	-500	49900
A010	李家佳	46000	2000	0	-600	-500	46900
A012	陈嘉许	43000	0	0	-600	-500	41900
A015	张进一	38000	0	0	-600	-500	36900

薪资

5-6 更改列宽与行高

Microsoft Excel 对于列宽与行高的单位是不一样的，Microsoft 公司也没有解释，只是告知可以更改单位，其默认数据如下：

列宽：8.09(96 像素)

行高：17.00(34 像素)

注 像素会依显示器分辨率移动。

我们可以用下列方式设定列宽和行高。

```
ws.column_dimensions[ 列 ].width = 列宽
ws.row_dimensions[ 行 ].height = 行高
```

程序实例 ch5_14.py：工作簿 data5_14.xlsx 的工作表 1，A1 内容是 abc，设定 A 列宽度是 20，第 1 行高度是 40。

```
# ch5_14.py
import openpyxl

fn = "data5_14.xlsx"
wb = openpyxl.load_workbook(fn)
ws = wb.active
ws.column_dimensions['A'].width = 20
ws.row_dimensions[1].height = 40
wb.save("out5_14.xlsx")
```

执行结果 开启 out5_14.xlsx 可以得到下列结果。

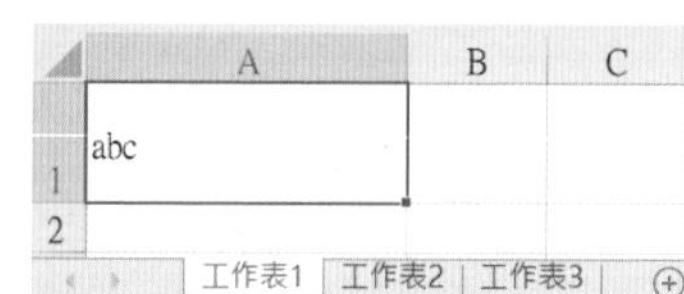

第　6　章

单元格的样式

6-1 认识单元格的样式

单元格的样式有如下几个模块功能：

- Font：字体样式，可以设定字号、字体、颜色或是删除线等。
- Border：框线样式，可以设定框线样式与色彩。
- PatternFill：填充图案。
- Alignment：对齐方式。
- Protection：保护功能，将在 7-6 节解说。

上述每一个功能皆是一个 openpyxl.styles 模块内的次模块，本章将分成 5 个小节说明，在使用上述模块前需要先导入模块，如下所示：

```
from openpyxl.styles import Font, Border, Side, PatternFill, Alignment,
Protection
```

上述是一次导入所有模块，其实读者可以依需要导入个别的模块即可。

6-2 字体功能

使用字体功能时，需导入如下 Font 模块：

```
from openpyxl.styles import Font
```

6-2-1 设定单一单元格的字体样式

字体 Font 模块常用的参数默认值如下：

```
Font(name='Calibri',
     size=11,
     bold=False,
     italic=False,
     vertAlign=None,
     underline='none',
     strike=False,
     color='000000')
```

上述各参数意义如下：

- name：字体名称，默认是 Calibri，中文则是系统默认的新细明体。
- size：字号，预设是 11。
- bold：粗体，预设是 False。
- italic：斜体，预设是 False。
- vertAlign：垂直居中，预设是 None。
- underline：下画线，预设是 none，单下画线是 single，双下画线是 double。

- strike：删除线，预设是 False。
- color：参数是 16 位，设定颜色时前面 2 个 0 是设定红色 (Red)，中间 2 个 0 是设定绿色 (Green)，右边 2 个 0 是设定蓝色 (Blue)，下列是常见的 256 种颜色组合，本书附录 B 有完整的色彩表，请在本书前言扫码查看。

000000	000033	000066	000099	0000CC	0000FF
003300	003333	003366	003399	0033CC	0033FF
006600	006633	006666	006699	0066CC	0066FF
009900	009933	009966	009999	0099CC	0099FF
00CC00	00CC33	00CC66	00CC99	00CCCC	00CCFF
00FF00	00FF33	00FF66	00FF99	00FFCC	00FFFF
330000	330033	330066	330099	3300CC	3300FF
333300	333333	333366	333399	3333CC	3333FF
336600	336633	336666	336699	3366CC	3366FF
339900	339933	339966	339999	3399CC	3399FF
33CC00	33CC33	33CC66	33CC99	33CCCC	33CCFF
33FF00	33FF33	33FF66	33FF99	33FFCC	33FFFF
660000	660033	660066	660099	6600CC	6600FF
663300	663333	663366	663399	6633CC	6633FF
666600	666633	666666	666699	6666CC	6666FF
669900	669933	669966	669999	6699CC	6699FF
66CC00	66CC33	66CC66	66CC99	66CCCC	66CCFF
66FF00	66FF33	66FF66	66FF99	66FFCC	66FFFF

990000	990033	990066	990099	9900CC	9900FF
993300	993333	993366	993399	9933CC	9933FF
996600	996633	996666	996699	9966CC	9966FF
999900	999933	999966	999999	9999CC	9999FF
99CC00	99CC33	99CC66	99CC99	99CCCC	99CCFF
99FF00	99FF33	99FF66	99FF99	99FFCC	99FFFF
CC0000	CC0033	CC0066	CC0099	CC00CC	CC00FF
CC3300	CC3333	CC3366	CC3399	CC33CC	CC33FF
CC6600	CC6633	CC6666	CC6699	CC66CC	CC66FF
CC9900	CC9933	CC9966	CC9999	CC99CC	CC99FF
CCCC00	CCCC33	CCCC66	CCCC99	CCCCCC	CCCCFF
CCFF00	CCFF33	CCFF66	CCFF99	CCFFCC	CCFFFF
FF0000	FF0033	FF0066	FF0099	FF00CC	FF00FF
FF3300	FF3333	FF3366	FF3399	FF33CC	FF33FF
FF6600	FF6633	FF6666	FF6699	FF66CC	FF66FF
FF9900	FF9933	FF9966	FF9999	FF99CC	FF99FF
FFCC00	FFCC33	FFCC66	FFCC99	FFCCCC	FFCCFF
FFFF00	FFFF33	FFFF66	FFFF99	FFFFCC	FFFFFF

使用字体 Font( ) 语法方式如下：

```
ws[ 单元格 ].font = Font(xx)                # xx 是字体的系列属性设定
```

也就是先引用 Font 属性，再执行赋值设定。设定 Font 字体时，只能对单一单元格设定，因为单一单元格才有 Font 属性，如果要设定单元格区间需使用循环方式。

工作簿 data6_1.xlsx 的会员工作表内容如下。

	A	B	C	D
1		天空SPA客户资料		
2		姓名	年龄	
3		洪冰儒	31	
4		洪雨星	29	
5		洪星宇	26	
6		洪冰雨	22	

会员

程序实例 ch6_1.py：设定 data6_1.xlsx 会员工作表内的字体样式。

```
# ch6_1.py
import openpyxl
from openpyxl.styles import Font

fn = "data6_1.xlsx"
wb = openpyxl.load_workbook(fn)
ws = wb.active
ws['B1'].font = Font(color='0000FF')
ws['B2'].font = Font(underline='single')
ws['C2'].font = Font(underline='double')
ws['B3'].font = Font(color='0000FF',
                     italic=True)
wb.save("out6_1.xlsx")
```

执行结果 开启 out6_1.xlsx 可以得到如下结果。

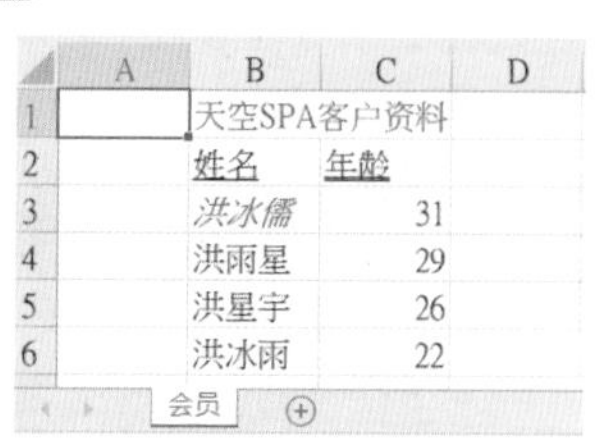

6-2-2 用循环设定某单元格区间的字体样式

程序实例 ch6_2.py：重新设计 ch6_1.py，将 B3:B6 单元格区间设为蓝色、斜体。

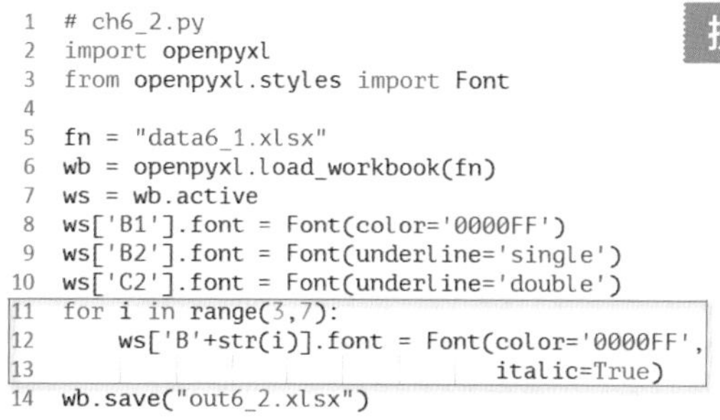

```
# ch6_2.py
import openpyxl
from openpyxl.styles import Font

fn = "data6_1.xlsx"
wb = openpyxl.load_workbook(fn)
ws = wb.active
ws['B1'].font = Font(color='0000FF')
ws['B2'].font = Font(underline='single')
ws['C2'].font = Font(underline='double')
for i in range(3,7):
    ws['B'+str(i)].font = Font(color='0000FF',
                               italic=True)
wb.save("out6_2.xlsx")
```

执行结果 开启 out6_2.xlsx 可以得到如下结果。

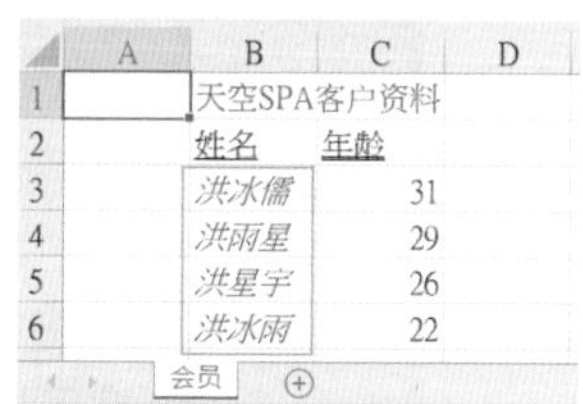

6-2-3 不同字体的应用

Font( ) 函数的 name 参数可以使用 Windows 内所有可用的字体，字体是在如下文件夹：

C:\Windows\Fonts

在 Excel 的字体功能群组，也可以看到目前所使用的字体。

程序实例 ch6_2_1.py：B2 单元格使用 Old English Text MT 字体，B4 单元格使用楷体的应用。

```
# ch6_2_1.py
import openpyxl
from openpyxl.styles import Font

wb = openpyxl.Workbook()
ws = wb.active
ws['B2'] = "Ming-Chi Institute of Technology"
ws['B2'].font = Font(name='Old English Text MT',color='0000FF')
ws['B4'] = "明志工专"
ws['B4'].font = Font(name='楷体',color='0000FF')
wb.save("out6_2_1.xlsx")
```

执行结果 开启 out6_2_1.xlsx 可以得到如下结果。

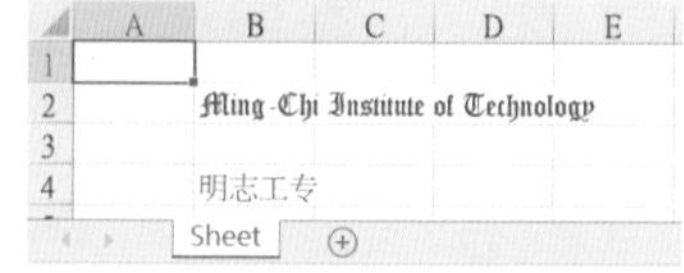

6-3 单元格的框线

使用框线 Border 模块时，需导入 Border 和 Side 模块：

```
from openpyxl.styles import Border, Side
```

6-3-1 认识单元格的框线样式

单元格框线 Border 模块常用的参数默认值如下：

```
Border(left=Side(border_style=None, color='000000'),
      right=Side(border_style=None, color='000000'),
      top=Side(border_style=None, color='000000'),
      bottom=Side(border_style=None, color='000000'),
      diagonal=Side(border_style=None, color='000000'),
      diagonalDown=False,
      diagonalUp=False,
      outline=Side(border_style=None, color='000000'),
      vertical=Side(border_style=None, color='000000'),
      horizonal=Side(border_style=None, color='000000'))
```

上述各参数意义如下：

- left：单元格左边的框线。color 是线条颜色，可以参考 6-2-1 节。border_style 是线条样式，可以参考设置单元格格式对话框的边框选项卡中的直线下方的样式。

上述样式名称由上到下，然后由左到右，可以参考如下字符串：

- 'none'；
- 'hair'；
- 'dotted'；
- 'dashed'；
- 'dashDotDot'；
- 'dashDot'；
- 'thin'；
- 'mediumDashDotDot'；
- 'mediumDashDot'；

- 'slantDashDot'；
- 'mediumDash'；
- 'medium'；
- 'thick'；
- 'double'。

- right：单元格右边的框线。color 是线条颜色，可以参考 6-2-1 节。border_style 是线条样式，可以参考 left 参数说明。
- top：单元格上边的框线。color 是线条颜色，可以参考 6-2-1 节。border_style 是线条样式，可以参考 left 参数说明。
- bottom：单元格下边的框线。color 是线条颜色，可以参考 6-2-1 节。border_style 是线条样式，可以参考 left 参数说明。
- diagonal：单元格对角的框线。color 是线条颜色，可以参考 6-2-1 节。border_style 是线条样式，可以参考 left 参数说明。
- diagonalDown：左上到右下的对角线，预设是 False，表示不显示。
- diagonalUp：左下到右上的对角线，预设是 False，表示不显示。
- vertical：单元格垂直的框线。color 是线条颜色，可以参考 6-2-1 节。border_style 是线条样式，可以参考 left 参数说明。
- horizontal：单元格水平的框线。color 是线条颜色，可以参考 6-2-1 节。border_style 是线条样式，可以参考 left 参数说明。

使用框线 Border( ) 语法方式如下：

ws[单元格].border = Border(xx)　　　　# xx 是框线的系列属性设定

也就是先引用 Border 属性，再执行赋值设定。设定 Border 框线时，只能对单一单元格设定，因为单一单元格才有 Border 属性，如果要设定单元格区间需使用循环方式。

程序实例 ch6_3.py：列出所有框线的线条样式绘制框线和左上到右下的对角线。

```
# ch6_3.py
import openpyxl
from openpyxl.styles import Font, Border, Side

wb = openpyxl.Workbook()
ws = wb.active
# 建立含13种框线样式的列表
border_styles = ['hair','dotted','dashed','dashDotDot',
                 'dashDot','thin','mediumDashDotDot',
                 'mediumDashDot','slantDashDot','mediumDashed',
                 'medium','thick','double']

# 建立输出含13个框线的列号列表
rows = [2, 4, 6, 8, 10, 12, 14, 16, 18, 20, 22, 24, 26]

for row, border_style in zip(rows, border_styles):
    for col in [2, 4, 6]:   # B, D, F 栏
        if col == 2:        # 如果是 B 栏，用蓝色输出框线样式名称
            ws.cell(row=row, column=col).value=border_style
            ws.cell(row=row, column=col).font = Font(color='0000FF')
        elif col == 4:      # 如果是 D 栏，设定左上至右下的红色对角线
            side = Side(border_style=border_style, color='FF0000')
                            # 建立左上到右下对角线对象
            diagDown = Border(diagonal=side,diagonalDown=True)
                            # 建立红色对角线
            ws.cell(row=row, column=col).border = diagDown
        else:               # 如果是 F 栏，建立框线
            side = Side(border_style=border_style)
                            # 建立单元格四周的框线
            borders = Border(left=side,right=side,top=side,bottom=side)
            ws.cell(row=row, column=col).border = borders
wb.save("out6_3.xlsx")
```

执行结果　开启 out6_3.xlsx 可以得到如下结果。

	A	B	C	D	E	F	G
1							
2		hair					
3							
4		dotted					
5							
6		dashed					
7							
8		dashDotDot					
9							
10		dashDot					
11							
12		thin					
13							
14		mediumDashDotDot					
15							
16		mediumDashDot					
17							
18		slantDashDot					
19							
20		mediumDashed					
21							
22		medium					
23							
24		thick					
25							
26		double					

6-3-2　用循环设定某单元格区间的框线样式

工作簿 data6_4.xlsx 的会员工作表内容如下。

	A	B	C	D
1				
2		姓名	年龄	
3		洪冰儒	31	
4		洪雨星	29	
5		洪星宇	26	
6		洪冰雨	22	

会员

程序实例 ch6_4.py：为上述会员工作表的表格建立 thin 框线。

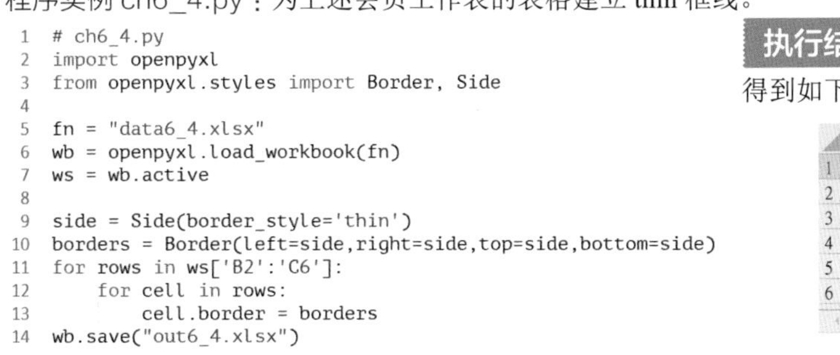

```
# ch6_4.py
import openpyxl
from openpyxl.styles import Border, Side

fn = "data6_4.xlsx"
wb = openpyxl.load_workbook(fn)
ws = wb.active

side = Side(border_style='thin')
borders = Border(left=side,right=side,top=side,bottom=side)
for rows in ws['B2':'C6']:
    for cell in rows:
        cell.border = borders
wb.save("out6_4.xlsx")
```

执行结果　开启 out6_4.xlsx 可以得到如下结果。

	A	B	C	D
1				
2		姓名	年龄	
3		洪冰儒	31	
4		洪雨星	29	
5		洪星宇	26	
6		洪冰雨	22	

会员

当我们执行插入行或列时，可以看到框线会消失，例如，当执行 ch5_4_2.py 后，所得到的薪资工作表如下所示。

	A	B	C	D	E	F	G	H
1	深智数位薪资表							
2	员工编号	姓名	底薪	奖金	加班费	健保费	劳保费	薪资金额
3	A001	陈新华	56000	3000	0	-800	-600	57600
4								
5	员工编号	姓名	底薪	奖金	加班费	健保费	劳保费	薪资金额
6	A004	周汤家	49000	2000	0	-600	-500	49900
7								
8	员工编号	姓名	底薪	奖金	加班费	健保费	劳保费	薪资金额
9	A010	李家佳	46000	2000	0	-600	-500	46900
10								
11	员工编号	姓名	底薪	奖金	加班费	健保费	劳保费	薪资金额
12	A012	陈嘉许	43000	0	0	-600	-500	41900
13								
14	员工编号	姓名	底薪	奖金	加班费	健保费	劳保费	薪资金额
15	A015	张进一	38000	0	0	-600	-500	36900

薪资

所以建议在插入列或行之后，将框线补上。

程序实例 ch6_5.py：扩充设计 ch5_4_2.py，将框线补上。注：由于 ch5_4_2.py 所使用的是 data5_1.xlsx，本书是将 data5_1.xlsx 另外复制一份，但是将文件名改为 data6_5.xlsx。

```
# ch6_5.py
import openpyxl
from openpyxl.styles import Border, Side

fn = "data6_5.xlsx"
wb = openpyxl.load_workbook(fn,data_only=True)
ws = wb.active
data = ws[2]                        # 薪资项目
row = 0;
for i in range(4,8):
    ws.insert_rows(i+row,2)         # 插入 2 列空白列
    for j, d in enumerate(data):    # 取得元组内容
        ws.cell(row=i+row+1,column=j+1,value=d.value)
    row = row + 2

side = Side(border_style='thin')
borders = Border(left=side,right=side,top=side,bottom=side)
for rows in ws['A4':'H14']:
    for cell in rows:
        cell.border = borders
wb.save("out6_5.xlsx")
```

执行结果 开启 out6_5.xlsx 可以得到如下结果。

	A	B	C	D	E	F	G	H
1	深智数位薪资表							
2	员工编号	姓名	底薪	奖金	加班费	健保费	劳保费	薪资金额
3	A001	陈新华	56000	3000	0	-800	-600	57600
4								
5	员工编号	姓名	底薪	奖金	加班费	健保费	劳保费	薪资金额
6	A004	周汤家	49000	2000	0	-600	-500	49900
7								
8	员工编号	姓名	底薪	奖金	加班费	健保费	劳保费	薪资金额
9	A010	李家佳	46000	2000	0	-600	-500	46900
10								
11	员工编号	姓名	底薪	奖金	加班费	健保费	劳保费	薪资金额
12	A012	陈嘉许	43000	0	0	-600	-500	41900
13								
14	员工编号	姓名	底薪	奖金	加班费	健保费	劳保费	薪资金额
15	A015	张进一	38000	0	0	-600	-500	36900

薪资

6-4 单元格的图案

使用 PatternFill 模块时，需导入 PatternFill 模块：

```
from openpyxl.styles import PatternFill
```

6-4-1　认识图案样式

图案或是渐变颜色 PatternFill( ) 函数常用的参数默认值如下：

```
PatternFill(fill_type=None,
        fgColor='000000',
        bgColor='000000',
        start_color='000000',
        end_color='000000')
```

上述各参数意义如下：

- ❑ fill_type：填充单元格的图案，可以参考下图。

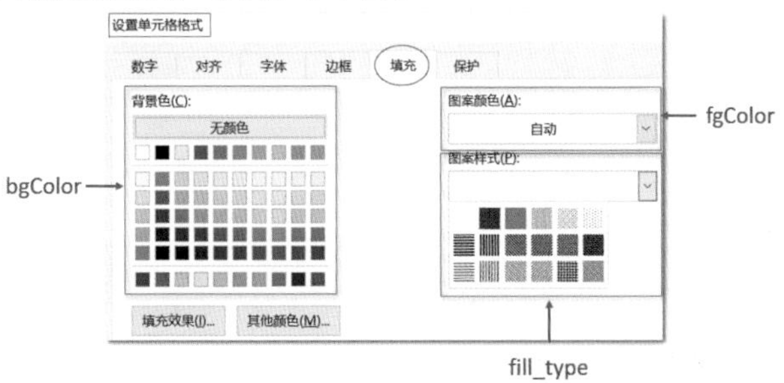

上述 fill_type 的选项有如下 18 种。

- 'none'：这是预设。
- 'solid'。
- 'darkDown'。
- 'darkGray'。
- 'darkGrid'。
- 'darkHorizontal'。
- 'darkTrellis'。
- 'darkUp'。
- 'darkVertical'。
- 'gray0625'。
- 'gray125'。
- 'lightDown'。
- 'lightGray'。
- 'lightGrid'。
- 'lightHorizontal'。
- 'lightTrellis'。
- 'lightUp'。
- 'lightVertical'。
- 'mediumGray'。

- ❑ fgColor：设定前景颜色。
- ❑ bgColor：设定背景颜色。

- start_color：设定颜色 1，预设是 '000000'，相当于前景颜色。
- end_color：设定颜色 2，预设是 '000000'，相当于背景颜色。

使用图案样式 PatternFill( ) 语法如下：

```
ws[ 单元格 ].fill = PatternFill(xx)                # xx 是图案的系列属性设定
```

也就是先引用 Fill 属性，再执行赋值设定。设定 PatternFill 图案时，只能对单一单元格设定，因为单一单元格才有 Fill 属性，如果要设定单元格区间需使用循环方式。

程序实例 ch6_6.py：在 B2:B19 单元格区间输出所有图案样式，同时右边的单元格标记图案样式名称。

```
1  # ch6_6.py
2  import openpyxl
3  from openpyxl.styles import PatternFill
4
5  wb = openpyxl.Workbook()
6  ws = wb.active
7
8  # 建立图案样式列表
9  patterns = ['solid','darkDown','darkGray',
10             'darkGrid','darkHorizontal','darkTrellis',
11             'darkUp','darkVertical','gray0625',
12             'gray125','lightDown','lightGray',
13             'lightGrid','lightHorizontal','lightTrellis',
14             'lightUp','lightVertical','mediumGray']
15
16 # 设定单元格区间
17 cells = ws.iter_cols(min_row=2,max_row=20,min_col=2,max_col=3)
18 for col in cells:
19     for cell, pattern in zip(col,patterns):
20         if cell.col_idx == 2 :   # 如果是 B 栏则输出图案样式
21             cell.fill = PatternFill(fill_type=pattern)
22         else:                    # 否则输出图案名称
23             cell.value = pattern
24 wb.save("out6_6.xlsx")
```

执行结果 开启 out6_6.xlsx 可以得到如下结果。

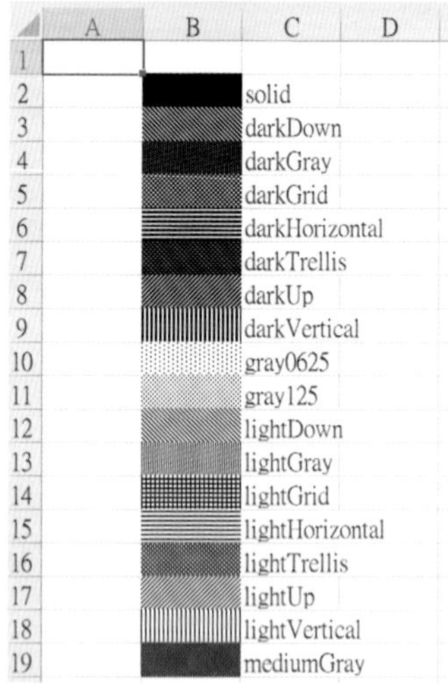

对读者而言比较关键的是第 20 行的 cell 属性 col_idx，如果打印 cell，可以得到如下结果：

```
<Cell 'Sheet'.B2>
<Cell 'Sheet'.B3>
...
```

```
<Cell 'Sheet'.B19>
```

属性 col_idx 是回传 B 字段的值，B 字段就是 2，所以回传 2。如果读者在第 19 行和第 20 行之间插入如下指令：

```
print(f"{cell.col_idx}")
```

则可以得到先列出 18 个 2，再列出 18 个 3，这样就可以看到这个程序是先处理 B 列，再处理 C 列。

6-4-2　为图案加上前景色彩和背景色彩

程序实例 ch6_7.py：使用不同的前景色彩和背景色彩，搭配“lightGray”图案，设计图案样式。

```
# ch6_7.py
import openpyxl
from openpyxl.styles import PatternFill

wb = openpyxl.Workbook()
ws = wb.active

ws['B2'].fill = PatternFill(fill_type='lightGray',
                            fgColor="0000FF")
ws['B4'].fill = PatternFill(fill_type='lightGray',
                            bgColor="0000FF")
ws['B6'].fill = PatternFill(fill_type='lightGray',
                            fgColor="FF00FF",
                            bgColor="FFFF00")
ws['B8'].fill = PatternFill(patternType='lightGray',
                            fgColor="FFFF00",
                            bgColor="FF00FF")
# 也可以用start_color和end_color
ws['B10'].fill = PatternFill(patternType='lightGray',
                             start_color="FFFF00",
                             end_color="FF00FF")
wb.save("out6_7.xlsx")
```

执行结果　开启 out6_7.xlsx 可以得到下列结果。

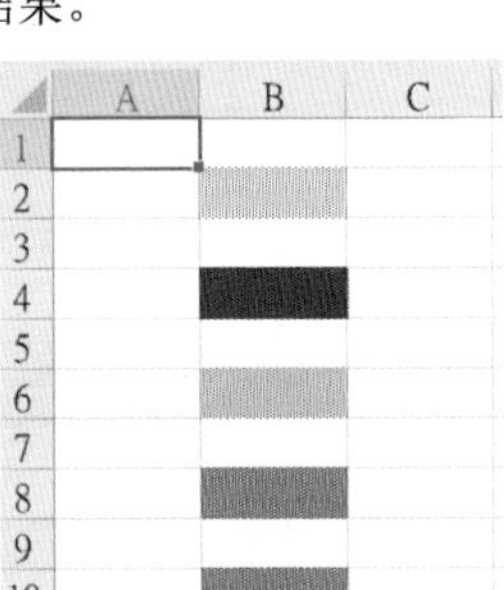

6-4-3　填充图案的应用

有一个工作簿 data6_7_1.xlsx 薪资工作表内容如下所示。

	A	B	C	D	E	F	G	H
1	员工编号	姓名	底薪	奖金	加班费	健保费	劳保费	薪资金额
2	A001	陈新华	56000	3000	0	-800	-600	57600
3	A004	周汤家	49000	2000	0	-600	-500	49900
4	A010	李家佳	46000	2000	0	-600	-500	46900
5	A012	陈嘉许	43000	0	0	-600	-500	41900
6	A015	张进一	38000	0	0	-600	-500	36900

薪资

程序实例 ch6_7_1.py：每隔一行加注黄色底。

```
# ch6_7_1.py
import openpyxl
from openpyxl.styles import PatternFill

fn = "data6_7_1.xlsx"
wb = openpyxl.load_workbook(fn)
ws = wb.active

for rows in ws.iter_rows(min_row=1,max_row=6,min_col=1,max_col=8):
    for cell in rows:
        if cell.row % 2:
            cell.fill = PatternFill(start_color="FFFF00",
                                    fill_type="solid")
wb.save("out6_7_1.xlsx")
```

执行结果

	A	B	C	D	E	F	G	H
1	员工编号	姓名	底薪	奖金	加班费	健保费	劳保费	薪资金额
2	A001	陈新华	56000	3000	0	-800	-600	57600
3	A004	周汤家	49000	2000	0	-600	-500	49900
4	A010	李家佳	46000	2000	0	-600	-500	46900
5	A012	陈嘉许	43000	0	0	-600	-500	41900
6	A015	张进一	38000	0	0	-600	-500	36900

薪资

6-4-4 渐变填满

单元格的色彩也可以采用渐变填满，这时可以使用 GradientFill( ) 函数，不过在使用前需要先导入 GradientFill 模块，如下：

```
from openpyxl.styles import GradientFill
```

GradientFill( ) 函数语法如下：

```
GradientFill(type, degree, left, right, top, bottom, stop)
```

上述会回传渐变填充对象，各参数意义如下：

- type：最常见的是 'linear'，表示依线性方式变化。如果设为 ‘path’ 表示依据长短比例变化。
- degree：当 type='linear' 时，可设定渐变的角度，预设是 0。
- left：预设是 0，左侧参考的色调变化率。
- right：预设是 0，右侧参考的色调变化率。
- top：预设是 0，上边参考的色调变化率。
- bottom：预设是 0，底边参考的色调变化率。
- stop：这是元组 (tuple)，设定两种或更多渐变使用的颜色。

下列是设定 type=linear 时，相对于 Excel 窗口的对话框如下所示。

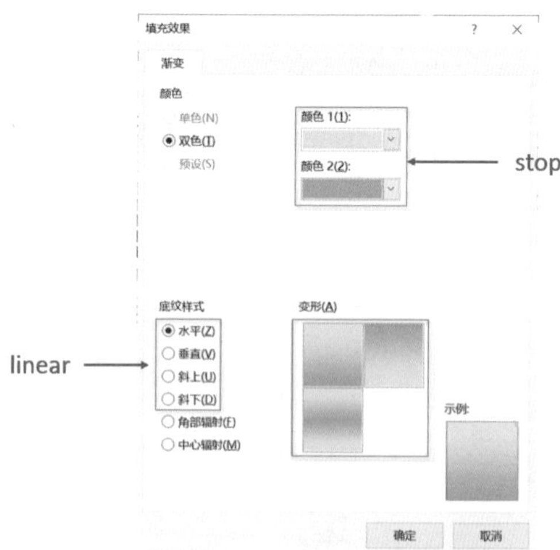

设定 type=path、left=0.5、top=0.5 时，色彩 1 是黄色（FFFF00），色彩 2 是绿色（00FF00），选择角部辐射相对于 Excel 窗口的对话框如下所示。

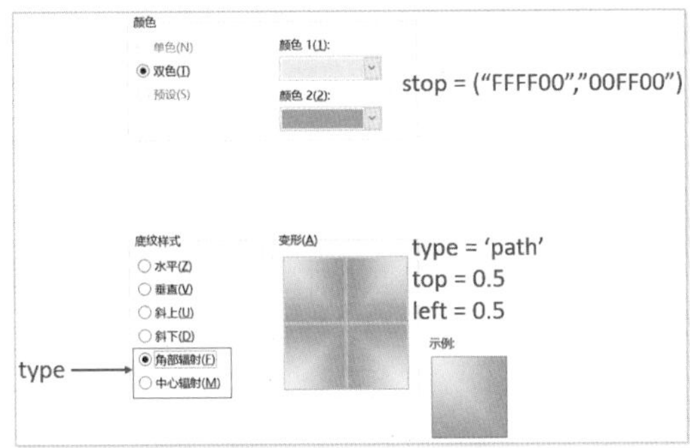

设定 type=path、left=0.5、top=0.5 时，色彩 1 是黄色（FFFF00），色彩 2 是绿色（00FF00），选择中心辐射相对于 Excel 窗口的对话框如下所示。

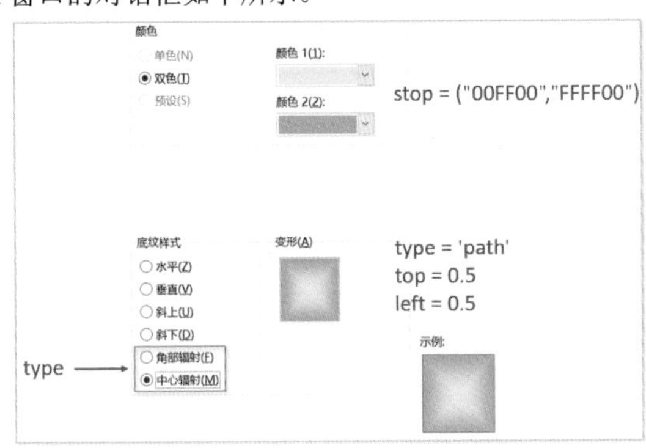

程序实例 ch6_7_2.py：建立 2 个颜色或 3 个颜色的线性渐变色彩。

```
# ch6_7_2.py
from openpyxl import Workbook
from openpyxl.styles import GradientFill

wb = Workbook()
ws = wb.active
# 2 个颜色的线性填满
ws['B2'].fill = GradientFill(type='linear',stop=("FFFF00","00FF00"))
# 3 个颜色的线性填满
ws['D2'].fill = GradientFill(type='linear',
                             stop=("FF0000","0000FF","00FF00"))
# 3 个颜色的线性填满, 45度旋转
ws['F2'].fill = GradientFill(type='linear',
                             stop=("FF0000","0000FF","00FF00"),degree=45)
# 3 个颜色的线性填满, 90度旋转
ws['H2'].fill = GradientFill(type='linear',
                             stop=("FF0000","0000FF","00FF00"),degree=90)
# 3 个颜色的线性填满, 135度旋转
ws['J2'].fill = GradientFill(type='linear',
                            stop=("FF0000","0000FF","00FF00"),degree=135)
wb.save('out6_7_2.xlsx')
```

执行结果

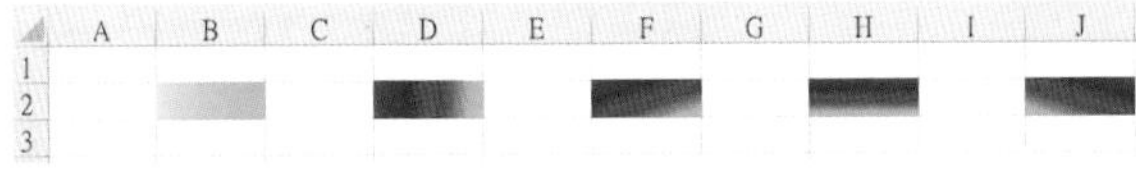

其实单元格做渐变，更常应用在合并的单元格，因为可以看到色彩更明显的变化效果，第 7 章笔者将介绍合并单元格的概念，在 7-7 节还会有实例解说。

6-5 单元格对齐方式

使用 Alignment 模块时，需导入 Alignment 模块：

```
from openpyxl.styles import Alignment
```

6-5-1 认识对齐方式

图案或渐变颜色 Alignment 模块常用的参数默认值如下：

```
Alignment(horizontal='general',
          vertical='bottom',
          text_rotation=0,
          wrap_text=False,
          shrink_to_fit=False,
          indent=0)
```

上述各参数意义与说明如下所示。

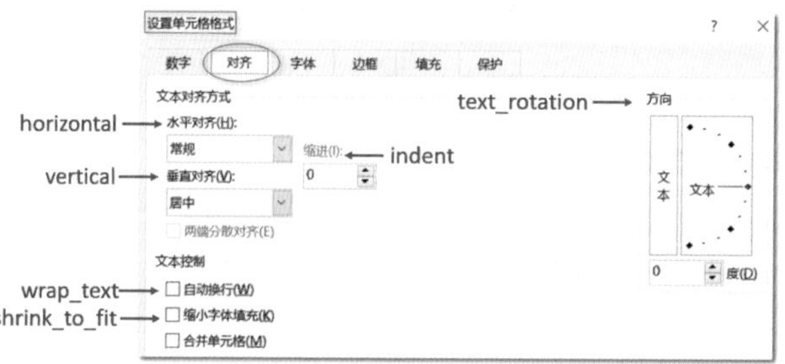

- horizontal：这是文字水平方向，有下列选项。
  - 'general'；
  - 'left'；
  - 'center'；
  - 'right'；
  - 'fill'；
  - 'justify'；
  - 'centerContinuous'；
  - 'distributed'。
- vertical：这是文字的垂直方向，有下列选项。
  - 'top'；
  - 'center'；
  - 'bottom'；
  - 'justify'；
  - 'distributed'。
- text_rotation：文字旋转角度，默认是 0 度。
- wrap_text：是否自动换行，预设是 False。

- shrink_to_fit：是否自动缩小适合列宽，预设是 False。
- indent：缩排，预设是 0。

使用图案样式 Alignment( ) 语法方式如下：

```
ws[单元格].alignment = Alignment(xx)          # xx 是图案的系列属性设定
```

也就是先引用 Alignment 属性，再执行赋值设定。设定 Alignment 对齐方式时，只能对单一单元格设定，因为单一单元格才有 Alignment 属性，如果要设定单元格区间需使用循环方式。

工作簿 data6_8.xlsx 的对齐工作表内容如下所示。

	A	B	C	D	E	F	G
1							
2		right	center	left		centerContinuous	
3							
4		rotation30	rotation45	rotation60			

对齐方式　工作表2　工作表3

程序实例 ch6_8.py：设定 data6_8.xlsx 工作簿对齐工作表、单元格水平对齐与旋转角度。

```
# ch6_8.py
import openpyxl
from openpyxl.styles import Alignment

fn = "data6_8.xlsx"
wb = openpyxl.load_workbook(fn)
ws = wb.active
ws['B2'].alignment = Alignment(horizontal='right')
ws['C2'].alignment = Alignment(horizontal='center')
ws['D2'].alignment = Alignment(horizontal='left')
ws['F2'].alignment = Alignment(horizontal='centerContinuous')
ws['B4'].alignment = Alignment(text_rotation=30)
ws['C4'].alignment = Alignment(text_rotation=45)
ws['D4'].alignment = Alignment(text_rotation=60)
wb.save("out6_8.xlsx")
```

执行结果　开启 out6_8.xlsx 可以得到如下结果。

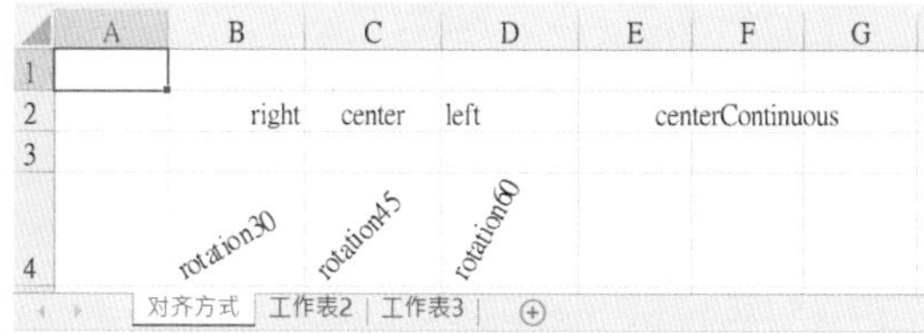

	A	B	C	D	E	F	G
1							
2		right	center	left		centerContinuous	
3							
4		rotation30	rotation45	rotation60			

对齐方式　工作表2　工作表3

6-5-2　使用循环处理单元格区间的对齐方式

程序实例 ch6_9.py：扩充 ch6_4.py 绘制单元格的框线后，设定 B4:C6 单元格区间的内容居中对齐。

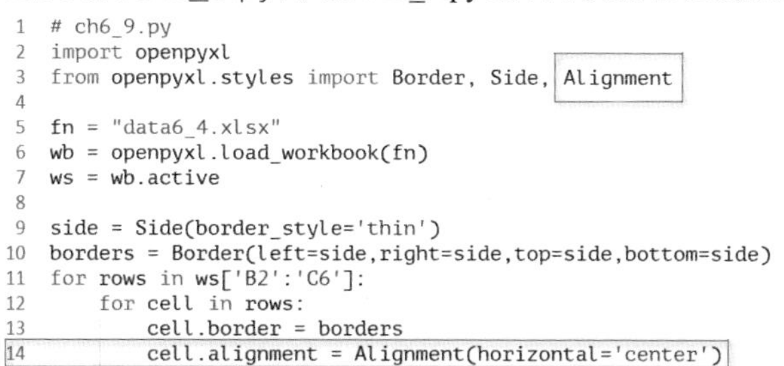

```
# ch6_9.py
import openpyxl
from openpyxl.styles import Border, Side, Alignment

fn = "data6_4.xlsx"
wb = openpyxl.load_workbook(fn)
ws = wb.active

side = Side(border_style='thin')
borders = Border(left=side,right=side,top=side,bottom=side)
for rows in ws['B2':'C6']:
    for cell in rows:
        cell.border = borders
        cell.alignment = Alignment(horizontal='center')
wb.save("out6_9.xlsx")
```

执行结果　开启 out6_9.xlsx 可以得到下列结果。

	A	B	C	D
1				
2		姓名	年龄	
3		洪冰儒	31	
4		洪雨星	29	
5		洪星宇	26	
6		洪冰雨	22	

会员

6-5-3 上下与左右居中的应用

在 5-6 节笔者有说明更改列宽和行高的概念，这一节将扩充该节的实例，设定 A1 字符串在更改列宽和行高后可以上下与左右居中。

程序实例 ch6_9_1.py：工作簿 data6_9_1.xlsx 的工作表 1，A1 内容是 abc，设定 A 列宽度为 20，第 1 行高度是 40。然后使用本节对齐方式功能，设定内容上下与左右居中。

```
# ch6_9_1.py
import openpyxl
from openpyxl.styles import Alignment

fn = "data6_9_1.xlsx"
wb = openpyxl.load_workbook(fn)
ws = wb.active
ws.column_dimensions['A'].width = 20
ws.row_dimensions[1].height = 40
ws['A1'].alignment = Alignment(horizontal='center',
                               vertical='center')
wb.save("out6_9_1.xlsx")
```

执行结果

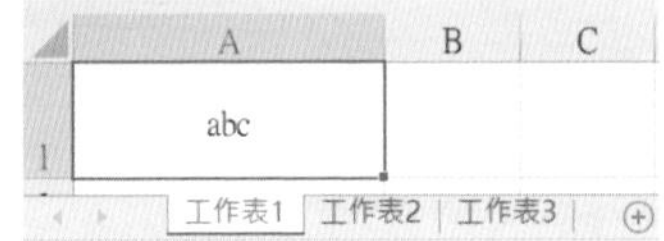

6-6 复制样式

样式是可以复制的，语法如下：

```
dst = copy(src)
```

经过上述指令后，dst 就拥有 src 的样式了。

程序实例 ch6_10.py：样式复制的实例。

```
# ch6_10.py
import openpyxl
from openpyxl.styles import Font
from copy import copy

src = Font(name='Arial', size=16)
dst = copy(src)
print(f"src = {src.name}, {src.size}")
print(f"dst = {dst.name}, {dst.size}")
```

执行结果

```
=================== RESTART: D:/Python_Excel/ch6/ch6_10.py ===================
src = Arial, 16.0
dst = Arial, 16.0
```

6-7 色彩

色彩可以应用在字体、前景、背景或边框，其实在 openpyxl 模块内含有透明度 alpha 值，但是这并没有应用在单元格内，可以参考下列实例。

```
>>> from openpyxl.styles import Font
>>> font = Font(color="FF00FF")
>>> font.color.rgb
'00FF00FF'
```

也就是最左边两个数值 00，这是 alpha 值。

为了方便读者可以更有效率地使用色彩，openpyxl 模块也提供索引方式设定色彩，使用前需要导入 openpyxl.styles.colors 模块，如下：

```
from openpyxl.styles.colors import Color
```

然后就可以使用 Color(indexed= 颜色索引) 函数设定颜色，如下是索引颜色的列表，取材自 openpyxl 模块的官方手册。

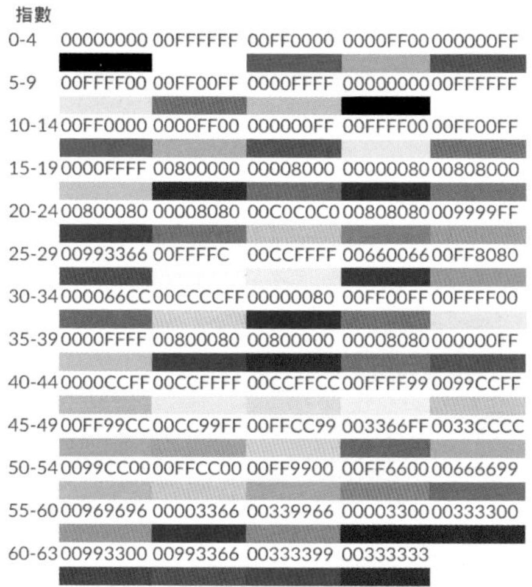

指数					
0-4	00000000	00FFFFFF	00FF0000	0000FF00	000000FF
5-9	00FFFF00	00FF00FF	0000FFFF	00000000	00FFFFFF
10-14	00FF0000	0000FF00	000000FF	00FFFF00	00FF00FF
15-19	0000FFFF	00800000	00008000	00000080	00808000
20-24	00800080	00008080	00C0C0C0	00808080	009999FF
25-29	00993366	00FFFFC	00CCFFFF	00660066	00FF8080
30-34	000066CC	00CCCCFF	00000080	00FF00FF	00FFFF00
35-39	0000FFFF	00800080	00800000	00008080	000000FF
40-44	0000CCFF	00CCFFFF	00CCFFCC	00FFFF99	0099CCFF
45-49	00FF99CC	00CC99FF	00FFCC99	003366FF	0033CCCC
50-54	0099CC00	00FFCC00	00FF9900	00FF6600	00666699
55-60	00969696	00003366	00339966	00003300	00333300
60-63	00993300	00993366	00333399	00333333	

程序实例 ch6_11.py：使用上述 Color( ) 函数设定文字颜色，重新设计 ch6_1.py。

```
# ch6_11.py
import openpyxl
from openpyxl.styles import Font
from openpyxl.styles.colors import Color

fn = "data6_1.xlsx"
wb = openpyxl.load_workbook(fn)
ws = wb.active
ws['B1'].font = Font(color=Color(indexed=6))
ws['B2'].font = Font(underline='single')
ws['C2'].font = Font(underline='double')
ws['B3'].font = Font(color=Color(indexed=40),
                     italic=True)
wb.save("out6_11.xlsx")
```

执行结果　开启 out6_11.xlsx 可以得到如下结果。

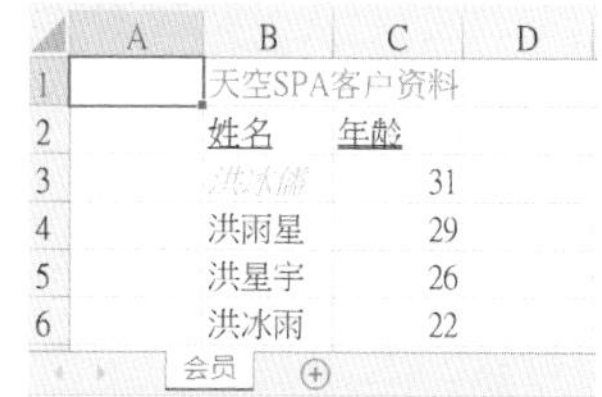

6-8 样式名称与应用

建立样式后，可以为此样式建立一个名称，然后存储，未来可以将此样式名称应用到其他单元格。

6-8-1 建立样式名称

建立样式名称需要导入 NamedStyle 模块，方法如下：

```
from openpyxl.styles import NamedStyle
```

然后就可以使用 NamedStyle( ) 函数，其语法如下：

```
stylename = NamedStyle(name=" styleSample" )
```

上述就是建立一个样式名称了，stylename 和 styleSample 可以自由命名。

6-8-2 注册样式名称

注册样式名称可以使用 add_named_style( )，可以参考下列实例。

```
wb.add_named_style(stylename)
```

6-8-3 应用样式

样式命名后可以用下列方式应用到工作表。

```
ws['B2'].style = stylename
```

如果样式已经建立，可以使用下列方式应用到工作表。

```
ws['B4'].style = 'styleSample'
```

假设 data6_12.xlsx 会员工作表内容如下所示。

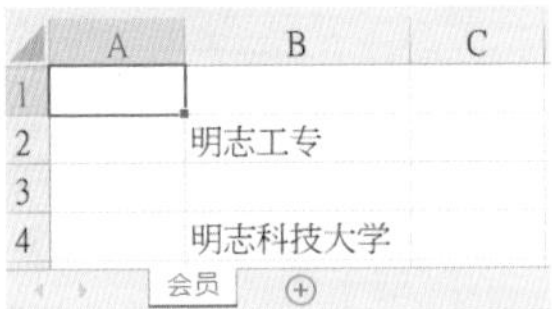

程序实例 ch6_12.py：建立样式名称 namestyle，然后用两种方法将此名称应用到 B2 和 B4 单元格。

```
# ch6_12.py
import openpyxl
from openpyxl.styles import Font, NamedStyle, Border, Side

fn = "data6_12.xlsx"
wb = openpyxl.load_workbook(fn)
ws = wb.active

namestyle = NamedStyle(name="nameSample")
namestyle.font = Font(bold=True,color="0000FF")
bd = Side(style='thick', color="FF0000")
namestyle.border = Border(left=bd, top=bd, right=bd, bottom=bd)
wb.add_named_style(namestyle)   # 注册
ws['B2'].style = namestyle      # 用法 1，直接使用
ws['B4'].style = 'nameSample'   # 用法 2
wb.save("out6_12.xlsx")
```

执行结果

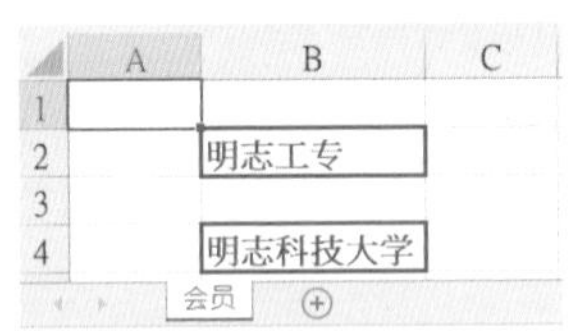

第　7　章

单元格的进阶应用

7-1　合并单元格
7-2　取消合并单元格
7-3　冻结单元格
7-4　单元格的附注
7-5　折叠（隐藏）单元格
7-6　取消保护特定单元格区间
7-7　渐变色彩的实例

7-1 合并单元格

7-1-1 基础语法与实操

合并单元格可以使用 merge_cells( ) 函数，此函数的语法如下：

```
ws.merge_cells(单元格区间)
```

或是：

```
ws.merge_cells(start_row=r, end_row=rr, start_column=c, end_column=cc)
```

程序实例 ch7_1.py：合并单元格的实例。

```
# ch7_1.py
import openpyxl
from openpyxl.styles import Font, Alignment

wb = openpyxl.Workbook()
ws = wb.active

ws.merge_cells('A1:B2')
ws['A1'].font = Font(name='Old English Text MT',
                     color='0000FF',
                     size=20)
ws['A1'].alignment = Alignment(horizontal='center',
                               vertical='center')
ws['A1'] = 'DeepMind'
wb.save("out7_1.xlsx")
```

执行结果 开启 out7_1.xlsx 可以得到如下结果。

上述单元格合并成功后，左上角的单元格编号是代表此单元格的内容，因此例单元格区间是 A1:B2，左上角是 A1，所以 A1 就是代表此单元格。

程序实例 ch7_2.py：使用另一种方式合并单元格。

```
# ch7_2.py
import openpyxl
from openpyxl.styles import Font, Alignment

wb = openpyxl.Workbook()
ws = wb.active

ws.merge_cells(start_row=1, end_row=2,
               start_column=1, end_column=2)
ws['A1'].font = Font(name='Old English Text MT',
                     color='0000FF',
                     size=20)
ws['A1'].alignment = Alignment(horizontal='center',
                               vertical='center')
ws['A1'] = 'DeepMind'
wb.save("out7_2.xlsx")
```

执行结果 与 out7_1.xlsx 结果相同。

7-1-2 实例应用

有一个工作簿 data7_3.xlsx 的 Sheet 工作表内容如下所示。

	A	B	C	D	E
1	天空SPA客户资料				
2	姓名	地区	性别	身高	身份
3	洪冰儒	士林	男	170	会员
4	洪雨星	中正	男	165	会员
5	洪星宇	信义	男	171	非会员
6	洪冰雨	信义	女	162	会员
7	郭孟华	士林	女	165	会员
8	陈新华	信义	男	178	会员
9	谢冰	士林	女	166	会员

Sheet

程序实例 ch7_3.py：将合并单元格概念应用到实际的工作表，请将上述单元格的 A1:E1 合并，用蓝色显示此单元格，然后为此表格建立框线，同时所有内容居中对齐。

```
# ch7_3.py
import openpyxl
from openpyxl.styles import Font, Alignment, Side, Border

fn = "data7_3.xlsx"
wb = openpyxl.load_workbook(fn)
ws = wb.active

ws.merge_cells('A1:E1')
ws['A1'].font = Font(color='0000FF')

side = Side(border_style='thin')
borders = Border(left=side,right=side,top=side,bottom=side)
for rows in ws['A1':'E9']:
    for cell in rows:
        cell.border = borders
        cell.alignment = Alignment(horizontal='center')
wb.save("out7_3.xlsx")
```

执行结果　开启 out7_3.xlsx 可以得到如下结果。

	A	B	C	D	E
1	天空SPA客户资料				
2	姓名	地区	性别	身高	身份
3	洪冰儒	士林	男	170	会员
4	洪雨星	中正	男	165	会员
5	洪星宇	信义	男	171	非会员
6	洪冰雨	信义	女	162	会员
7	郭孟华	士林	女	165	会员
8	陈新华	信义	男	178	会员
9	谢冰	士林	女	166	会员

7-2 取消合并单元格

取消合并单元格可以使用 unmerge_cells( ) 函数，此函数的语法如下：

```
ws.unmerge_cells(单元格区间)
```

或是：

```
ws.unmerge_cells(start_row=r, end_row=rr, start_column=c, end_column=cc)
```

程序实例 ch7_4.py：合并与取消合并单元格的实例。这个程序的第 11 行是合并单元格，然后存入 out7_4_1.xlsx。第 18 行则是取消合并单元格，然后将结果存入 out7_4_2.xlsx，读者可以比较彼此的差异。

```
1  # ch7_4.py
2  import openpyxl
3  from openpyxl.styles import Font, Alignment
4
5  wb = openpyxl.Workbook()
6  ws = wb.active
7
8  ws['B2'] = "深智"
9  wb.save("out7_4.xlsx")
10
11 ws.merge_cells('B2:C3')
12 ws['B2'].font = Font(name='Old English Text MT',
13                      color='0000FF',)
14 ws['B2'].alignment = Alignment(horizontal='center',
15                                vertical='center')
16 wb.save("out7_4_1.xlsx")
17
18 ws.unmerge_cells('B2:C3')
19 wb.save("out7_4_2.xlsx")
```

执行结果　开启 out7_4.xlsx、out7_4_1.xlsx 和 out7_4_2.xlsx 可以得到如下结果。

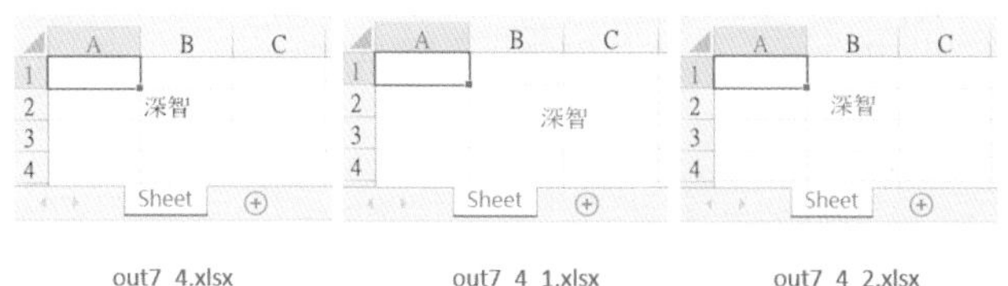

out7_4.xlsx　　out7_4_1.xlsx　　out7_4_2.xlsx

7-3 冻结单元格

在 ch7 文件夹内有 data7_5.xlsx 工作簿，此工作簿有 2013 业绩工作表，如下所示。

	A	B	C	D	E	F	G	H	I	J
1	Company ：Testing									
2	PRODUCT- Y2009	Jan (A)	Feb (A)	Mar (A)	Apr (A)	May (A)	Jun (A)	Jul (A)	Aug (A)	Sep (A
3	Revenue Total	3,047,915	5,893,965	4,252,232	2,829,006	2,398,372	3,522,273	3,211,868	3,870,881	8,25
4	External Revenue(by product)	3,047,915	5,893,965	4,252,232	2,829,006	2,398,372	3,522,273	3,211,868	3,870,881	8,257
5	Book	3,029,906	5,839,275	4,068,841	2,400,658	1,841,271	3,297,816	2,678,051	3,608,342	7,890
6	e-Learning	18,009	12,000	157,143	0	427,333	0	242,115	59,048	176
7	Other& (ACA)		42,690	26,248	428,348	129,768	224,457	291,702	203,491	191
8	Internal Revenue									
9	Cost Total	#REF!	#REF!	#REF!	#REF!	#REF!	#REF!	#REF!	#REF!	#
10	External Cost	1,946,509	3,247,808	1,856,429	1,915,060	1,718,913	2,370,416	2,099,361	2,397,469	4,688
11	Book	1,904,224	3,212,101	1,732,764	1,665,837	1,410,202	2,184,249	1,699,464	2,201,216	4,414
12	e-Learning	42,285	6,608	97,142	0	227,908	0	148,190	24,381	65
13	Other& (ACA)		29,099	26,523	249,223	80,803	186,167	251,707	171,872	209

2013業績

上述窗口如果向下或向右拖动，会造成上方或左边的标题没有显示，因此无法了解各单元格所代表的意义。这一节将讲解冻结单元格的列与行，这样就可以在拖动工作表内容时，让冻结的标题字段固定在工作表显示。

冻结单元格是使用 freeze_panes 属性，概念如下：

```
ws.freeze_panes = 冻结的上方与左边的单元格区间
```

7-3-1 冻结行的实例

下列可以冻结第 1 行和第 2 行。

```
ws.freeze_panes = 'A3'
```

程序实例 ch7_5.py：冻结前 2 行数据。

```
# ch7_5.py
import openpyxl

fn = "data7_5.xlsx"
wb = openpyxl.load_workbook(fn)
ws = wb.active
ws.freeze_panes = 'A3'
wb.save("out7_5.xlsx")
```

执行结果 开启 out7_5.xlsx，不论如何向下拖动窗口，上方 2 行皆是固定显示。

	A	B	C	D	E	F
1	Company ：Testing					
2	PRODUCT- Y2009	Jan (A)	Feb (A)	Mar (A)	Apr (A)	May (A)
32	External Margin%	#REF!	#REF!	#REF!	#REF!	#REF!
33	Rental&Management Fee	110,938	121,262	114,096	120,808	114,536
34	Expenses Total	110,938	121,262	114,096	120,808	114,536
35	G&A Expenses	61,596	54,174	31,562	60,417	59,781
37	BU direct profit	#REF!	#REF!	#REF!	#REF!	#REF!
38	G&A Expenses-From H	389,162	299,091	194,337	288,746	321,395
39	Inventory-instant	12,011,940	10,383,063	9,961,872	10,373,333	10,916,604
40	A/R+N/R (Excluding Internal AR)	13,033,200	11,503,378	11,683,729	11,592,710	11,465,368
41	Inventory turnover days	181	126	137	146	157

2025业绩

7-3-2　冻结列的实例

如下可以冻结 A 列：

```
ws.freeze_panes = 'B1'
```

程序实例 ch7_6.py：冻结 A 列数据。

```
# ch7_6.py
import openpyxl

fn = "data7_5.xlsx"
wb = openpyxl.load_workbook(fn)
ws = wb.active
ws.freeze_panes = 'B1'
wb.save("out7_6.xlsx")
```

执行结果　开启 out7_6.xlsx，不论如何左右拖动窗口，左方 A 列是固定显示。

	A	F	G	H	I
1	Company ：Testing				
2	PRODUCT- Y2009	May (A)	Jun (A)	Jul (A)	Aug (A)
3	Revenue Total	2,398,372	3,522,273	3,211,868	3,870,881
4	External Revenue(by product)	2,398,372	3,522,273	3,211,868	3,870,881
5	Book	1,841,271	3,297,816	2,678,051	3,608,342
6	e-Learning	427,333	0	242,115	59,048
7	Other& (ACA)	129,768	224,457	291,702	203,491
8	Internal Revenue				
9	Cost Total	#REF!	#REF!	#REF!	#REF!
10	External Cost	1,718,913	2,370,416	2,099,361	2,397,469
11	Book	1,410,202	2,184,249	1,699,464	2,201,216
12	e-Learning	227,908	0	148,190	24,381

2025业绩

7-3-3　冻结列和行

如果要同时冻结上方行和左边列，也是使用 freeze_panes 属性设定一个单元格，经设定后该单元格上方的行以及左边的列皆会被冻结，如下是冻结上方 2 行以及左边 A 列的实例：

```
ws.freeze_panes = 'B3'
```

程序实例 ch7_7.py：冻结上方 2 行以及左边 A 列的实例。

```
# ch7_7.py
import openpyxl

fn = "data7_5.xlsx"
wb = openpyxl.load_workbook(fn)
ws = wb.active
ws.freeze_panes = 'B3'
wb.save("out7_7.xlsx")
```

执行结果　开启 out7_7.xlsx，不论如何上下或左右拖动窗口，左方 A 列和前 2 行皆是固定显示。

	A	O	P	Q	R
1	Company ：Testing				
2	PRODUCT- Y2009	Feb (F)	Mar (F)	Apr (F)	May (F)
9	Cost Total	#REF!	#REF!	#REF!	#REF!
10	External Cost	4,167,989	3,754,822	3,983,120	3,467,120
11	Book	3,720,000	3,100,000	2,790,000	2,170,000
12	e-Learning	156,000	364,000	260,000	364,000
13	Other& (ACA)	291,989	290,822	933,120	933,120
14	External Margin	#REF!	#REF!	#REF!	#REF!
15	Book	2,280,000	1,900,000	1,710,000	1,330,000
16	e-Learning	144,000	336,000	240,000	336,000
17	Other& (ACA)	96,811	97,978	311,040	311,040
29	Internal Margin	#REF!	#REF!	#REF!	#REF!
	Quarterly Sales Rebate (1%) to				

2025业绩

7-4 单元格的附注

7-4-1 建立附注

使用 openpyxl 模块也可以为单元格增加附注（comment），使用前需要导入 Comment 模块，方法如下：

```
from openpyxl import Comment
```

comment 属性可以设定附注，设定方式需要使用 Comment( ) 函数，此函数的用法如下：

```
comment = Comment( "附注文字" , "作者" )
```

上述 Comment( ) 函数的第一个参数是附注文字 (text)，第二个参数是作者 (author)，未来也可以使用 comment.text 和 comment.author 属性取得附注文字和作者。

程序实例 ch7_8.py：建立附注的应用。

```
# ch7_8.py
import openpyxl
from openpyxl.comments import Comment

wb = openpyxl.Workbook()
ws = wb.active
ws['B2'] = "杨贵妃"
comment = Comment("唐朝美女","洪锦魁")
ws['B2'].comment = comment
print(f"批注 : {comment.text}")
print(f"作者 : {comment.author}")
wb.save("out7_8.xlsx")
```

执行结果 开启 out7_8.xlsx 可以得到下列结果。

```
==================== RESTART: D:\Python_Excel\ch7\ch7_8.py ====================
批注 : 唐朝美女
作者 : 洪锦魁
```

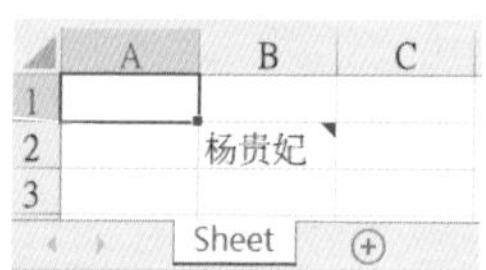

若是将鼠标指针移至单元格右上角的附注点，可以看到附注文字（text），同时窗口左下方的状态区可以看到作者（author）。

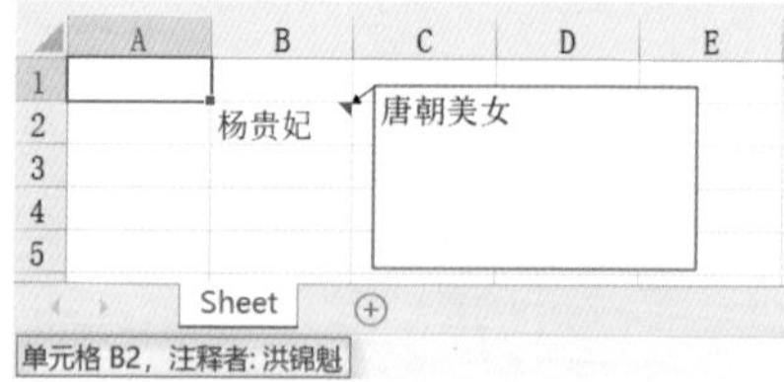

在使用 Excel 时可以在附注框内看到作者的名字，我们可以使用下列设计改良，增加作者的名字。

程序实例 ch7_9.py：扩充 ch7_8.py 的设计，在附注框增加作者的名字。

```
# ch7_9.py
import openpyxl
from openpyxl.comments import Comment

wb = openpyxl.Workbook()
ws = wb.active
ws['B2'] = "杨贵妃"
comment = Comment("洪锦魁:\n唐朝美女","洪锦魁")
ws['B2'].comment = comment
print(f"批注 : {comment.text}")
print(f"作者 : {comment.author}")
wb.save("out7_9.xlsx")
```

执行结果

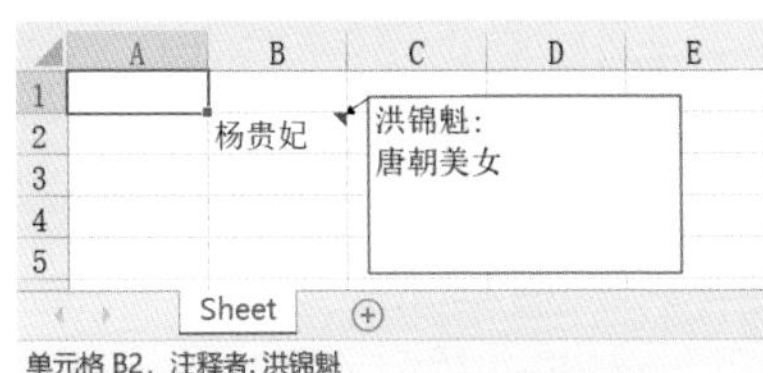

7-4-2　建立附注框的大小

前一小节所看到的附注框大小是预设，我们可以使用下列方式更改框的宽度和高度。

```
comment.width = 附注的宽度
comment.height = 附注的高度
```

程序实例 ch7_10.py：重新设计 ch7_8.py，设定附注框的宽度是 250，高度是 50。

```
# ch7_10.py
import openpyxl
from openpyxl.comments import Comment

wb = openpyxl.Workbook()
ws = wb.active
ws['B2'] = "杨贵妃"
comment = Comment("唐朝美女","洪锦魁")
ws['B2'].comment = comment
print(f"批注 : {comment.text}")
print(f"作者 : {comment.author}")
comment.width = 250
comment.height = 50
wb.save("out7_10.xlsx")
```

执行结果　Python Shell 窗口的执行结果可以参考 ch7_8.py，下列是 out7_10.xlsx 的执行结果。

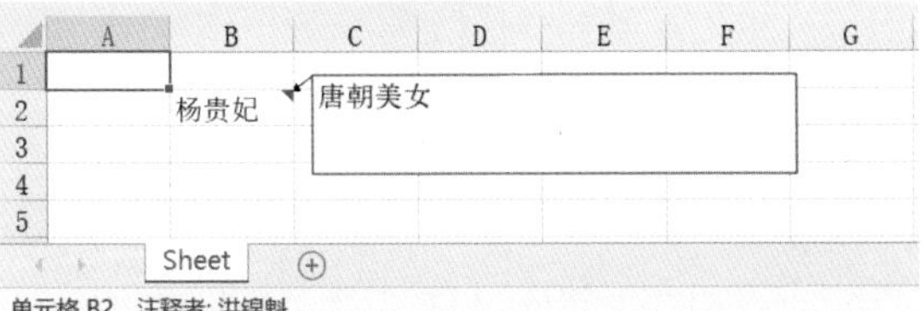

7-5 折叠（隐藏）单元格

使用工作表时可能会想将一些字段或行数折叠（或称隐藏），此时可以使用下列工作表的函数。

```
column_dimensions.group(起始列, 结束列, hidden=True)      # 隐藏列
row_dimensions.group(起始行, 结束行, hidden=True)         # 隐藏行
```

上述 hidden 设为 True 表示隐藏。

程序实例 ch7_11.py：隐藏 D 列 ~ F 列。

```
# ch7_11.py
import openpyxl
from openpyxl.comments import Comment

wb = openpyxl.Workbook()
ws = wb.active
ws.column_dimensions.group('D','F',hidden=True)
wb.save("out7_11.xlsx")
```

执行结果 开启 out7_11.xlsx 可以看到 D:F 列被隐藏。

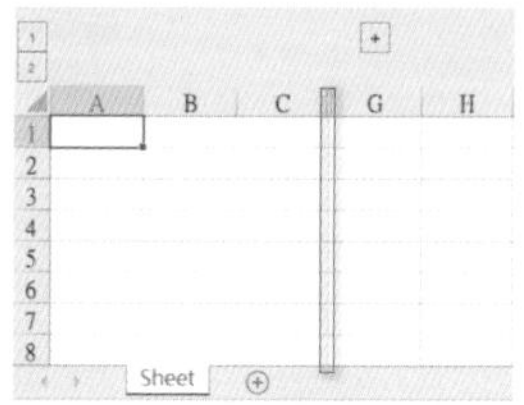

程序实例 ch7_12.py：同时隐藏 D:F 列和 5 ~ 10 行。

```
# ch7_12.py
import openpyxl
from openpyxl.comments import Comment

wb = openpyxl.Workbook()
ws = wb.active
ws.column_dimensions.group('D','F', hidden=True)
ws.row_dimensions.group(5,10, hidden=True)
wb.save("out7_12.xlsx")
```

执行结果 开启 out7_11.xlsx 可以看到 D:F 列和 5 ~ 10 行被隐藏。

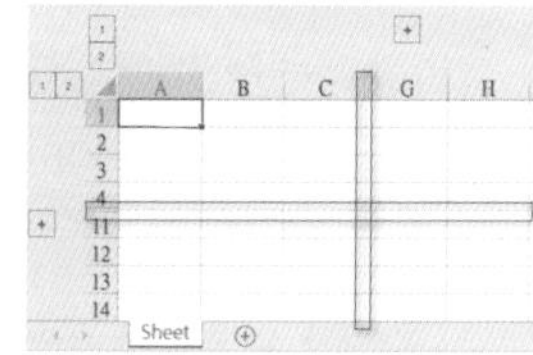

7-6 取消保护特定单元格区间

在 2-8 节笔者介绍了保护工作表的方法，在实际应用中，我们可能想将工作表固定的数据保护，以防止被修改，部分数据则开放编辑。例如，可以参考下列窗体。

	A	B	C	D	E	F	G
1							
2		深智公司人事数据表					
3		个人近照		个人资料			
4				姓名			
5				出生日期			
6				性别			
7				联络电话			
8				地址			
9		填表日期					

人事数据表

上述 B2:C8 是照片字段可能要开放编辑，E4:G8 数据字段也需要开放编辑，D9:G9 是填表日期也需要开放编辑，这一节将讲解如何在保护工作表下，开放数据编辑。

7-6-1　保护工作表

在让部分工作表可以编辑前，首先要先保护工作表，读者可以参考 2-8 节，这里简单地叙述，需要执行下列指令。

```
ws = wb.active
ws.protection.enable( )
```

7-6-2　设计让部分工作表可以编辑

在工作表保护状态若要让部分单元格可以编辑，需要使用单元格样式的 Protection 模块，此时需要导入 Protection 模块，如下：

```
from openpyxl.styles import Protection
```

保护 Protection 模块常用的参数默认值如下：

```
Protection(locked=True,  hidden=False)
```

上述各参数意义如下：

- locked：保护状态，预设是 True。
- hidden：是否隐藏，预设是 False。

使用保护 Protection( ) 语法的方式如下：

```
ws[ 单元格 ].protection = Protection(xx)          # xx 是系列保护的属性设定
```

也就是先引用 protection 属性，再执行赋值设定。设定 Protection 保护时，只能对单一单元格设定，因为单一单元格才有 Protection 属性，如果要设定单元格区间需使用循环方式。此外，也可以使用 7-1 节所述的合并单元格的概念，程序还可以简化。

程序实例 ch7_13.py：这一个程序首先是保护工作表的全部，然后改为可编辑 A1:B2 和 C1:E6 单元格区间。

```
# ch7_13.py
import openpyxl
from openpyxl.styles import Protection

wb = openpyxl.Workbook()
ws = wb.active
ws.protection.enable()
for row in ws['A1:B2']:
    for cell in row:
        cell.protection = Protection(locked=False, hidden=False)
ws.merge_cells('C1:E2')
ws['C1'].protection = Protection(locked=False, hidden=False)
wb.save("out7_13.xlsx")
```

执行结果　开启 out7_13.xlsx 可以看到如下效果。

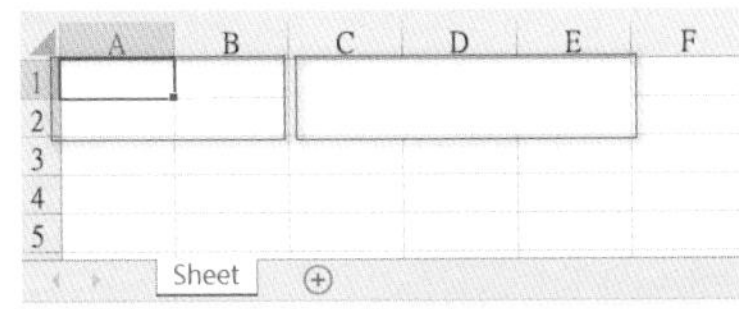

上述可以编辑 A1:B2 和 C1:E6 单元格区间，其余皆被保护。读者可以尝试进行编辑，以了解哪些工作表可以编辑，哪些工作表不可以编辑。

7-6-3 办公实际应用

读者可以参考 7-6 节人事数据表的工作表，这一节实例会将已经有文字部分设为不可编辑，其他窗体内单元格适度合并，让员工可以填上个人数据。

程序实例 ch7_14.py：人事数据表的保护，以及开放可编辑区域。

```
# ch7_14.py
import openpyxl
from openpyxl.styles import Protection

fn = "data7_14.xlsx"
wb = openpyxl.load_workbook(fn)
ws = wb.active
ws.protection.enable()
ws.merge_cells('B4:C8')
ws['B4'].protection = Protection(locked=False, hidden=False)
for i in range(4,9):
    index = 'E' + str(i) + ':' + 'G' + str(i)
    ws.merge_cells(index)
    index = 'E' + str(i)
    ws[index].protection = Protection(locked=False, hidden=False)
ws.merge_cells('D9:G9')
ws['D9'].protection = Protection(locked=False, hidden=False)
wb.save("out7_14.xlsx")
```

执行结果 开启 out7_14.xlsx，笔者在 E4 单元格填上“洪锦魁”，可以看到下列结果。

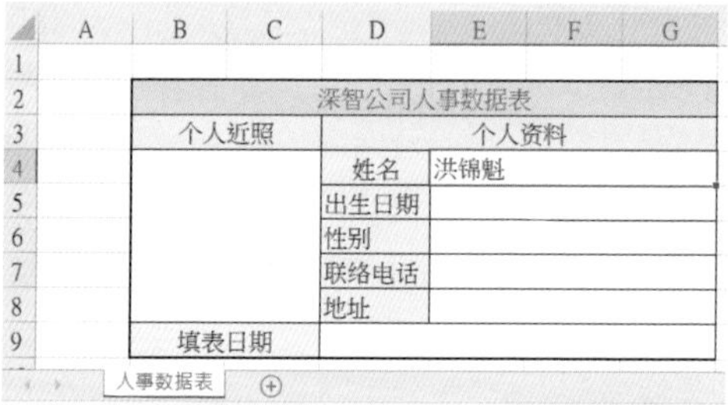

	A	B	C	D	E	F	G
1							
2		深智公司人事数据表					
3		个人近照		个人资料			
4				姓名	洪锦魁		
5				出生日期			
6				性别			
7				联络电话			
8				地址			
9		填表日期					

人事数据表

其他人事数据表格以外的区域和表格内已经有文字的字段则仍是被保护状态，无法编辑。

7-7 渐变色彩的实例

6-4-4 节笔者有介绍渐变色彩的实例，解释了合并单元格的概念，这一节将用较大区块的单元格说明渐变色彩的应用。

程序实例 ch7_15.py：渐变色彩的应用，将 type 设为 path，top 设为 0.0 ~ 1.0。

```
# ch7_15.py
from openpyxl import Workbook
from openpyxl.styles import GradientFill

wb = Workbook()
ws = wb.active

# top=0.0
ws.merge_cells('B2:C5')
ws['B2'].fill = GradientFill(type='path',top="0.0",
                             stop=("00FF00","FFFF00"))
# top=0.2
ws.merge_cells('E2:F5')
ws['E2'].fill = GradientFill(type='path',top="0.2",
                             stop=("00FF00","FFFF00"))
```

```
# top=0.5
ws.merge_cells('H2:I5')
ws['H2'].fill = GradientFill(type='path',top="0.5",
                             stop=("00FF00","FFFF00"))
# top=0.8
ws.merge_cells('B7:C10')
ws['B7'].fill = GradientFill(type='path',top="0.8",
                             stop=("00FF00","FFFF00"))
# top=1.0
ws.merge_cells('E7:F10')
ws['E7'].fill = GradientFill(type='path',top="1.0",
                             stop=("00FF00","FFFF00"))
wb.save('out7_15.xlsx')
```

执行结果

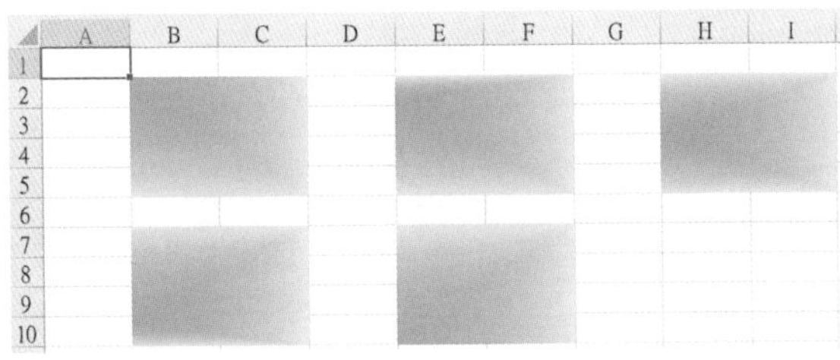

程序实例 ch7_16.py：渐变色彩的应用，将 type 设为 path，将 top 和 left 皆设为 0.5。

```
# ch7_16.py
from openpyxl import Workbook
from openpyxl.styles import GradientFill

wb = Workbook()
ws = wb.active

# top = 0.5, left = 0.5
ws.merge_cells('B2:C5')
ws['B2'].fill = GradientFill(type='path',top="0.5",left="0.5",
                             stop=("0000FF","FFFFFF"))
# top = 0.5, left = 0.5
ws.merge_cells('E2:F5')
ws['E2'].fill = GradientFill(type='path',top="0.5",left="0.5",
                             stop=("FFFFFF","0000FF"))
wb.save('out7_16.xlsx')
```

执行结果

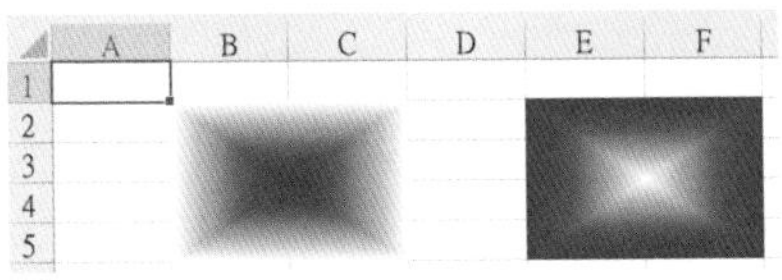

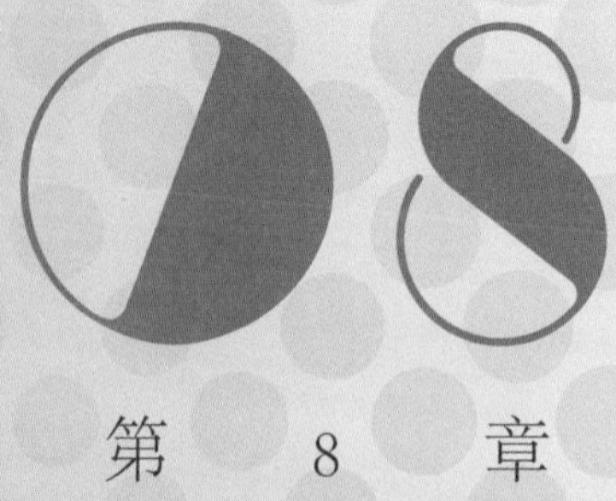

第 8 章

自定义单元格数值格式

8-1 格式的基本概念
8-2 认识数字格式符号
8-3 内建数字的符号格式
8-4 测试字符串是否内建格式
8-5 获得格式字符串的索引编号
8-6 系列应用

8-1 格式的基本概念

使用 Excel 时打开设置单元格格式对话框，选择数字选项卡，在分类选择自定义，可以看到下列内容。

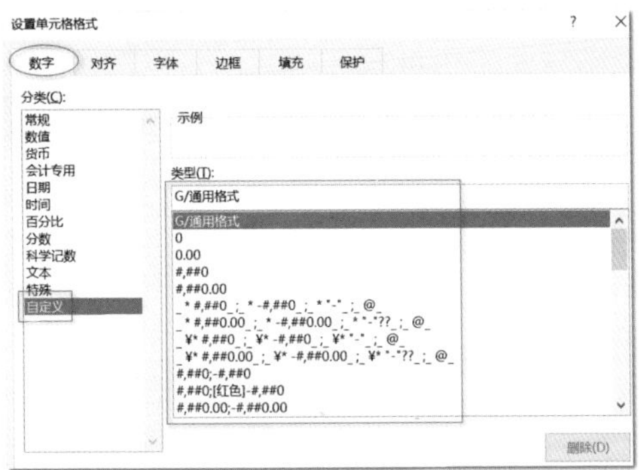

类型列表框有内建的数字格式字符串。

8-2 认识数字格式符号

在上述类型列表框可以看到 0、#、$ 等符号，这些符号可以分成如下几类。

1. 数字格式

符号	说明	格式	输入	结果
#	预留数字格数，如果真实数字的小数点右边数字超出，超出部分会四舍五入	#.##	139.764	139.76
0 (零)	预留数字格式，如果真实数字少于设定，会补 0	#.00	35.4	35.40
?	规则与 0 相同，但是如果真实数字小于设定，会用空格取代	#.??	35.4	35.4
.	小数点，可设定小数点左右两边的数量	0.0	12.3	12.3

2. 日期格式

符号	说明	格式	输入	结果
y	公元年	yyyy(y)	2025	2025(25)
m	月份	mm(m)	5	05(5)
d	日期	dd(d)	9	09(9)
ddd	星期	ddd(dddd)	0	Sun(Sunday)

3. 时间格式

符号	说明	格式	输入	结果
h	时	h(hh)	9	9(09)
m	分	m(mm)	6	6(06)
s	秒	s(ss)	3	3(03)

4. 字符串格式

符号	说明	格式	输入	结果
@	预留输入文字，用字符串取代	@	ABC	ABC
[color]	内容颜色	[blue]0.0	1.8	1.8
[Formula]	条件格式	[>10]"Yes";"No"	30	Yes

8-3 内建数字的符号格式

在 openpyxl.styles.numbers 模块内有 builtin_format_code(n) 函数，这个函数的 n 值其实是数值格式字符串的索引，部分内容如下：

0：'General'

1：'0'

2：'0.00'

3：'#,##0'

…

49：'@'

要使用 builtin_format_code(n) 函数，必须先导入此函数，方法如下：

```
from openpyxl.styles.numbers import builtin_format_code
```

程序实例 ch8_1.py：列出内建的数字格式字符串与索引。

```
# ch8_1.py
import openpyxl
from openpyxl.styles.numbers import builtin_format_code

for i in range(50):
    print(f"i = {i} : {builtin_format_code(i)}")
```

执行结果

```
==================== RESTART: D:/Python_Excel/ch8/ch8_1.py ====================
i = 0 : General
i = 1 : 0
i = 2 : 0.00
i = 3 : #,##0
i = 4 : #,##0.00
i = 5 : "$"#,##0_);("$"#,##0)
i = 6 : "$"#,##0_);[Red]("$"#,##0)
i = 7 : "$"#,##0.00_);("$"#,##0.00)
i = 8 : "$"#,##0.00_);[Red]("$"#,##0.00)
i = 9 : 0%
i = 10 : 0.00%
i = 11 : 0.00E+00
i = 12 : # ?/?
i = 13 : # ??/??
i = 14 : mm-dd-yy
i = 15 : d-mmm-yy
i = 16 : d-mmm
i = 17 : mmm-yy
i = 18 : h:mm AM/PM
i = 19 : h:mm:ss AM/PM
i = 20 : h:mm
i = 21 : h:mm:ss
i = 22 : m/d/yy h:mm
i = 23 : None
i = 24 : None
```

```
i = 25 : None
i = 26 : None
i = 27 : None
i = 28 : None
i = 29 : None
i = 30 : None
i = 31 : None
i = 32 : None
i = 33 : None
i = 34 : None
i = 35 : None
i = 36 : None
i = 37 : #,##0_);(#,##0)
i = 38 : #,##0_);[Red](#,##0)
i = 39 : #,##0.00_);(#,##0.00)
i = 40 : #,##0.00_);[Red](#,##0.00)
i = 41 : _(* #,##0_);_(* \(#,##0\);_(* "-"_);_(@_)
i = 42 : _("$"* #,##0_);_("$"* \(#,##0\);_("$"* "-"_);_(@_)
i = 43 : _(* #,##0.00_);_(* \(#,##0.00\);_(* "-"??_);_(@_)
i = 44 : _("$"* #,##0.00_)_("$"* \(#,##0.00\)_("$"* "-"??_)_(@_)
i = 45 : mm:ss
i = 46 : [h]:mm:ss
i = 47 : mmss.0
i = 48 : ##0.0E+0
i = 49 : @
>>>
```

8-4 测试字符串是否内建格式

8-3 节已经列出所有的内建数字格式字符串了，这一节将测试字符串是否符合内建格式，本节将分成 3 小节介绍 3 个函数。

8-4-1 测试是否符合内建数值字符串格式

函数 is_builtin( ) 可以测试字符串是否符合内建数值字符串格式，使用这个函数前需要导入此模块，如下：

```
from openpyxl.styles.numbers import is_builtin
```

程序实例 ch8_2.py：测试下列 3 个字符串是否符合内建字符串格式。

'#,##0.00'

'0.000'

'kkk'

```
# ch8_2.py
import openpyxl
from openpyxl.styles.numbers import is_builtin

print(is_builtin('#,##0.00'))
print(is_builtin('0.000'))
print(is_builtin('kkk'))
```

执行结果

```
=================== RESTART: D:/Python_Excel/ch8/ch8_2.py ===================
True
False
False
```

8-4-2 测试是否符合内建日期字符串格式

函数 is_date_format( ) 可以测试字符串是否符合内建日期字符串格式，使用这个函数前需要导入此模块，如下：

```
from openpyxl.styles.numbers import is_date_format
```

程序实例 ch8_3.py：测试下列 4 个字符串是否符合内建日期字符串格式。

'#,##0.00'

'mm-dd-yy'

'yy-mm-dd'

'd-mm-yy'

```
# ch8_3.py
import openpyxl
from openpyxl.styles.numbers import is_date_format

print(is_date_format('#,##0.00'))
print(is_date_format('mm-dd-yy'))
print(is_date_format('yy-mm-dd'))
print(is_date_format('d-mm-yy'))
```

执行结果

```
=================== RESTART: D:/Python_Excel/ch8/ch8_3.py ===================
False
True
True
True
```

8-4-3 测试是否符合内建日期 / 时间字符串格式

函数 is_datetime( ) 可以测试字符串是否符合内建日期 / 时间字符串格式，使用这个函数前需要导入此模块，如下：

```
from openpyxl.styles.numbers import is_datetime
```

注 日期或时间格式皆算符合。

程序实例 ch8_4.py：测试下列 4 个字符串是否符合内建日期 / 时间字符串格式。

'mm.ss'

'mm-dd-yy'

'#0.00'

'd-mm-yy'

```
# ch8_4.py
import openpyxl
from openpyxl.styles.numbers import is_date_format

print(is_date_format('mm:ss'))
print(is_date_format('mm-dd-yy'))
print(is_date_format('#0.00'))
print(is_date_format('d-mm-yy'))
```

执行结果

```
================== RESTART: D:/Python_Excel/ch8/ch8_4.py ==================
True
True
False
True
```

8-5 获得格式字符串的索引编号

函数 builtin_format_id(xx)，如果 xx 是系统内建格式字符串，则可以获得格式字符串的索引编号；如果不是系统内建格式字符串则回传 None，使用这个函数前需要导入此模块：

```
from openpyxl.styles.numbers import builtin_format_id
```

注 即使是符合数字格式字符串，如果不是内建格式，也会回传 None。

程序实例 ch8_5.py：测试格式字符串在内建字符串的索引编号。

```
# ch8_5.py
import openpyxl
from openpyxl.styles.numbers import builtin_format_id

print(builtin_format_id('mm:ss'))
print(builtin_format_id('mm-dd-yy'))
print(builtin_format_id('0.00%'))
print(builtin_format_id('0.00'))
print(builtin_format_id('00.00'))
print(builtin_format_id('d-mm-yy'))
```

执行结果

```
==================== RESTART: D:/Python_Excel/ch8/ch8_5.py ====================
45
14
10
2
None
None
```

8-6 系列应用

8-6-1 数字格式的应用

工作簿 data8_6.xlsx 数值工作表内容如下所示。

	A	B	C
1			
2		123.764	
3		0.4	
4		123.764	
5		0.4	
6		8.2	
7		-8.2	
8		-8.2	

数值 | 工作表2 | 工作表

可以使用 number_format 属性设定单元格的数值格式，相关应用可以参考下列实例。

程序实例 ch8_6.py：数字格式的应用，为上述数值工作表的数字设定不同格式。

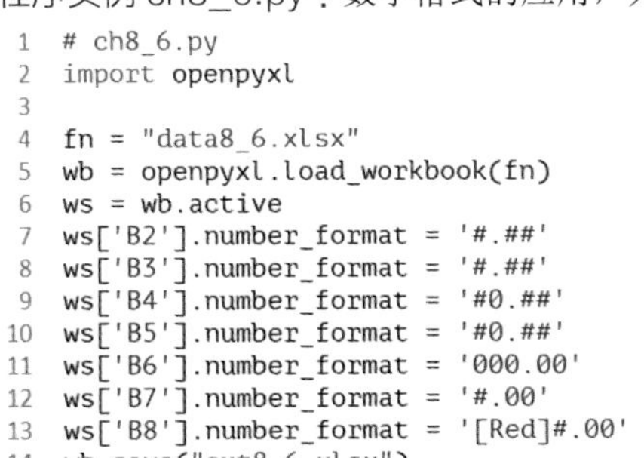

```
# ch8_6.py
import openpyxl

fn = "data8_6.xlsx"
wb = openpyxl.load_workbook(fn)
ws = wb.active
ws['B2'].number_format = '#.##'
ws['B3'].number_format = '#.##'
ws['B4'].number_format = '#0.##'
ws['B5'].number_format = '#0.##'
ws['B6'].number_format = '000.00'
ws['B7'].number_format = '#.00'
ws['B8'].number_format = '[Red]#.00'
wb.save("out8_6.xlsx")
```

执行结果　开启 out8_6.xlsx 可以得到如下结果。

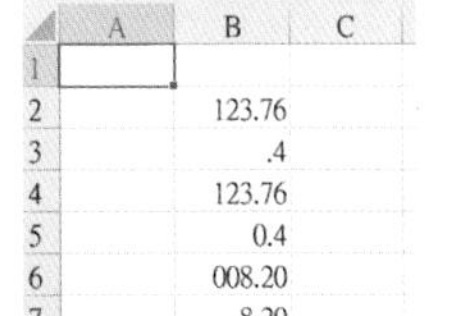

	A	B	C
1			
2		123.76	
3		.4	
4		123.76	
5		0.4	
6		008.20	
7		-8.20	
8		-8.20	

数值 | 工作表2 | 工作表

8-6-2 日期格式的应用

工作簿 data8_7.xlsx 数值工作表内容如下所示。

	A	B	C	D
1				
2		2022/6/15		
3		2022/6/15		
4		2022/6/15		
5		2022/6/15		
6		18:10		
7		18:10		

日期与时间 | 工作表2 | 工作表3

程序实例 ch8_7.py：日期 / 时间格式的应用，为上述日期与时间工作表的日期和时间设定不同格式。

```
# ch8_7.py
import openpyxl

fn = "data8_7.xlsx"
wb = openpyxl.load_workbook(fn)
ws = wb.active
ws['B2'].number_format = 'm/d/yy'
ws['B3'].number_format = 'mm-dd-yyyy'
ws['B4'].number_format = 'yyyy-mm-dd'
ws['B5'].number_format = 'd-mmm-yy'
ws['B6'].number_format = 'h:mm AM/PM'
ws['B7'].number_format = 'h:mm'
wb.save("out8_7.xlsx")
```

执行结果 开启 out8_7.xlsx 可以得到下列结果。

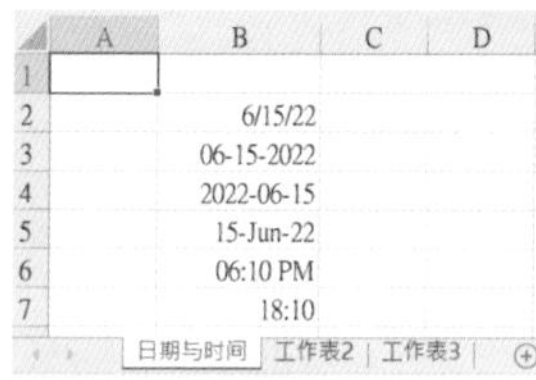

	A	B	C	D
1				
2		6/15/22		
3		06-15-2022		
4		2022-06-15		
5		15-Jun-22		
6		06:10 PM		
7		18:10		

日期与时间 | 工作表2 | 工作表3

8-6-3 取得单元格的属性

可以使用 number_format 属性设定单元格的属性，也可以使用此属性取得单元格的属性。

程序实例 ch8_8.py：取得 out8_6.xlsx 工作簿数值工作表 B2:B8 的属性。

```
# ch8_8.py
import openpyxl

fn = "out8_6.xlsx"
wb = openpyxl.load_workbook(fn)
ws = wb.active
for i in range(2,9):
    index = 'B' + str(i)
    print(f"{index} : {ws[index].number_format}")
```

执行结果

```
================== RESTART: D:\Python_Excel\ch8\ch8_8.py ==================
B2 : #.##
B3 : #.##
B4 : #0.##
B5 : #0.##
B6 : 000.00
B7 : #.00
B8 : [Red]#.00
```

上述执行结果就是程序实例 ch8_6.py 所设定的属性。

程序实例 ch8_9.py：取得 out8_7.xlsx 工作簿数值工作表 B2:B7 的属性。

```
# ch8_9.py
import openpyxl

fn = "out8_7.xlsx"
wb = openpyxl.load_workbook(fn)
ws = wb.active
for i in range(2,8):
    index = 'B' + str(i)
    print(f"{index} : {ws[index].number_format}")
```

执行结果

```
================== RESTART: D:/Python_Excel/ch8/ch8_9.py ==================
B2 : m/d/yy
B3 : mm-dd-yyyy
B4 : yyyy-mm-dd
B5 : d-mmm-yy
B6 : h:mm AM/PM
B7 : h:mm
```

上述执行结果就是程序实例 ch8_7.py 所设定的属性。

8-7 日期应用

使用 Excel 常需要在工作表内放置日期，日期格式可以参考前面日期字符串，Python 的 datetime 模块有 today( ) 函数可以输出现在的日期与时间，使用前需要导入 datetime 模块：

```
import datetime
```

程序实例 ch8_10.py：在 B2:B4 单元格填上现在日期与时间，然后 B3 和 B4 使用不同的日期格式。

```
# ch8_10.py
import openpyxl
import datetime

wb = openpyxl.Workbook()
ws = wb.active
ws.column_dimensions['B'].width = 40
ws['B2'] = datetime.datetime.today()
ws['B3'] = datetime.datetime.today()
ws['B3'].number_format = 'yyyy-mm-dd hh:mm:ss'
ws['B4'] = datetime.datetime.today()
ws['B4'].number_format = 'yyyy年mm月dd日 hh时mm分ss秒'
wb.save("out8_10.xlsx")
```

执行结果

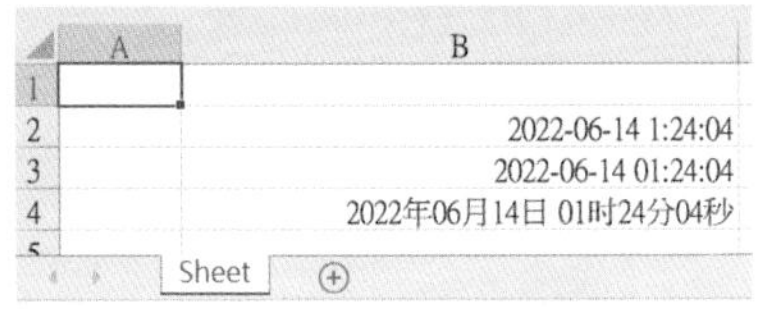

第 9 章

公式与函数

Openpyxl 官方手册所称的公式 (formulas) 其实就是 Excel 所使用的函数，此外，我们也可以为单元格设计公式执行特定的操作，这一章将做说明。

9-1 了解 openpyxl 可以解析的函数

9-1-1 列出 openpyxl 支持的函数

在 openpyxl.utisl 模块内的 FORMULAE 集合可以看到 openpyxl 可以解析的函数，在 openpyxl.utils 模块中用冻结集合 (frozenset) 存储函数名称，下列是导入此集合的语法。

```
from openpyxl.utils import FORMULAE
```

注 Python 所提供的容器结构中，集合 (set) 内的元素是可变的。此外，也提供了冻结集合 (frozenset) 的概念，主要是内部的元素是不可变的。

程序实例 ch9_1.py：列出 openpyxl.utils 模块可以解析的函数数量与内容，同时列出 openpyxl.utils 模块是如何存储这些函数的。

```
# ch9_1.py
import openpyxl
from openpyxl.utils import FORMULAE

print(type(FORMULAE))
print(len(FORMULAE))
print(FORMULAE)
```

执行结果

```
==================== RESTART: D:/Python_Excel/ch9/ch9_1.py ====================
<class 'frozenset'>
352
frozenset({'COUNTIF', 'OR', 'YIELDMAT', 'ROMAN', 'DEC2HEX', 'DVAR', 'CUMIPMT', '
MINA', 'SLOPE', 'DCOUNT', 'COUNTBLANK', 'MDURATION', 'MINUTE', 'COUPDAYSNC', 'SU
MSQ', 'HEX2OCT', 'GROWTH', 'NOMINAL', 'INFO', 'TIMEVALUE', 'SLN', 'N', 'YEAR', '
NEGBINOMDIST', 'ATAN', 'STANDARDIZE', 'NOT', 'SUMIFS', 'PERCENTILE', 'VALUE', 'R
ATE', 'FIXED', 'SQRT', 'SUMPRODUCT', 'BESSELK', 'DB', 'PMT', 'RADIANS', 'WEIBULL
', 'HEX2BIN', 'ODDLYIELD', 'TRUNC', 'COUNT', 'IMPOWER', 'ISO.CEILING', 'DVARP',
```

从上述可以看到 openpyxl 模块是用冻结集合存储可辨识的函数名称，目前总数有 352 个，如果读者仔细看上述函数名称，可以得到平常使用的 Excel 函数库几乎已经全部支持了，这也表示我们有更多工具可以执行工作表内的操作。

9-1-2 判断是否支持特定函数

在使用 Python 操作 Excel 工作表时，可以使用 Python 的 in 指令，判断函数是否属于 FORMULAE 冻结集合。

程序实例 ch9_2.py：判断函数是否为 openpyxl 所支持。

```
# ch9_2.py
import openpyxl
from openpyxl.utils import FORMULAE

print(f"TODAY : {'TODAY' in FORMULAE}")
print(f"today : {'today' in FORMULAE}")
print(f"SUM   : {'SUM' in FORMULAE}")
print(f"sum   : {'sum' in FORMULAE}")
print(f"TEST  : {'TEST' in FORMULAE}")
```

执行结果

```
==================== RESTART: D:/Python_Excel/ch9/ch9_2.py ====================
TODAY : True
today : False
SUM   : True
sum   : False
TEST  : False
```

从上述执行结果可以得到冻结集合对于函数名称的英文大小写是敏感的，例如，支持 TODAY 但是不支持 today。

9-2 在工作表内使用函数

要在程序中使用函数非常简单，只要在指定单元格输入“= 函数 ( )”公式即可。工作簿 data9_3.xlsx 业绩工作表的内容如下所示。

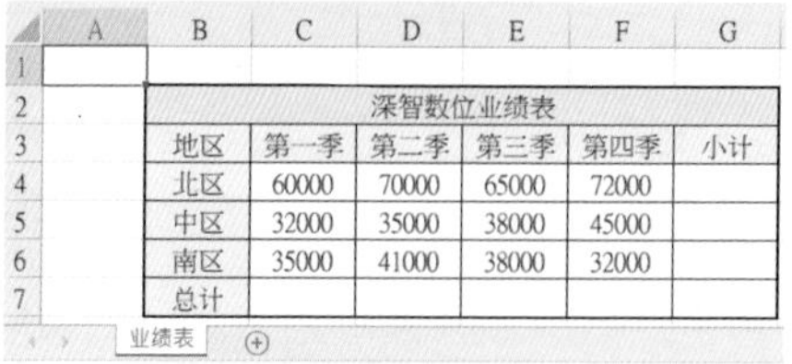

深智数位业绩表					
地区	第一季	第二季	第三季	第四季	小计
北区	60000	70000	65000	72000	
中区	32000	35000	38000	45000	
南区	35000	41000	38000	32000	
总计					

程序实例 ch9_3.py：统计第一季的业绩总计。

```
1  # ch9_3.py
2  import openpyxl
3
4  fn = "data9_3.xlsx"
5  wb = openpyxl.load_workbook(fn)
6  ws = wb.active
7  ws['C7'] = "=SUM(C4:C6)"
8  wb.save("out9_3.xlsx")
```

执行结果 开启 out9_3.xlsx 可以得到如下结果。

深智数位业绩表					
地区	第一季	第二季	第三季	第四季	小计
北区	60000	70000	65000	72000	
中区	32000	35000	38000	45000	
南区	35000	41000	38000	32000	
总计	127000				

注 上述第 7 行也可以改写如下：

```
ws.cell(row=7, column=2, value=" SUM(C4:C6)" )
```

程序实例 ch9_3_1.py：使用上述公式重新设计 ch9_3.py。

```
# ch9_3_1.py
import openpyxl

fn = "data9_3.xlsx"
wb = openpyxl.load_workbook(fn)
ws = wb.active
ws.cell(row=7,column=3,value="=SUM(C4:C6)")
wb.save("out9_3_1.xlsx")
```

执行结果 与 ch9_3.py 相同。

9-3 在工作表内使用公式

openpyxl 模块也允许我们在工作表内使用公式，执行特定的操作。

程序实例 ch9_4.py：使用公式重新设计 ch9_3.py。

```
# ch9_4.py
import openpyxl

fn = "data9_3.xlsx"
wb = openpyxl.load_workbook(fn)
ws = wb.active
ws['C7'] = "=C4+C5+C6"
wb.save("out9_4.xlsx")
```

执行结果 与 ch9_3.py 相同。

9-4 入职时间 / 销售排名 / 业绩 / 成绩统计的系列函数应用

其实除了简单的 SUM( ) 函数外，如同 9-1 节所述 openpyxl 模块支持许多 Excel 函数，这一小节将用几个实例做解说。

9-4-1 计算入职时间

使用 DATEDIF( ) 函数可以计算两个时间的差距，此差距可以返回年、月、日、不满一年的月数、不满一年的日数、不满一个月的日数，函数的使用格式如下：

DATEDIF(起始日 , 终止日 , 单位)

上述参数单位使用方式如下：

- Y：回传完整的年数；
- M：回传完整的月数；
- D：回传完整的日数；
- YM：回传不满一年的月数；
- YD：回传不满一年的日数；
- MD：回传不满一个月的日数。

有一个人事数据文件 data9_5.xlsx 工作簿入职时间工作表内容如下所示。

深智员工表					
今天日期					
员工编号	姓名	到职日期	入职时间		
			年	月	日
20001002	李四	2009/1/1			
20001010	张三	2010/10/3			
20001021	王武	2010/12/5			
20001131	晨星	2012/10/10			

入职时间

程序实例 ch9_5.py：使用 TODAY( ) 函数在 C3 单元格输入今天日期，然后为李四计算入职时间。

```python
# ch9_5.py
import openpyxl

fn = "data9_5.xlsx"
wb = openpyxl.load_workbook(fn)
ws = wb.active
ws['C3'] = "=TODAY()"
ws['C3'].number_format = 'yyyy/m/d'
ws['E6'] = '=DATEDIF(D6,$C$3,"Y")'
ws['F6'] = '=DATEDIF(D6,$C$3,"YM")'
ws['G6'] = '=DATEDIF(D6,$C$3,"MD")'
wb.save("out9_5.xlsx")
```

执行结果　开启 out9_5.xlsx 可以得到下列结果。

深智员工表					
今天日期	2022/8/18				
员工编号	姓名	到职日期	入职时间		
			年	月	日
20001002	李四	2009/1/1	13	7	17
20001010	张三	2010/10/3			
20001021	王武	2010/12/5			
20001131	晨星	2012/10/10			

入职时间

9-4-2 计算销售排名

Excel 提供排序函数 RANK( )，我们可以由这个函数快速列出商品的销售排名数据。这个函数的语法如下：

RANK (数值 , 范围 , 排序方法)

上述第一个参数数值是找出此值在范围的排名，第二个参数范围则是所要找寻的单元格区间，第三个参数是排序方法，若是省略或是 0 代表由大排到小，如果不是 0 则由小排到大。有一个百货公司销售工作簿 data9_6.xlsx 的销售工作表内容如下所示。

	A	B	C	D	E
1					
2		百货公司产品销售报表			
3		产品编号	名称	销售数量	排名
4		A001	香水	56	
5		A003	口红	72	
6		B004	皮鞋	27	
7		C001	衬衫	32	
8		C003	西装裤	41	
9		D002	领带	50	

销售

程序实例 ch9_6.py：计算香水的销量排名。

```
# ch9_6.py
import openpyxl

fn = "data9_6.xlsx"
wb = openpyxl.load_workbook(fn)
ws = wb.active
ws['E4'] = "=RANK(D4,$D$4:$D$9)"
wb.save("out9_6.xlsx")
```

执行结果 开启 out9_6.xlsx 可以得到如下结果。

	A	B	C	D	E
1					
2		百货公司产品销售报表			
3		产品编号	名称	销售数量	排名
4		A001	香水	56	2
5		A003	口红	72	
6		B004	皮鞋	27	
7		C001	衬衫	32	
8		C003	西装裤	41	
9		D002	领带	50	

销售

9-4-3 业绩统计的应用

有一个深智公司工作簿 data9_7.xlsx 的业绩工作表内容如下所示。

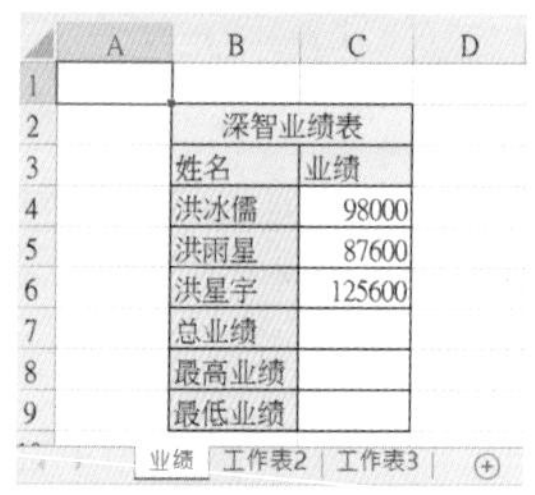

	A	B	C	D
1				
2		深智业绩表		
3		姓名	业绩	
4		洪冰儒	98000	
5		洪雨星	87600	
6		洪星宇	125600	
7		总业绩		
8		最高业绩		
9		最低业绩		

业绩 工作表2 工作表3

程序实例 ch9_7.py：为上述业绩工作表建立总业绩、最高业绩和最低业绩信息。

```
# ch9_7.py
import openpyxl

fn = "data9_7.xlsx"
wb = openpyxl.load_workbook(fn)
ws = wb.active
ws['C7'] = "=SUM(C4:C6)"
ws['C8'] = "=MAX(C4:C6)"
ws['C9'] = "=MIN(C4:C6)"
wb.save("out9_7.xlsx")
```

执行结果 开启 out9_7.xlsx 可以得到如下结果。

	A	B	C	D
1				
2		深智业绩表		
3		姓名	业绩	
4		洪冰儒	98000	
5		洪雨星	87600	
6		洪星宇	125600	
7		总业绩	311200	
8		最高业绩	125600	
9		最低业绩	87600	

业绩 工作表2 工作表3

上述程序使用了如下 3 个函数：

SUM( )：加总；

MAX( )：极大值；

MIN( )：极小值。

9-4-4　考试成绩统计

这一节的程序相较前一节增加了计算平均值的 AVERAGE( ) 函数。

程序实例 ch9_7_1.py：建立 3 个人的成绩，然后输出总分、平均分、最高分和最低分。

```
# ch9_7_1.py
import openpyxl

wb = openpyxl.Workbook()                # 建立空白的工作簿
ws = wb.active                          # 获得目前工作表
ws['A1'] = 'Peter'                      # 设定名字Peter
ws['B1'] = 98
ws['A2'] = 'Janet'                      # 设定名字Janet
ws['B2'] = 79
ws['A3'] = 'Nelson'                     # 设定名字Nelson
ws['B3'] = 81
ws['A4'] = '总分'
ws['B4'] = '=SUM(B1:B3)'               # 计算总分
ws['A5'] = '平均'
ws['B5'] = '=AVERAGE(B1:B3)'           # 计算平均分
ws['A6'] = '最高分'
ws['B6'] = '=MAX(B1:B3)'               # 计算最高分
ws['A7'] = '最低分'
ws['B7'] = '=MIN(B1:B3)'               # 计算最低分
wb.save('out9_7_1.xlsx')                # 将工作簿存储
```

执行结果　开启 out9_7_1.xlsx 可以得到如下结果。

	A	B	C
1	Peter	98	
2	Janet	79	
3	Nelson	81	
4	总分	258	
5	平均分	86	
6	最高分	98	
7	最低分	79	

Sheet

9-5　使用 for 循环计算单元格区间的值

在使用 Excel 时常常需要将一个单元格的公式复制到相邻的系列单元格，这时可以使用 for 循环方式处理，本节将以实例说明。

程序实例 ch9_8.py：扩充设计 ch9_3.py，用 for 循环计算深智公司每一季业绩的总计。

```
# ch9_8.py
import openpyxl
from openpyxl.utils import get_column_letter

fn = "data9_3.xlsx"
wb = openpyxl.load_workbook(fn)
ws = wb.active
for i in range(3,7):
    ch = get_column_letter(i)          # 将数字转成列号
    index = ch + str(7)
    start_index = ch + str(4)
    end_index = ch + str(6)
    ws[index] = "=SUM({}:{})".format(start_index,end_index)
wb.save("out9_8.xlsx")
```

执行结果　开启 out9_8.xlsx 可以得到如下结果。

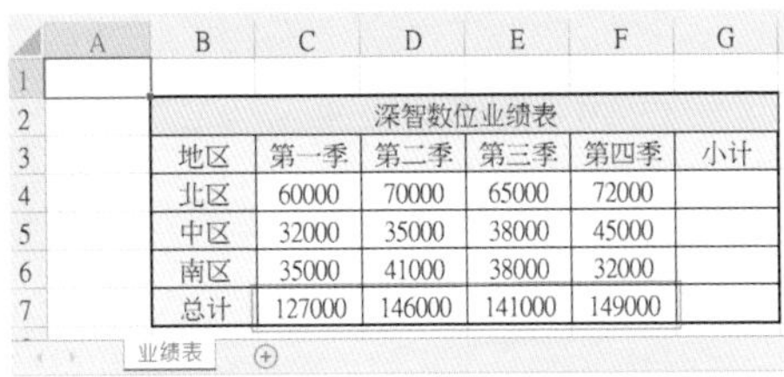

	A	B	C	D	E	F	G
1							
2		深智数位业绩表					
3		地区	第一季	第二季	第三季	第四季	小计
4		北区	60000	70000	65000	72000	
5		中区	32000	35000	38000	45000	
6		南区	35000	41000	38000	32000	
7		总计	127000	146000	141000	149000	

业绩表

上述程序需要注意的是，尽管我们计算了 start_index 和 end_index 的单元格位置的数据，但是无法将变量应用到公式内，也就是无法使用下列方式直接套用公式。

```
"SUM(start_index:end_index)"
```

取而代之的是使用 format( ) 功能搭配 { }，将单元格位置的字符串代入 SUM( ) 公式，读者可以参考第 13 行。

程序实例 ch9_9.py：扩充设计 ch9_6.py，使用 for 循环读取 data9_6.xlsx，计算所有产品的排名。

```
1  # ch9_9.py
2  import openpyxl
3  from openpyxl.formula.translate import Translator
4
5  fn = "data9_6.xlsx"
6  wb = openpyxl.load_workbook(fn)
7  ws = wb.active
8
9  for i in range(4,10):
10     index = 'D' + str(i)
11     e_index = 'E' + str(i)
12     ws[e_index] = "=RANK({},$D$4:$D$9)".format(index)
13 wb.save("out9_9.xlsx")
```

执行结果 开启 out9_9.xlsx 可以得到如下结果。

百货公司产品销售报表			
产品编号	名称	销售数量	排名
A001	香水	56	2
A003	口红	72	1
B004	皮鞋	27	6
C001	衬衫	32	5
C003	西装裤	41	4
D002	领带	50	3

上述程序最重要的是第 12 行的公式，如下：

```
"=RANK({ },$D$4:$D9)".format(index)
```

在公式中 $D$4:$D$9 代表这是绝对地址。

9-6 公式的复制

前一小节笔者介绍了使用循环方式，将公式应用在相邻的单元格。openpyxl 模块也提供了复制公式函数 Translator( )，有时也称翻译公式，这个函数功能有两个，如下：

（1）公式复制；

（2）公式内的参考单元格转译。

这时会有两个状况，如果公式所参考的单元格区间是相对地址，此地址会随着新公式地址转译。如果所参考的单元格区间是绝对地址，则复制公式时直接复制此地址。使用 Translator( ) 前必须先导入 Translator 模块，如下：

```
from openpyxl.formula.translate import Translator
```

若是以 ch9_3.py 的执行结果 out9_3.py 为例，可以看到下列表格。

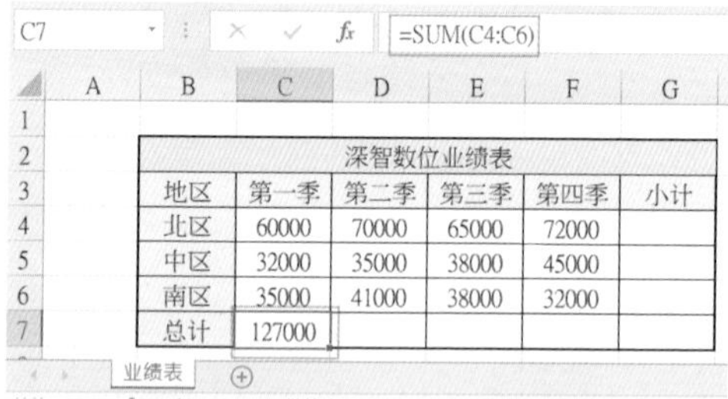

C7 =SUM(C4:C6)

深智数位业绩表					
地区	第一季	第二季	第三季	第四季	小计
北区	60000	70000	65000	72000	
中区	32000	35000	38000	45000	
南区	35000	41000	38000	32000	
总计	127000				

从上图可以知道，C7 单元格的公式内容如下：

```
ws['C7'] = "=SUM(C4:C6)"
```

从上述可以看到 C7 单元格的值是 3 个单元格 (C4:C6) 的总和。

若是想将 C7 单元格的公式复制到 D7 单元格，相当于要获得 D7 单元格也是 3 个单元格 (C4:C6) 的总和，如下所示：

```
ws[ 'D7' ] = "=SUM(D4:D6)"
```

Translator( ) 函数有 2 个参数，语法如下：

Translator(公式 , origin=" 原地址 ").translate_formula(" 新地址 ")

- 公式：是要被复制的完整公式。
- origin：含被复制公式的地址。

此外，还需要使用 translate_formula( ) 函数当作属性，此函数的参数是目的地址，这个地址会影响到公式和地址的复制。

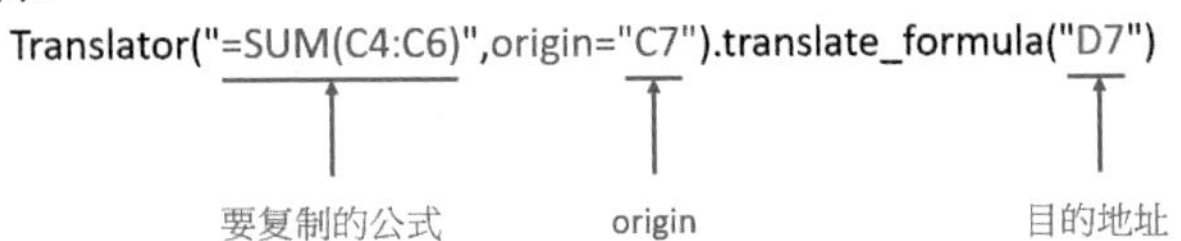

程序实例 ch9_10.py：扩充设计 ch9_3.py，将 C7 单元格的公式复制到 D7:F7。

```
# ch9_10.py
import openpyxl
from openpyxl.formula.translate import Translator

fn = "data9_3.xlsx"
wb = openpyxl.load_workbook(fn)
ws = wb.active
ws['C7'] = "=SUM(C4:C6)"
ws['D7'] = Translator("=SUM(C4:C6)",
                      origin="C7").translate_formula("D7")
ws['E7'] = Translator("=SUM(C4:C6)",
                      origin="C7").translate_formula("E7")
ws['F7'] = Translator("=SUM(C4:C6)",
                      origin="C7").translate_formula("F7")
wb.save("out9_10.xlsx")
```

执行结果　开启 out9_10.xlsx 可以得到如下结果。

	A	B	C	D	E	F	G
1							
2		深智数位业绩表					
3		地区	第一季	第二季	第三季	第四季	小计
4		北区	60000	70000	65000	72000	
5		中区	32000	35000	38000	45000	
6		南区	35000	41000	38000	32000	
7		总计	127000	146000	141000	149000	

业绩表

上述实例所复制的公式是内含相对地址，如果公式内含绝对地址，整个复制公式概念也是一样，可以参考如下实例。

程序实例 ch9_11.py：使用公式复制的概念重新设计 ch9_9.py，列出百货公司产品的销售排名。

```
# ch9_11.py
import openpyxl
from openpyxl.formula.translate import Translator

fn = "data9_6.xlsx"
wb = openpyxl.load_workbook(fn)
ws = wb.active
ws['E4'] = "=RANK(D4,$D$4:$D$9)"
for i in range(5,10):
    index = 'E' + str(i)
    ws[index] = Translator("=RANK(D4,$D$4:$D$9)",
                           origin="E4").translate_formula(index)
wb.save("out9_11.xlsx")
```

执行结果 开启 out9_11.xlsx 可以得到如下结果。

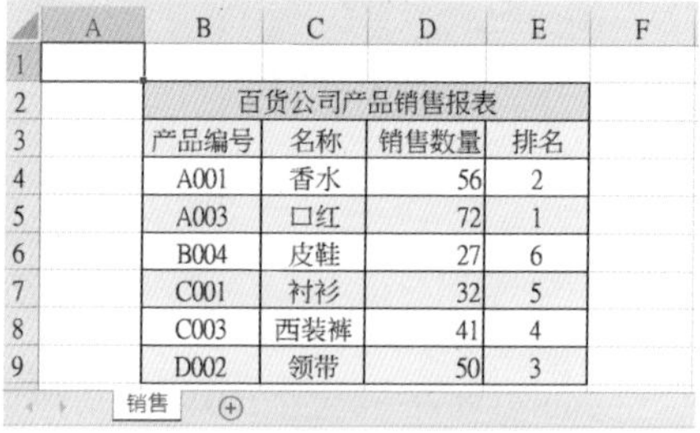

	A	B	C	D	E	F
1						
2		百货公司产品销售报表				
3		产品编号	名称	销售数量	排名	
4		A001	香水	56	2	
5		A003	口红	72	1	
6		B004	皮鞋	27	6	
7		C001	衬衫	32	5	
8		C003	西装裤	41	4	
9		D002	领带	50	3	

销售

第 1 0 章

设定条件格式

10-1 加入条件格式的函数
10-2 色阶设定
10-3 数据条
10-4 图标集

使用 Excel 时，若是执行开始→样式→条件格式，可以看到设定单元格的指令，如右图所示。

这一章笔者将说明如何使用 Python 与 openpyxl 模块操作上述条件格式。

10-1 加入条件格式的函数

要对符合条件的单元格定义格式，需要使用如下函数：

```
ws.conditional_formatting.add(cell_range, rule)
```

上述函数参数意义如下：

- cell_range：要进行格式定义的单元格区间。
- rule：格式定义的规则，这个部分就是本章的重点。

Excel 本身就有一系列格式规则，openpyxl 模块可以充分应用这些函数。此外，也有函数可以让我们设定格式规则，这样就可以创建丰富多彩的 Excel 报表。

10-2 色阶设定

在 Excel 窗口执行开始→样式→条件格式→色阶→其他规则，如右图所示。

如果格式样式选双色刻度，可以看到右图所示的对话框。

如果格式样式选三色刻度，可以看到右图所示的对话框。

10-2-1　ColorScaleRule( ) 函数

Python 程序语言配合 openpyxl 模块可以使用 ColorScaleRule( ) 函数执行色彩刻度设定，这个函数的语法如下：

```
ColorScaleRule(start_type, start_value, start_color,
               mid_type, mid_value, mid_color,
               end_type, end_value, end_color)
```

上述参数与 Excel 对话框的相关意义可以参考下图。

参数意义如下：

- start_type：可以是 'min'（最小值）、'num'（数字）、'formula'（公式）、'percentile'（百分位数）、'percent'（百分比），表示起始数据值样式。
- start_value：设定起始值，如果 start_type 设定为 'min' 则可以省略此设定，或是设为 None。
- start_color：可设定起始颜色，可以使用 '000000' 颜色 (RGB)。
- mid_type：可以是 'num' 'formula' 'percentile' 'percent' 表示中间数据样式。
- mid_value：设定中间值。
- mid_color：设定中间颜色，可以使用 '000000' 颜色 (RGB)。
- end_type：可以是 'max' 'num' 'formula' 'percentile' 'percent'，表示结束数据值样式。
- end_value：设定结束值，如果 start_type 设定为 'max' 则可以省略此设定，或是设为 None。
- end_color：可设定结束颜色。

上述 9 个参数可以设定三色刻度，如果想要设定双色刻度可以省略 mid_type、mid_value 和 mid_color 参数即可，不过一个窗体如果使用三色刻度可以让色彩渐变过程更柔和。

在使用 ColorScaleRule( ) 函数前需要导入 ColorScaleRule 模块，如下：

```
from openpyxl.formatting.rule import ColorScaleRule
```

程序实例 ch10_1.py：设定双色刻度和三色刻度的应用，工作簿 data10_1.xlsx 成绩单工作表内容如下所示。

	A	B	C	D	E	F	G
1	姓名	国文	英文	数学	自然	社会	总分
2	王韵方	50	83	30	72	10	245
3	曹琼方	85	79	40	58	25	287
4	陈怡安	66	30	70	76	88	330
5	洪冰儒	100	86	98	100	84	468
6	张育豪	63	91	20	63	74	311
7	陈少杰	67	75	50	30	84	306
8	陈致嘉	92	90	70	92	100	444
9	郑雅文	30	40	70	84	84	308
10	李硕	80	79	90	94	30	373

成绩单

这个程序会将 B2:F10 单元格区间用三色改变格式：最低值用红色 (FF0000)，中间值用黄色 (FFFF00)，最高值用绿色 (00FF00)。

G2:G10 单元格区间用双色改变格式：最低值用橘色 (FFA500)，最高值用绿色 (00FF00)。

```
# ch10_1.py
import openpyxl
from openpyxl.formatting.rule import ColorScaleRule

fn = "data10_1.xlsx"
wb = openpyxl.load_workbook(fn)
ws = wb.active

#使用 2 种色阶
ws.conditional_formatting.add('G2:G10',
    ColorScaleRule(start_type='min', start_color='FFA500',
                   end_type='max',end_color='00FF00'))

#使用 3 种色阶
ws.conditional_formatting.add('B2:F10',
    ColorScaleRule(start_type='min',start_value=None,start_color='FF0000',
                   mid_type='percentile',mid_value=50,mid_color='FFFF00',
                   end_type='max',end_value=None,end_color='00FF00'))

wb.save('out10_1.xlsx')
```

执行结果 开启 out10_1.xlsx 可以得到如下结果。

	A	B	C	D	E	F	G
1	姓名	国文	英文	数学	自然	社会	总分
2	王韵方	50	83	30	72	10	245
3	曹琼方	85	79	40	58	25	287
4	陈怡安	66	30	70	76	88	330
5	洪冰儒	100	86	98	100	84	468
6	张育豪	63	91	20	63	74	311
7	陈少杰	67	75	50	30	84	306
8	陈致嘉	92	90	70	92	100	444
9	郑雅文	30	40	70	84	84	308
10	李硕	80	79	90	94	30	373

成绩单

10-2-2 ColorScale( ) 函数

Python 程序语言配合 openpyxl 模块也可以使用 ColorScale( ) 函数和 Rule( ) 函数执行色彩刻度设定，色彩刻度原理和前一小节相同，是使用最小值 (min)、中间值 (mid) 和最大值 (max) 组成，但是需分成两个步骤：

步骤 1：建立 ColorScale 对象。

要建立 ColorScale 对象需要使用 ColorScale( ) 函数，该函数的语法如下：

```
colorscale_obj = ColorScale(cfvo, color)
```

上述参数相关意义如下：

- cfvo：建立 FormatObject 对象列表，列表元素是最小值 (min)、中间值 (mid) 和最大值

(max)，这些元素皆是 FormatObject 对象，可以参考下图。

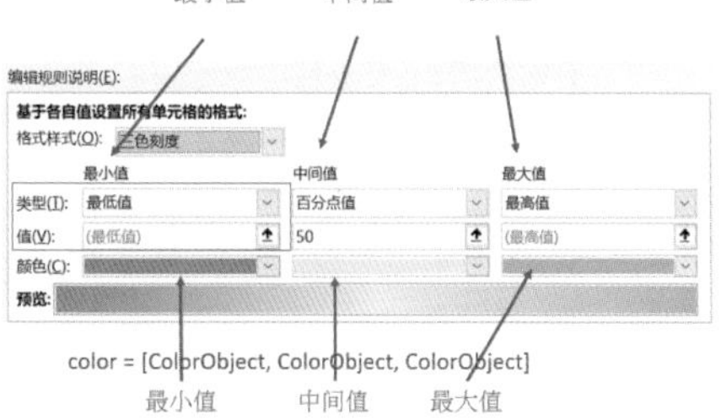

要产生 FormatObject 对象需使用 FormatObject( ) 函数，可以参考下列实例：

```
start = FormatObject(type='min')
mid = FormatObject(type='num', val=50)              # val 值可以按需要设定
end = FormatObject(type='max')
```

然后用 cfvos 变量组成列表：

```
cvfos = [start, mid, end]                            # cfvos 名称可以自行决定
```

- color：建立 ColorObject 对象列表，列表元素是最小值 (min)、中间值 (mid) 和最大值 (max)，这些元素皆是 ColorObject 对象，相关概念可以参考上图。要产生 ColorObject 对象需使用 Color( ) 函数，可以参考下列实例：

```
colors = [Color('FFFF00'), Color('F0F8FF'), Color('00FF00')]
```

上述 colors 名称可以自行决定，有了上述参数，可以用 ColorScale( ) 函数建立 ColorScale 对象，如下：

```
colorscale_obj = ColorScale(cfvo=cfvos, color=colors)
```

要使用上述 ColorScale( ) 函数需要导入 ColorScale 模块，可以参考下列指令：

```
from openpyxl.formatting.rule import ColorScale
```

步骤 2：建立 Rule 对象。

要建立 Rule 对象需要使用 Rule( ) 函数，这个函数的语法如下：

```
rule_obj = Rule(type, colorScale)
```

上述函数参数意义如下：

- type：格式定义条件，可以设为 'colorScale'。
- colorScale：可以参考步骤 1，设定 ColorScale 对象。

若是延续步骤 1，可以使用下列指令建立 Rule 对象：

```
rule = Rule(type='colorScale', colorScale=colorscale_obj)
```

要使用上述 Rule( ) 函数需要导入 Rule 模块，可以参考下列指令：

```
from openpyxl.formatting.rule import Rule
```

程序实例 ch10_2.py：使用 ColorScale( ) 和 Rule( ) 函数建立三色刻度，工作簿 data10_2.xlsx 业绩表工作表内容如下图所示。

	A	B	C	D	E	F
1						
2		深智数字业务员销售业绩表				
3		姓名	一月	二月	三月	总计
4		李安	4560	5152	6014	15726
5		李连杰	8864	6799	7842	23505
6		成祖名	5797	4312	5500	15609
7		张曼玉	4234	8045	7098	19377
8		田中千绘	7799	5435	6680	19914
9		周华健	9040	8048	5098	22186
10		张学友	7152	6622	7452	21226

业绩表

```
# ch10_2.py
import openpyxl
from openpyxl.styles import Color
from openpyxl.formatting.rule import ColorScale, FormatObject
from openpyxl.formatting.rule import Rule

fn = "data10_2.xlsx"
wb = openpyxl.load_workbook(fn)
ws = wb.active

# 建立FormatObject列表
start = FormatObject(type='min')
mid = FormatObject(type='num',val=6000)
end = FormatObject(type='max')
cfvos = [start, mid, end]
# 建立ColorObject列表
colors = [Color('FFFF00'),Color('F0F8FF'),Color('00FF00')]
# 建立ColorScale对象
colorscale_obj = ColorScale(cfvo=cfvos,color=colors)
# 建立Rule对象
rule = Rule(type='colorScale',colorScale=colorscale_obj)
# 执行设定
ws.conditional_formatting.add('C4:E10',rule)
# 存储结果
wb.save('out10_2.xlsx')
```

执行结果 开启 out10_2.xlsx 可以得到如下结果。

	A	B	C	D	E	F
1						
2		深智数字业务员销售业绩表				
3		姓名	一月	二月	三月	总计
4		李安	4560	5152	6014	15726
5		李连杰	8864	6799	7842	23505
6		成祖名	5797	4312	5500	15609
7		张曼玉	4234	8045	7098	19377
8		田中千绘	7799	5435	6680	19914
9		周华健	9040	8048	5098	22186
10		张学友	7152	6622	7452	21226

业绩表

注 10-2-1 节使用 ColorScaleRule( ) 函数，10-2-2 节使用 ColorScale( ) 函数搭配 Rule( ) 函数完成色彩刻度设定，未来读者可以依个人喜好自行决定所使用的方法。

10-3 数据条

在 Excel 窗口执行开始→样式→条件格式→数据条→其他规则，如下图所示。

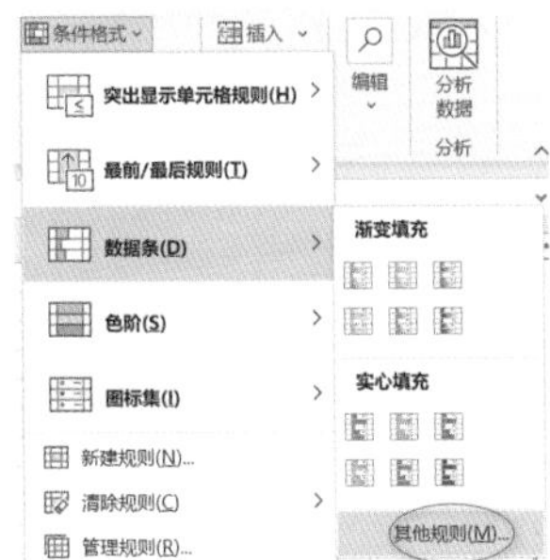

可以看到新建格式规则对话框，此对话框的下半部如下图所示。

10-3-1 DataBarRule( ) 函数

Python 程序语言配合 openpyxl 模块可以使用 DataBarRule( ) 函数执行数据条的设定，该函数的语法如下：

```
DataBarRule(start_type, start_value, end_type, end_value,
          color, showvalue, minLength, maxLength)
```

上述参数与 Excel 对话框的相关意义可以参考下图。

参数意义如下：

- start_type：可以是 'min' 'num' 'formula' 'percentile' 'percent'，表示起始数据值样式，默认是 None 表示自动。
- start_value：设定起始值，如果 start_type 设定 'min' 则可以省略此设定，或是设为 None。
- end_type：可以是 'max' 'num' 'formula' 'percentile' 'percent'，表示结束数据值样式。

- end_value：设定结束值，如果 start_type 设定‘max’则可以省略此设定，或是设为 None。
- color：设定数据条的颜色，可以是‘000000’(RGB) 色彩，预设是 None。
- showValue：显示值，默认是 None。
- minLength：数据条开始位置，0 为左边，值越大则越向右边移动，预设是 None。
- maxLength：数据条结束位置，100 为右边，值越小则越向左边移动，预设是 None。

在使用 DataBarRule( ) 函数前需要导入 DataBarRule 模块，如下：

```
from openpyxl.formatting.rule import DataBarRule
```

程序实例 ch10_3.py：设定数据条的应用，工作簿 data10_3.xlsx 的 Data 工作表内容如下图所示。

	A	B	C	D	E	F
1	63	33	47		10	
2	92	78	66		20	
3	38	100	80		30	
4	37	92	90		40	
5	55	46	53		50	
6	61	18	42		60	
7	18	26	74		70	
8	88	11	9		80	
9	41	80	12		90	
10	52	9	33		100	

Data

```
# ch10_3.py
import openpyxl
from openpyxl.formatting.rule import DataBarRule

fn = "data10_3.xlsx"
wb = openpyxl.load_workbook(fn)
ws = wb.active
# 建立 A1:C10 数据横条
rule1 = DataBarRule(start_type='min',start_value=None,
                    end_type='max', end_value=None,
                    color="0000FF",
                    minLength=None, maxLength=None)
ws.conditional_formatting.add("A1:C10", rule1)

# 建立 E1:E10 数据横条
rule2 = DataBarRule(start_type='min',start_value=None,
                    end_type='max', end_value=None,
                    color="00FF00",
                    minLength=None, maxLength=None)
ws.conditional_formatting.add("E1:E10", rule2)
wb.save('out10_3.xlsx')            # 将工作簿存储
```

执行结果 开启 out10_3.xlsx 可以得到如下结果。

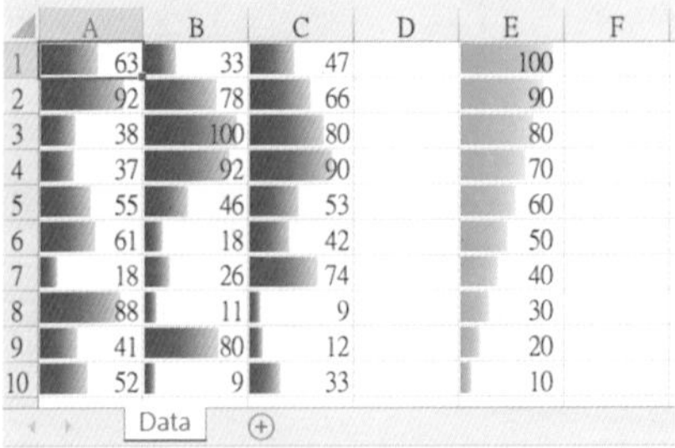

	A	B	C	D	E	F
1	63	33	47		100	
2	92	78	66		90	
3	38	100	80		80	
4	37	92	90		70	
5	55	46	53		60	
6	61	18	42		50	
7	18	26	74		40	
8	88	11	9		30	
9	41	80	12		20	
10	52	9	33		10	

Data

10-3-2　DataBar( ) 函数

Python 程序语言配合 openpyxl 模块也可以使用 DataBar( ) 函数和 Rule( ) 函数执行数据横条设定，数据横条原理和前一小节相同，但是需分成两个步骤：

步骤 1：建立 DataBar 对象。

要建立 DataBar 对象需要使用 DataBar( ) 函数，这个函数的语法如下：

```
DataBar_obj = DataBar(cfvo, color, minLength, MaxLength)
```

上述参数相关意义如下：

- cfvo：建立 FormatObject 对象列表，列表元素是最小值 (min) 和最大值 (max)，这些元素皆是 FormatObject 对象，可以参考下图。

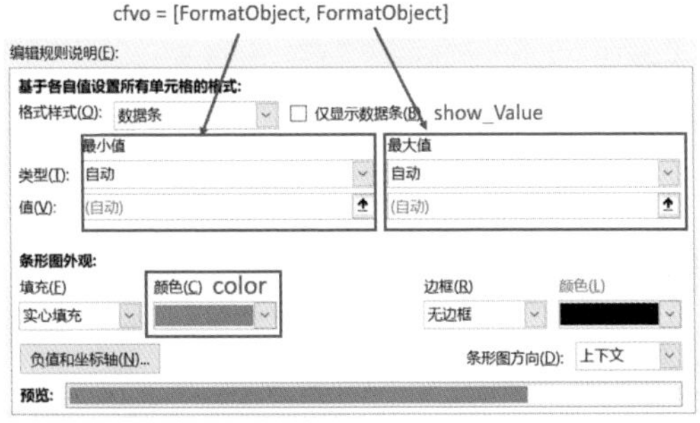

要产生 FormatObject 对象须使用 FormatObject( ) 函数，可以参考如下实例：

```
start = FormatObject(type='min')
end = FormatObject(type='max')
```

然后用 cfvos 变量组成列表：

```
cvfos = [start, end]                # cfvos 名称可以自行决定
```

- color：设定数据条的颜色，可以是‘000000’(RGB) 色彩，预设是 None。
- showValue：显示值，默认是 None。
- minLength：数据条开始位置，0 为左边，值越大则越向右边移动，预设是 None。
- minLength：数据条结束位置，100 为左边，值越小则越向左边移动，预设是 None。

有了上述参数，可以用 DataBar( ) 函数建立 DataBar 对象，如下：

```
databar_obj = DataBar(cfvo=cfvos, color='0000FF', minLength=None,
                      maxLength=None)
```

要使用上述 DataBar( ) 函数需要导入 DataBar 模块，可以参考下列指令：

```
from openpyxl.formatting.rule import DataBar
```

步骤 2：建立 Rule 对象。

要建立 Rule 对象需要使用 Rule( ) 函数，这个函数的语法如下：

```
rule_obj = Rule(type, dataBar)
```

上述函数参数意义如下：

- type：格式定义条件，可以设为‘dataBar’。
- dataBar：可以参考步骤 1，设定 DataBar 对象。

若是延续步骤 1，可以使用下列指令建立 Rule 对象：

```
rule = Rule(type='dataBar', dataBar=databar_obj)
```

要使用上述 Rule( ) 函数需要导入 Rule 模块，可以参考下列指令：

```
from openpyxl.formatting.rule import Rule
```

程序实例 ch10_4.py：使用 DataBar( ) 和 Rule( ) 函数重新设计 ch10_3.py。

```
# ch10_4.py
import openpyxl
from openpyxl.formatting.rule import DataBar, FormatObject
from openpyxl.formatting.rule import Rule

fn = "data10_3.xlsx"
wb = openpyxl.load_workbook(fn)
ws = wb.active

# 建立 FormatObject 列表
start = FormatObject(type='min')
end = FormatObject(type='max')
cfvos = [start, end]
# 建立 DataBar 对象，建立 Rule1 对象和执行设定 1
databar_obj = DataBar(cfvo=cfvos,color='0000FF')
rule1 = Rule(type='dataBar',dataBar=databar_obj)
ws.conditional_formatting.add('A1:C10',rule1)

# 建立 DataBar 对象，建立 Rule2 对象和执行设定 2
databar_obj = DataBar(cfvo=cfvos,color='00FF00')
rule2 = Rule(type='dataBar',dataBar=databar_obj)
ws.conditional_formatting.add('E1:E10',rule2)

# 存储结果
wb.save('out10_4.xlsx')
```

执行结果 开启 out10_4.xlsx 可以得到与 out10_3 相同的结果。

10-4 图标集

在 Excel 窗口执行开始→样式→条件格式→图标集→其他规则，如下图所示。

可以看到新建格式规则对话框，此对话框的下半部如下图所示。

10-4-1 IconSetRule( ) 函数

Python 程序语言配合 openpyxl 模块可以使用 IconSetRule( ) 函数执行图标集的设定，该函数的语法如下：

```
IconSetRule(icon_type, type, values, showValue, reverse)
```

上述参数与 Excel 对话框的相关意义可以参考下图。

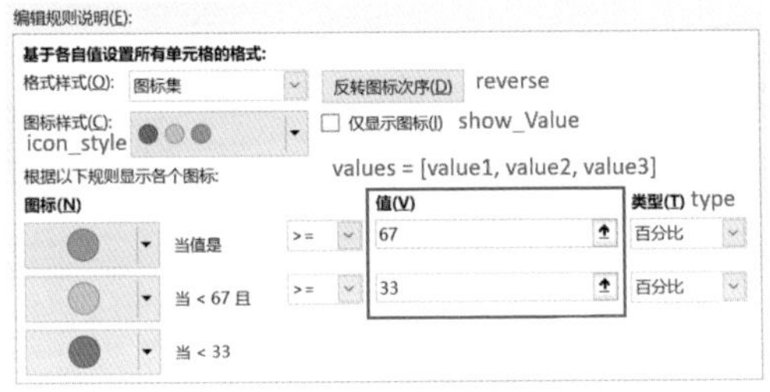

参数意义如下：

- icon_type：图标类型，具体可以参考下图。

上述有几个图标是空的，原因是 openpyxl 官方手册未定义。

- type：可以是 'max' 'num' 'formula' 'percentile' 'percent'，表示结束数据值样式。
- values：设定图标渐变分类的阈值，需依据图标数量设定阈值。
- showValue：显示值，默认是 None。
- reverse：反转图标顺序，默认是 None。

在使用 IconSetRule( ) 函数前需要导入 IconSetRule 模块，如下：

```
from openpyxl.formatting.rule import IconSetRule
```

程序实例 ch10_5.py：使用工作簿 data10_3.xlsx 设定图标集的应用。

```
# ch10_5.py
import openpyxl
from openpyxl.formatting.rule import IconSetRule

fn = "data10_3.xlsx"
wb = openpyxl.load_workbook(fn)
ws = wb.active
# 建立 A1:A10 数据横条
rule1 = IconSetRule(icon_style='3Flags',
                    type='percent',
                    values=[0,33,67],reverse=None)
ws.conditional_formatting.add("A1:A10",rule1)

# 建立 B1:B10 数据横条
rule2 = IconSetRule(icon_style='3TrafficLights1',
                    type='percent',
                    values=[0,33,67],reverse=None)
ws.conditional_formatting.add("B1:B10",rule2)

# 建立 B1:B10 数据横条
rule3 = IconSetRule(icon_style='4Arrows',
                    type='percent',
                    values=[0,25,50,75],reverse=None)
ws.conditional_formatting.add("C1:C10",rule3)

# 建立 E1:E10 数据横条
rule4 = IconSetRule(icon_style='5Rating',
                    type='percent',
                    values=[0,20,40,60,80],reverse=None)
ws.conditional_formatting.add("E1:E10", rule4)

wb.save('out10_5.xlsx')              # 将工作簿存储
```

执行结果 开启 out10_5.xlsx 可以得到如下结果。

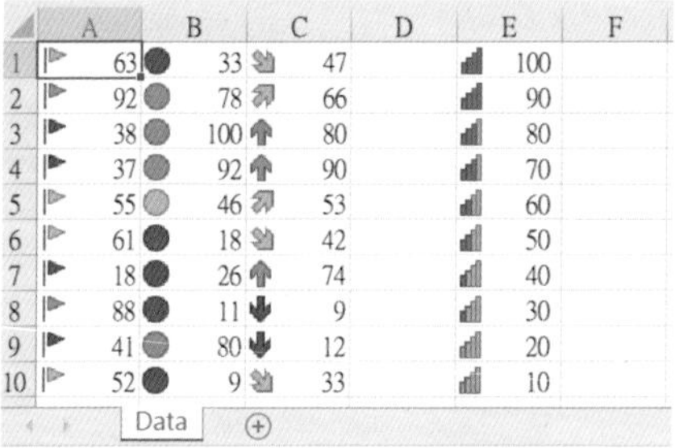

	A	B	C	D	E	F
1	63	33	47		100	
2	92	78	66		90	
3	38	100	80		80	
4	37	92	90		70	
5	55	46	53		60	
6	61	18	42		50	
7	18	26	74		40	
8	88	11	9		30	
9	41	80	12		20	
10	52	9	33		10	

Data

10-4-2 IconSet( ) 函数

Python 程序语言配合 openpyxl 模块也可以使用 IconSet( ) 函数和 Rule( ) 函数执行图标集设定，图标集原理和前一小节相同，但是需分成两个步骤：

步骤 1：建立 IconSet 对象。

要建立 IconSet 对象需要使用 IconSet( ) 函数，该函数的语法如下：

```
iconSet_obj = DataBar(iconSet, cfvo, showValue, reverse)
```

上述参数相关意义如下：

- iconSet：可以参考 10-4-1 节的 icon_type。

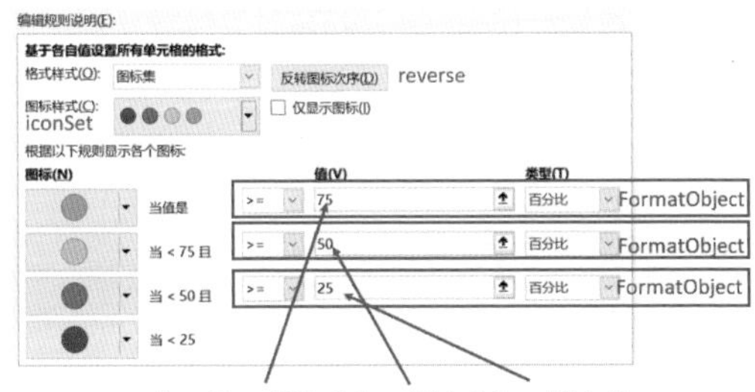

- cfvo：建立 FormatObject 对象列表，列表元素是最小值 (min) 和最大值 (max)，这些元素皆是 FormatObject 对象，列表元素数量是集合的图标数量，可以参考上图。

  要产生 FormatObject 对象需使用 FormatObject( ) 函数，这个函数有 2 个参数，语法如下：

```
FormatObject(type, val)
```

上述 type 常用的是 percent，val 则是图标渐变分类的阈值，若以 4 个图标的图标集为例，可以参考下列实例：

```
start = FormatObject(type='percent', val=0)
second = FormatObject(type='percent', val=33)
end = FormatObject(type='perent', val=67)
```

然后用 cfvos 变量组成列表：

```
cvfos = [start, second, end]                # cfvos 名称可以自行决定
```

- showValue：显示值，默认是 None。
- reverse：反转图标顺序，默认是 None。

  有了上述参数，可以用 IconSet( ) 函数建立 IconSet 对象，如下：

```
iconset_obj = IconSet(iconSet='4RedToBlack', cfvo=cfvos, showValue=None,
                      reverse=None)
```

要使用上述 IconSet( ) 函数需要导入 IconSet 模块，可以参考下列指令：

```
from openpyxl.formatting.rule import IconSet
```

步骤 2：建立 Rule 对象。

要建立 Rule 对象需要使用 Rule( ) 函数，这个函数的语法如下：

```
rule_obj = Rule(type, iconSet)
```

上述函数参数意义如下：

- type：格式定义条件，可以设为‘iconSet’。
- iconSet：可以参考步骤 1，设定 IconSet 对象。

  若是延续步骤 1，可以使用下列指令建立 Rule 对象：

```
rule = Rule(type='iconSet', iconSet=iconset_obj)
```

要使用上述 Rule( ) 函数需要导入 Rule 模块，可以参考下列指令：

```
from openpyxl.formatting.rule import Rule
```

程序实例 ch10_6.py：使用工作簿 data10_3.xlsx 的 Data 工作表，同时用 IconSet( ) 和 Rule( ) 函数设计 4 个图标集，每个图标集皆含 4 个图标。

```
# ch10_6.py
import openpyxl
from openpyxl.formatting.rule import IconSet, FormatObject
from openpyxl.formatting.rule import Rule

fn = "data10_3.xlsx"
wb = openpyxl.load_workbook(fn)
ws = wb.active

# 建立 FormatObject 列表
start = FormatObject(type='percent',val=0)
second = FormatObject(type='percent',val=25)
third = FormatObject(type='percent',val=50)
end = FormatObject(type='percent',val=75)
cfvos = [start,second,third,end]
# 建立 IconSet 对象, 建立 Rule1 对象和执行设定 1
iconset = IconSet(iconSet='4Arrows', cfvo=cfvos,
                  showValue=None, reverse=None)
rule = Rule(type='iconSet', iconSet=iconset)
ws.conditional_formatting.add("A1:A10", rule)

# 建立 IconSet 对象, 建立 Rule2 对象和执行设定 2
iconset_obj = IconSet(iconSet='4Rating',cfvo=cfvos,
                      showValue=None,reverse=None)
rule2 = Rule(type='iconSet',iconSet=iconset_obj)
ws.conditional_formatting.add('B1:B10',rule2)

# 建立 IconSet 对象, 建立 Rule3 对象和执行设定 3
iconset_obj = IconSet(iconSet='4TrafficLights',cfvo=cfvos,
                      showValue=None,reverse=None)
rule3 = Rule(type='iconSet',iconSet=iconset_obj)
ws.conditional_formatting.add('C1:C10',rule3)

# 建立 IconSet 对象, 建立 Rule4 对象和执行设定 4
iconset_obj = IconSet(iconSet='4ArrowsGray',cfvo=cfvos,
                      showValue=None,reverse=None)
rule4 = Rule(type='iconSet',iconSet=iconset_obj)
ws.conditional_formatting.add('E1:E10',rule4)
# 存储结果
wb.save('out10_6.xlsx')
```

执行结果 开启 out10_6.xlsx 可以得到如下结果。

	A	B	C	D	E
1	63	33	47		100
2	92	78	66		90
3	38	100	80		80
4	37	92	90		70
5	55	46	53		60
6	61	18	42		50
7	18	26	74		40
8	88	11	9		30
9	41	80	12		20
10	52	9	33		10

Data

第 1 1 章

凸显符合条件的数据

使用 Excel 时，执行开始→样式→条件格式，其中数据条、色阶与图标集已经在前一章解说过，这一章笔者将说明如何使用 Python 与 openpyxl 模块操作下列功能。

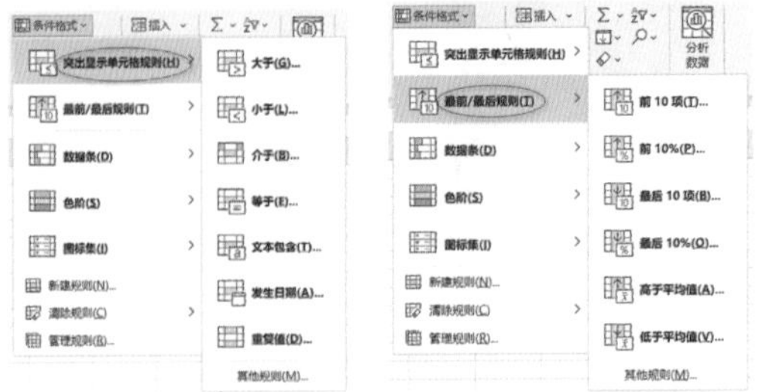

上述功能，基本概念是在选取的数据中凸显符合条件的数据。

11-1 凸显符合条件的数值数据

在 Excel 窗口请执行开始→样式→条件格式→新建规则指令，出现新建格式规则对话框，在选择规则类型列表框请选择只为包含以下内容的单元格设置格式，可以看到编辑规则说明，如下图所示。

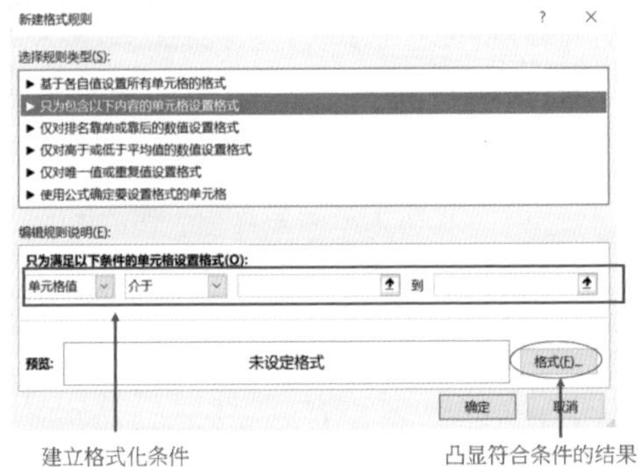

这一节主要解说使用 Rule( ) 函数建立格式定义条件，然后使用 differentialStyle( ) 函数建立凸显的结果。

11-1-1 格式功能按钮

在编辑规则说明中可以看到格式按钮，单击这个按钮可以看到设置单元格格式对话框，如下图所示。

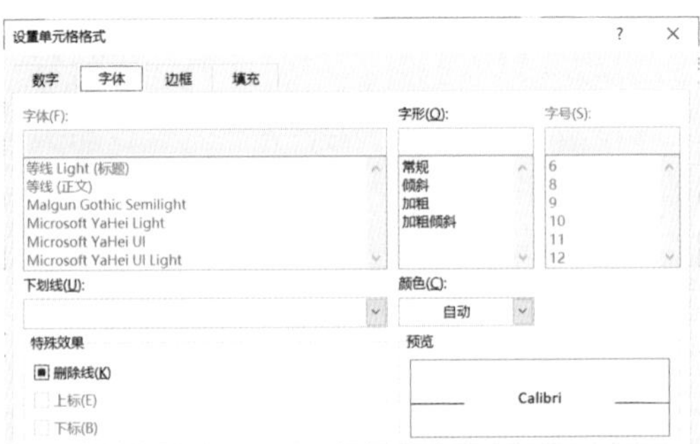

在这个对话框可以设定许多信息，例如：字体 (Font)、数字 (Number Formatting)、填充 (Fill)、对齐 (Alignment)、边框 (Border) 等。其实 openpyxl 模块凸显单元格的结果，就是类似上述设置单元格格式对话框的功能。

Python 搭配 openpyxl 模块可以使用 DifferentialStyle( ) 函数执行凸显结果的单元格设定，此函数的回传值是 DifferentialStyle 对象，假设对象名称是 dxf，则此函数的语法如下 (需先导入模块 DifferentialStyle)：

```
from openpyxl.styles.differential imort DifferentialStyle    # 导入模块
dxf = DifferentialStyle(font, numFmt, fill, alignment, border, protection)
```

上述参数用法其实部分是第 6 章单元格样式的内容，部分是第 7 章、第 8 章的内容，说明如下：

- font：设定 Font 对象，可以参考 6-2 节。
- numFmt：设定 NumberFormatting 对象，可以参考 8-3 节。
- fill：设定 Fill 对象，可以参考 6-4 节。
- alignment：设定 Alignment 对象，可以参考 6-5 节。
- border：设定 Border 对象，可以参考 6-3 节。
- protection：设定 Protection 对象，可以参考 7-6-1 节。

11-1-2　设定凸显单元格的条件

设定凸显单元格的条件及凸显结果所使用的是 Rule( ) 函数，前一章有多次使用 Rule( ) 函数，设定凸显单元格的条件所使用 Rule( ) 函数的语法如下：

```
rule = Rule(type, operator, formula, dxf)
```

上述回传是 Rule 对象，笔者假设是 rule，至于各参数的意义，下列是相较于编辑规则说明框的参考说明。

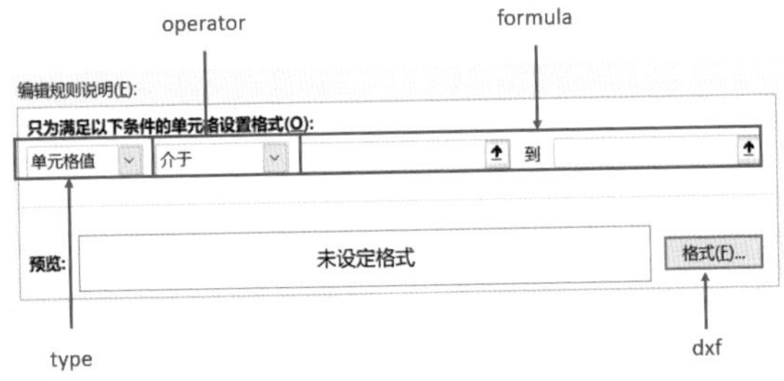

上述各参数说明如下：

- type：数据格式，常见的格式字符串如下：
  - 'cellIs'：单元格值，第 3 个和第 4 个字母是小写 i，第 5 个字母是大写 I。
  - 'timePeriod'：时间区间。
  - 'beginsWith'：特定字符串开头。
  - 'endsWidth'：特定字符串结尾。
  - 'containsText'：包含特定字符串。
  - 'notContainsText'：不包含特定字符串。
  - 'containsBlanks'：包含空格。
  - 'notcontainsBlanks'：不包含空格。

- operator：等号类型，可以参考下列说明：
  - ‘lessThan’：小于。
  - ‘lessThanOrEqual’：小于或等于。
  - ‘greaterThan’：大于。
  - ‘greaterThanOrEqual’：大于或等于。
  - ‘between’：介于。
  - ‘notBetween’：不介于。
  - ‘equal’：等于。
  - ‘notEqual’：不等于。
- formula：条件表达式是由 operator 和 formula 组成，operator 是等号类型，formula 是设定数值的区间。
- dxf：11-1-1 节 DifferentialStyle 对象，也就是设定符合条件表达式单元格的样式。

有了 Rule 对象 rule 后，就可以将此对象应用在 conditional_formatting.add( ) 函数，细节可以参考下一节的实例。

11-1-3 凸显成绩的应用

程序实例 ch11_1.py：工作簿 data11_1.xlsx 成绩工作表内容如下图所示。

	A	B	C	D
1	语文	英文	数学	
2	63	33	47	
3	92	78	66	
4	38	100	80	
5	37	92	90	
6	55	46	53	
7	61	18	42	
8	18	26	74	
9	88	11	9	
10	41	80	12	
11	52	9	33	

成绩表

设定成绩高于 80 分用粗体蓝色字，低于 60 分用红色背景粗体白色的字。

```
# ch11_1.py
import openpyxl
from openpyxl.formatting.rule import Rule
from openpyxl.styles.differential import DifferentialStyle
from openpyxl.styles import PatternFill, Font

fn = "data11_1.xlsx"
wb = openpyxl.load_workbook(fn)
ws = wb.active

# 定义低于60分的单元格格式
font = Font(bold=True,color='FFFFFF')                # 字体
bgRed = PatternFill(start_color='FF0000',
                    end_color='FF0000',
                    fill_type='solid')
dxf = DifferentialStyle(font=font,fill=bgRed)
# 应用低于60分的数据
rule = Rule(type='cellIs',operator='lessThan',
            formula=[60],dxf=dxf)
ws.conditional_formatting.add('A2:C11',rule)

# 定义大于或等于80分的单元格格式
font = Font(bold=True,color='0000FF')                # 字体
dxf = DifferentialStyle(font=font)
# 应用大于或等于80分的数据
rule = Rule(type='cellIs',operator='greaterThanOrEqual',
            formula=[80],dxf=dxf)
ws.conditional_formatting.add('A2:C11',rule)
# 存储结果
wb.save('out11_1.xlsx')
```

执行结果 开启 out11_1.xlsx 可以得到如下结果。

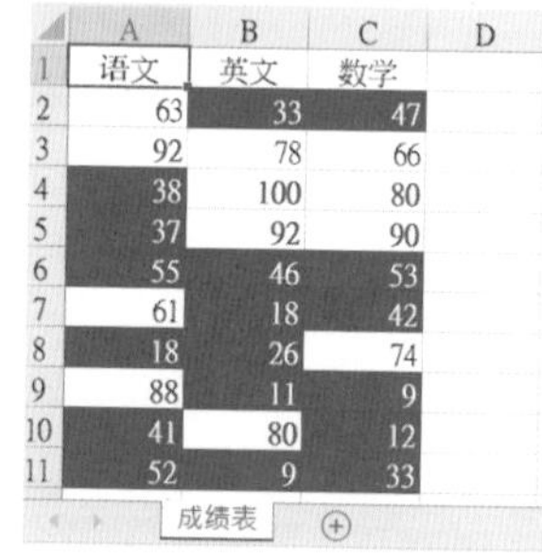

	A	B	C	D
1	语文	英文	数学	
2	63	33	47	
3	92	78	66	
4	38	100	80	
5	37	92	90	
6	55	46	53	
7	61	18	42	
8	18	26	74	
9	88	11	9	
10	41	80	12	
11	52	9	33	

成绩表

程序实例 ch11_2.py：设定 50(含)~59(含) 分的成绩是黄色底。

```
# ch11_2.py
import openpyxl
from openpyxl.formatting.rule import Rule
from openpyxl.styles.differential import DifferentialStyle
from openpyxl.styles import PatternFill, Font

fn = "data11_1.xlsx"
wb = openpyxl.load_workbook(fn)
ws = wb.active

# 定义50 ~ 60分的单元格格式
font = Font(bold=True)
bgRed = PatternFill(start_color='FFFF00',
                    end_color='FFFF00',
                    fill_type='solid')
dxf = DifferentialStyle(font=font,fill=bgRed)
# 应用50 ~ 60分的数据
rule = Rule(type='cellIs',operator='between',
            formula=[50,59],dxf=dxf)
ws.conditional_formatting.add('A2:C11',rule)

# 存储结果
wb.save('out11_2.xlsx')
```

执行结果　开启 out11_2.xlsx 可以得到如下结果。

	A	B	C	D
1	语文	英文	数学	
2	63	33	47	
3	92	78	66	
4	38	100	80	
5	37	92	90	
6	**55**	46	**53**	
7	61	18	42	
8	18	26	74	
9	88	11	9	
10	41	80	12	
11	**52**	9	33	

成绩表

11-1-4　Rule( ) 函数的 formula 公式

前面实例 formula 内含的是值或区间的值，也可以用相对或绝对单元格地址，也就是参考单元格的内容。

程序实例 ch11_3.py：工作簿 data11_3.xlsx 内有成绩表工作表，其中 E3 单元格是平均值，笔者设定为 51。

	A	B	C	D	E
1	国文	英文	数学		
2	63	33	47		平均成绩
3	92	78	66		51
4	38	100	80		
5	37	92	90		
6	55	46	53		
7	61	18	42		
8	18	26	74		
9	88	11	9		
10	41	80	12		
11	52	9	33		

成绩表

将大于或等于临界值设定为蓝色底、粗体白字。小于 60 分设为红色底、粗体白字。

```
import openpyxl
from openpyxl.formatting.rule import Rule
from openpyxl.styles.differential import DifferentialStyle
from openpyxl.styles import PatternFill, Font

fn = "data11_3.xlsx"
wb = openpyxl.load_workbook(fn)
ws = wb.active

# 定义低于平均成绩的单元格格式
font = Font(bold=True,color='FFFFFF')                    # 字体
bgRed = PatternFill(start_color='FF0000',
                    end_color='FF0000',
                    fill_type='solid')
dxf = DifferentialStyle(font=font,fill=bgRed)
# 应用低于平均成绩的数据
rule = Rule(type='cellIs',operator='lessThan',
            formula=['$E$3'],dxf=dxf)
ws.conditional_formatting.add('A2:C11',rule)

# 定义大于或等于平均成绩的单元格格式
font = Font(bold=True,color='FFFFFF')                    # 字体
bgBlue = PatternFill(start_color='0000FF',
                     end_color='0000FF',
                     fill_type='solid')
dxf = DifferentialStyle(font=font,fill=bgBlue)
# 应用大于或等于平均成绩的数据
rule = Rule(type='cellIs',operator='greaterThanOrEqual',
            formula=['$E$3'],dxf=dxf)
ws.conditional_formatting.add('A2:C11',rule)

# 存储结果
wb.save('out11_3.xlsx')
```

执行结果　开启 out11_3.xlsx 可以得到如下结果。

	A	B	C	D	E
1	语文	英文	数学		
2	63	33	47		平均成绩
3	92	78	66		51
4	38	100	80		
5	37	92	90		
6	55	46	53		
7	61	18	42		
8	18	26	74		
9	88	11	9		
10	41	80	12		
11	52	9	33		

成绩表

11-2 凸显特定字符串开头的字符串

这一节将讲解凸显特定字符串开头的单元格，要找出特定字符串开头的单元格，在使用 Rule( ) 函数时，需要设定下列参数：

```
type：'beginWith'
operator = 'beginWith'
formula = [ 'LEFT(A1,1)= '洪'                # 假设要找“洪”开头的单元格
```

上述概念对照 Excel 菜单，可以参考下图。

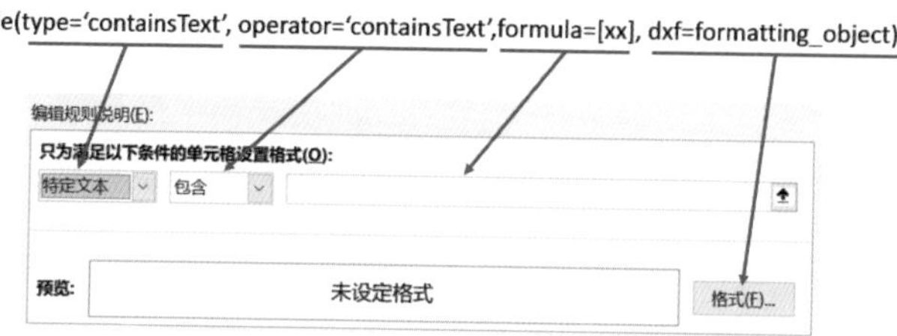

程序实例 ch11_4.py：工作簿 data11_4.xlsx 业绩表内容如下图所示。

	A	B	C	D	E	F
1						
2		深智数字业务员销售业绩表				
3		姓名	一月	二月	三月	总计
4		洪××	4560	5152	6014	15726
5		李××	8864	6799	7842	23505
6		成××	5797	4312	5500	15609
7		张××	4234	8045	7098	19377
8		洪××	7799	5435	6680	19914
9		周××	9040	8048	5098	22186
10		洪××	7152	6622	7452	21226

业绩表

这个程序会将姓洪的业务员找出，同时以红色底、粗体白色字显示。

```
1  # ch11_4.py
2  import openpyxl
3  from openpyxl.formatting.rule import Rule
4  from openpyxl.styles.differential import DifferentialStyle
5  from openpyxl.styles import PatternFill, Font
6
7  fn = "data11_4.xlsx"
8  wb = openpyxl.load_workbook(fn)
9  ws = wb.active
10
11 # 定义单元格格式
12 font = Font(bold=True,color='FFFFFF')              # 字体
13 bgRed = PatternFill(start_color='FF0000',
14                     end_color='FF0000',
15                     fill_type='solid')
16 dxf = DifferentialStyle(font=font,fill=bgRed)
17 # 应用姓洪业务员的数据
18 rule = Rule(type='beginsWith', operator='beginsWith',
19             formula=['LEFT(A1,1)="洪"'],
20             dxf=dxf)
21 ws.conditional_formatting.add('A1:F10',rule)
22 # 存储结果
23 wb.save('out11_4.xlsx')
```

执行结果 开启 out11_4.xlsx 可以得到如下结果。

	A	B	C	D	E	F
1						
2		深智数字业务员销售业绩表				
3		姓名	一月	二月	三月	总计
4		洪××	4560	5152	6014	15726
5		李××	8864	6799	7842	23505
6		成××	5797	4312	5500	15609
7		张××	4234	8045	7098	19377
8		洪××	7799	5435	6680	19914
9		周××	9040	8048	5098	22186
10		洪××	7152	6622	7452	21226

业绩表

上述第 19 行 formula( ) 函数内容是 'LEFT(A1,1) = " 洪 "'，LEFT( ) 是 Excel 的函数可以回传字符串左边字符，整个公式的内涵是要找“洪”开头字符串的单元格，其实 openpyxl 模块规定第一个参数是 A1，但这不是指 A1 单元格的内容，笔者估计 A1 是指相对地址。所以第 19 行完整意义是 Rule

对象需要用“洪”开头的字符串，才算符合资格。

11-3 字符串条件功能

前一节笔者介绍了凸显开头字符串的单元格，Rule( ) 函数的 type 参数，可以设定其他字符串相关设定。

type	formula	说明
‘beginsWith’	‘LEFT(A1,1)= “字符串”’	特定字符串开头
‘endsWith’	‘RIGHT(A1,1)= “字符串”’	特定字符串结尾
‘containsText’	‘NOT(ISERROR(SEARCH(“字符串” ,A1)))’	包含特定字符串
‘notcontainsText’	‘(ISERROR(SEARCH(“字符串” ,A1)))’	不包含特定字符串
‘containsBlanks’	‘(ISERROR(SEARCH(“” ,A1)))’	包含空格
‘notcontainsBlanks’	‘(ISERROR(SEARCH(“” ,A1)))’	不包含空格

注 上述 LEFT( )、RIGHT( )、SEARCH( )、ISERROR( )、SEARCH( ) 皆是 Excel 函数。

这一节将讲解找出包含特定字符串的单元格，然后凸显单元格。

程序实例 ch11_5.py：工作簿 data11_5.xlsx 客户工作表内容如下图所示。

	A	B	C	D	E
1	客户编号	性别	学历	年收入	年龄
2	A1	男	大学	120	35
3	A4	男	硕士	88	28
4	A7	女	大学	59	29
5	A10	女	大学	105	37
6	A13	男	高中	65	43
7	A16	女	硕士	70	27
8	A19	女	大学	88	39
9	A22	男	博士	150	52
10	A25	男	大学	120	41

客戶　工作表2　工作表3

这个程序会搜寻学历中是大学的单元格，同时以红色底、粗体白色字显示。

```
# ch11_5.py
import openpyxl
from openpyxl.formatting.rule import Rule
from openpyxl.styles.differential import DifferentialStyle
from openpyxl.styles import PatternFill, Font

fn = "data11_5.xlsx"
wb = openpyxl.load_workbook(fn)
ws = wb.active

# 定义单元格格式
font = Font(bold=True,color='FFFFFF')            # 字体
bgRed = PatternFill(start_color='FF0000',
                    end_color='FF0000',
                    fill_type='solid')
dxf = DifferentialStyle(font=font,fill=bgRed)
# 应用数据
rule = Rule(type='containsText', operator='containsText',
            formula=['NOT(ISERROR(SEARCH("大学",A1)))'],
            dxf=dxf)
ws.conditional_formatting.add('A1:E151',rule)
# 存储结果
wb.save('out11_5.xlsx')
```

执行结果 开启 out11_5.xlsx 可以得到如下结果。

	A	B	C	D	E
1	客户编号	性别	学历	年收入	年龄
2	A1	男	大学	120	35
3	A4	男	硕士	88	28
4	A7	女	大学	59	29
5	A10	女	大学	105	37
6	A13	男	高中	65	43
7	A16	女	硕士	70	27
8	A19	女	大学	88	39
9	A22	男	博士	150	52
10	A25	男	大学	120	41

客戶　工作表2　工作表3

11-4 凸显重复的值

在数据处理过程中有些数据必须是唯一的，例如个人护照号码、身份证号码、员工编号等，这时就可以使用本节功能，这一节的功能相对于 Excel 新建格式规则对话框的说明如下图所示。

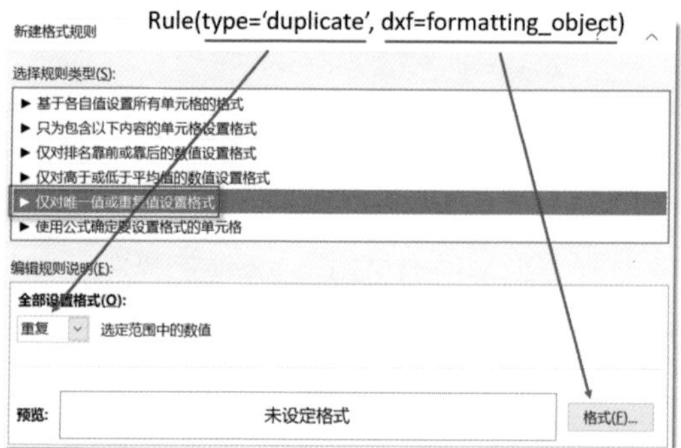

上述对话框的全部设置格式字段，预设是重复(duplicateValues)，另一个选项是唯一(uniqueValues)，所以本节实例虽然是凸显重复的值，也可以用相同概念应用到凸显唯一单元格。

程序实例 ch11_6.py：工作簿 data11_6.xlsx 客户工作表内容如下图所示。

	A	B	C	D	E
1	客户编号	性别	学历	年收入	年龄
2	A1	男	大学	120	35
3	A4	男	硕士	88	28
4	A7	女	大学	59	29
5	A10	女	大学	105	37
6	A13	男	高中	65	43
7	A7	女	硕士	70	27
8	A19	女	大学	88	39
9	A4	男	博士	150	52
10	A25	男	大学	120	41

客戶 | 工作表2 | 工作表3

这个程序会搜寻 A1:A151 单元格区间，将客户编号重复的单元格凸显，同时以红色底、粗体白色字显示。

```
# ch11_6.py
import openpyxl
from openpyxl.formatting.rule import Rule
from openpyxl.styles.differential import DifferentialStyle
from openpyxl.styles import PatternFill, Font

fn = "data11_6.xlsx"
wb = openpyxl.load_workbook(fn)
ws = wb.active

# 定义单元格格式
font = Font(bold=True,color='FFFFFF')             # 字体
bgRed = PatternFill(start_color='FF0000',
                    end_color='FF0000',
                    fill_type='solid')
dxf = DifferentialStyle(font=font,fill=bgRed)
# 应用重复客户编号的数据
rule = Rule(type='duplicateValues',dxf=dxf)
ws.conditional_formatting.add('A1:A151',rule)
# 存储结果
wb.save('out11_6.xlsx')
```

执行结果 开启 out11_6.xlsx 可以得到如下结果。

	A	B	C	D	E
1	客户编号	性别	学历	年收入	年龄
2	A1	男	大学	120	35
3	A4	男	硕士	88	28
4	A7	女	大学	59	29
5	A10	女	大学	105	37
6	A13	男	高中	65	43
7	A7	女	硕士	70	27
8	A19	女	大学	88	39
9	A4	男	博士	150	52
10	A25	男	大学	120	41

客戶 | 工作表2 | 工作表3

11-5 发生的日期

在数据处理过程，有些数据必须依据日期做处理，例如财务部门记录支票到期日期等，这时就可以使用本节功能，这一节的功能相对于 Excel 新建格式规则对话框的说明如下，当选择发生日期，会看到如下编辑规则说明框。

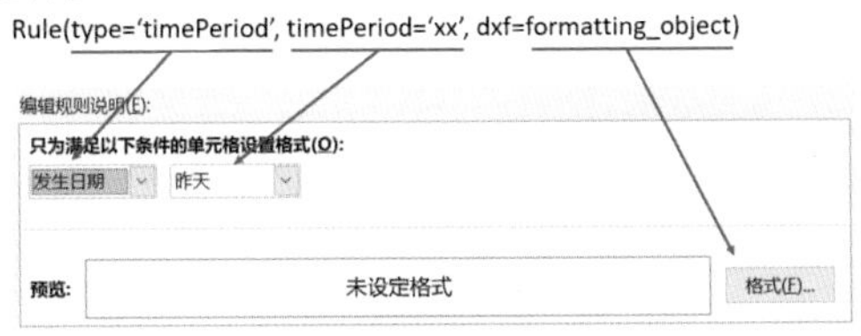

上述 Rule( ) 函数的关键是 timePeriod 参数的用法，可以是如下选项。

- 'yesterday'：昨天。
- 'today'：今天。
- 'tomorrow'：明天。
- 'last7Days'：过去 7 天。
- 'thisWeek'：本周。
- 'lastWeek'：上周。
- 'nextWeek'：下周。
- 'lastMonth'：上个月。
- 'thisMonth'：这个月。
- 'nextMonth'：下个月。

程序实例 ch11_7.py：工作簿 data11_7.xlsx 支票日期工作表内容如下图所示。

	A	B	C	D
1	支票号码	到期日	金额	
2	A101310	2022/8/30	78000	
3	B331333	2022/9/5	112200	
4	B617802	2022/9/10	320000	
5	A101921	2022/9/30	68000	
6	B331773	2022/9/30	93000	
7	B617123	2022/10/5	73200	

支票日期

这个程序会搜寻 B2:B7 单元格区间，将下个月支票到期的单元格凸显，同时以红色底、粗体白色字显示。

```python
# ch11_7.py
import openpyxl
from openpyxl.formatting.rule import Rule
from openpyxl.styles.differential import DifferentialStyle
from openpyxl.styles import PatternFill, Font

fn = "data11_7.xlsx"
wb = openpyxl.load_workbook(fn)
ws = wb.active

# 定义单元格格式
font = Font(bold=True,color='FFFFFF')              # 字体
bgRed = PatternFill(start_color='FF0000',
                    end_color='FF0000',
                    fill_type='solid')
dxf = DifferentialStyle(font=font,fill=bgRed)
# 下个月到期的支票
rule = Rule(type='timePeriod',timePeriod='nextMonth',dxf=dxf)
ws.conditional_formatting.add('B2:B7',rule)
# 存储结果
wb.save('out11_7.xlsx')
```

执行结果 开启 out11_7.xlsx 可以得到如下结果。

	A	B	C	D
1	支票号码	到期日	金额	
2	A101310	2022/8/30	78000	
3	B331333	2022/9/5	112200	
4	B617802	2022/9/10	320000	
5	A101921	2022/9/30	68000	
6	B331773	2022/9/30	93000	
7	B617123	2022/10/5	73200	

支票日期

注 笔者写这个程序时是 2022 年 8 月 18 日，所以显示上述结果，读者在练习这个程序时，需要调整 B2:B7 列的日期。

11-6 前段 / 后段项目规则

11-6-1 前段项目

在新建格式规则对话框，如果选择仅对排名靠前或靠后的数值设置格式，可以看到如下编辑规则说明框。在应用 Rule( ) 函数时，Rule( ) 函数各参数相对于编辑规则说明框的内容如下图所示。

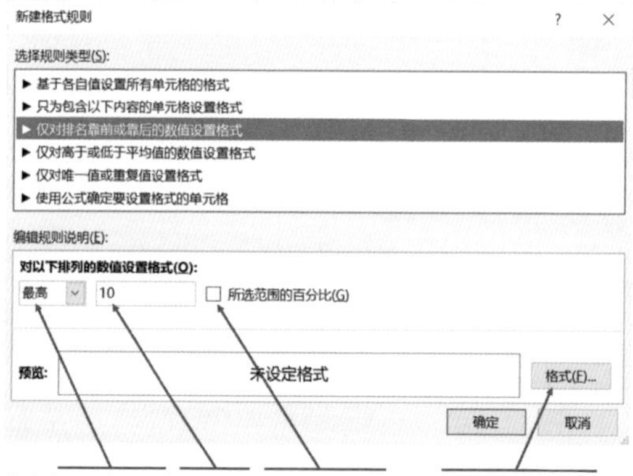

Rule(type='top10', rank=20, percent=True, dxf=formatting_object)

上述几个参数意义如下：

- type：预设是 top10，代表是前 10%，如果要更改可以使用 rank 参数设定。
- rank：如果要更改 top10 的设定，可以使用 rank，例如若要改为前 30%，可以设定此参数为 30，同时设定 percent=True。
- percent：预设是不设定，也就是 False。若是设定 percent=True，代表是百分比。

程序实例 ch11_8.py：使用工作簿 data11_1.xlsx 成绩表工作表，这个程序会搜寻 A2:A11 单元格区间，将前 10% 的单元格凸显，同时以蓝色底、粗体白色字显示。

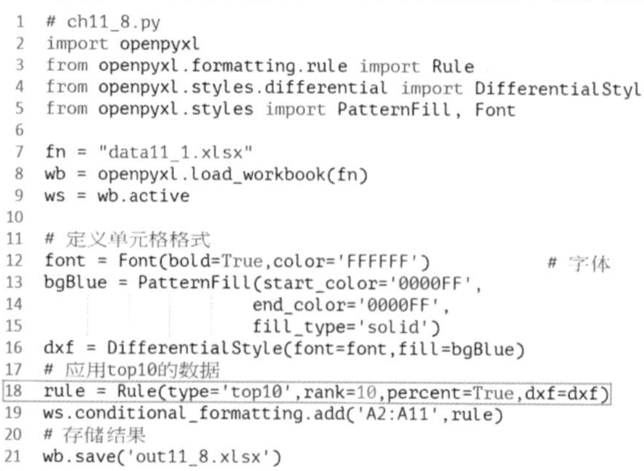

```
# ch11_8.py
import openpyxl
from openpyxl.formatting.rule import Rule
from openpyxl.styles.differential import DifferentialStyle
from openpyxl.styles import PatternFill, Font

fn = "data11_1.xlsx"
wb = openpyxl.load_workbook(fn)
ws = wb.active

# 定义单元格格式
font = Font(bold=True,color='FFFFFF')               # 字体
bgBlue = PatternFill(start_color='0000FF',
                     end_color='0000FF',
                     fill_type='solid')
dxf = DifferentialStyle(font=font,fill=bgBlue)
# 应用top10的数据
rule = Rule(type='top10',rank=10,percent=True,dxf=dxf)
ws.conditional_formatting.add('A2:A11',rule)
# 存储结果
wb.save('out11_8.xlsx')
```

执行结果 开启 out11_8.xlsx 可以得到如下结果。

	A	B	C	D
1	语文	英文	数学	
2	63	33	47	
3	92	78	66	
4	38	100	80	
5	37	92	90	
6	55	46	53	
7	61	18	42	
8	18	26	74	
9	88	11	9	
10	41	80	12	

成绩表

上述程序的重点是第 18 行，如果想要显示前 30% 的成绩，可以修改参数 rank=30。

程序实例 ch11_9.py：扩充设计 ch11_8.py，凸显英文前 30% 的成绩。

```
# ch11_9.py
import openpyxl
from openpyxl.formatting.rule import Rule
from openpyxl.styles.differential import DifferentialStyle
from openpyxl.styles import PatternFill, Font

fn = "data11_1.xlsx"
wb = openpyxl.load_workbook(fn)
ws = wb.active

# 定义单元格格式
font = Font(bold=True,color='FFFFFF')            # 字体
bgBlue = PatternFill(start_color='0000FF',
                     end_color='0000FF',
                     fill_type='solid')
dxf = DifferentialStyle(font=font,fill=bgBlue)
# 应用top10的数据
rule1 = Rule(type='top10',rank=10,percent=True,dxf=dxf)
ws.conditional_formatting.add('A2:A11',rule1)
# 应用top30的数据
rule2 = Rule(type='top10',rank=30,percent=True,dxf=dxf)
ws.conditional_formatting.add('B2:B11',rule2)
# 存储结果
wb.save('out11_9.xlsx')
```

执行结果　开启 out11_9.xlsx 可以得到如下结果。

	A	B	C	D
1	语文	英文	数学	
2	63	33	47	
3	92	78	66	
4	38	100	80	
5	37	92	90	
6	55	46	53	
7	61	18	42	
8	18	26	74	
9	88	11	9	
10	41	80	12	

成绩表

上述程序如果想要修改为取前 3 名的成绩，Rule( ) 方法如下：

```
Rule(type= 'top10' , rank=3, dxf=dxf)
```

上述函数相当于 percent 默认为 False，笔者不再列出程序，读者可以自己练习，ch11 文件夹内的 ch11_9_1.py 就是整个概念的程序实例。

11-6-2　后段项目规则

如果是要凸显后段项目数据，需在 Rule( ) 函数内增加设定 bottom=True 参数。

程序实例 ch11_10.py：扩充设计 ch11_9.py，用红色底、粗体字凸显英文后 30% 的成绩。

```
# ch11_10.py
import openpyxl
from openpyxl.formatting.rule import Rule
from openpyxl.styles.differential import DifferentialStyle
from openpyxl.styles import PatternFill, Font

fn = "data11_1.xlsx"
wb = openpyxl.load_workbook(fn)
ws = wb.active

# 定义单元格格式—— 背景是蓝色
font = Font(bold=True,color='FFFFFF')            # 字体
bgBlue = PatternFill(start_color='0000FF',
                     end_color='0000FF',
                     fill_type='solid')
dxf = DifferentialStyle(font=font,fill=bgBlue)
# 应用top10的数据
rule1 = Rule(type='top10',rank=10,percent=True,dxf=dxf)
ws.conditional_formatting.add('A2:A11',rule1)
# 应用top30的数据
rule2 = Rule(type='top10',rank=30,percent=True,dxf=dxf)
ws.conditional_formatting.add('B2:B11',rule2)
# 定义单元格格式—— 背景是红色
font = Font(bold=True,color='FFFFFF')            # 字体
bgRed = PatternFill(start_color='FF0000',
                    end_color='FF0000',
                    fill_type='solid')
dxf = DifferentialStyle(font=font,fill=bgRed)
# 应用bottom30的数据
rule3 = Rule(type='top10',rank=30,
             bottom=True,percent=True,dxf=dxf)
ws.conditional_formatting.add('C2:C11',rule3)
# 存储结果
wb.save('out11_10.xlsx')
```

执行结果　开启 out11_10.xlsx 可以得到如下结果。

	A	B	C	D
1	语文	英文	数学	
2	63	33	47	
3	92	78	66	
4	38	100	80	
5	37	92	90	
6	55	46	53	
7	61	18	42	
8	18	26	74	
9	88	11	9	
10	41	80	12	
11	52	9	33	

成绩表

11-7 高于 / 低于平均

在新建格式规则对话框，如果选择仅对高于或低于平均的数值设置格式，可以看到如下编辑规则说明框。在应用 Rule( ) 函数时，Rule( ) 函数各参数相对于编辑规则说明框的内容如下图所示。

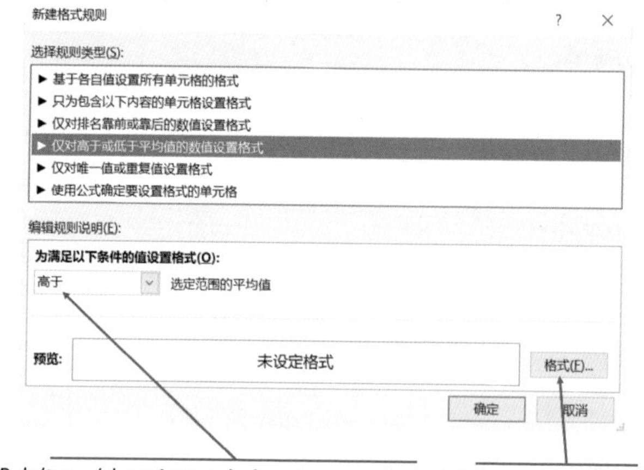

Rule(type='aboveAverage', aboveAverage=True, dxf=formatting_object)

上述几个参数意义如下：

- type：要处理高于或低于平均必须是 aboveAverage，如果是高于平均只要这个参数即可。
- aboveAverage：如果要处理低于平均，则设定此参数是 False。

程序实例 ch11_11.py：用蓝色底、粗体字凸显高于平均分的语文成绩。

```
# ch11_11.py
import openpyxl
from openpyxl.formatting.rule import Rule
from openpyxl.styles.differential import DifferentialStyle
from openpyxl.styles import PatternFill, Font

fn = "data11_1.xlsx"
wb = openpyxl.load_workbook(fn)
ws = wb.active

# 定义单元格格式
font = Font(bold=True,color='FFFFFF')          # 字体
bgBlue = PatternFill(start_color='0000FF',
                     end_color='0000FF',
                     fill_type='solid')
dxf = DifferentialStyle(font=font,fill=bgBlue)
# 应用 aboveAverage 的数据
rule = Rule(type='aboveAverage',dxf=dxf)
ws.conditional_formatting.add('A2:A11',rule)
# 存储结果
wb.save('out11_11.xlsx')
```

执行结果 开启 out11_11.xlsx 可以得到如下结果。

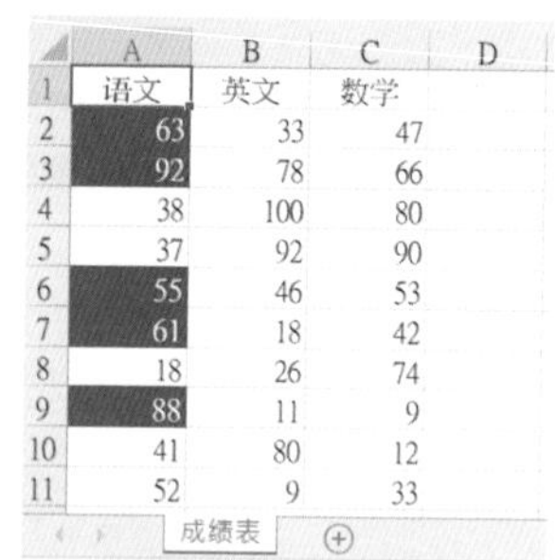

	A	B	C	D
1	语文	英文	数学	
2	63	33	47	
3	92	78	66	
4	38	100	80	
5	37	92	90	
6	55	46	53	
7	61	18	42	
8	18	26	74	
9	88	11	9	
10	41	80	12	
11	52	9	33	

成绩表

程序实例 ch11_12.py：扩充设计 ch11_11.py，用红色底、粗体字凸显低于平均分的英文成绩。

```
1  # ch11_12.py
2  import openpyxl
3  from openpyxl.formatting.rule import Rule
4  from openpyxl.styles.differential import DifferentialStyle
5  from openpyxl.styles import PatternFill, Font
6
7  fn = "data11_1.xlsx"
8  wb = openpyxl.load_workbook(fn)
9  ws = wb.active
10
11 # 定义单元格格式
12 font = Font(bold=True,color='FFFFFF')          # 字体
13 bgBlue = PatternFill(start_color='0000FF',
14                      end_color='0000FF',
15                      fill_type='solid')
16 dxf = DifferentialStyle(font=font,fill=bgBlue)
17 # 应用 aboveAverage 的数据
18 rule1 = Rule(type='aboveAverage',dxf=dxf)
19 ws.conditional_formatting.add('A2:A11',rule1)
20 # 定义单元格格式
21 bgRed = PatternFill(start_color='FF0000',
22                     end_color='FF0000',
23                     fill_type='solid')
24 dxf = DifferentialStyle(font=font,fill=bgRed)
25 # 应用低于平均的数据
26 rule2 = Rule(type='aboveAverage',aboveAverage=False,dxf=dxf)
27 ws.conditional_formatting.add('B2:B11',rule2)
28 # 存储结果
29 wb.save('out11_12.xlsx')
```

执行结果　开启 out11_12.xlsx 可以得到如下结果。

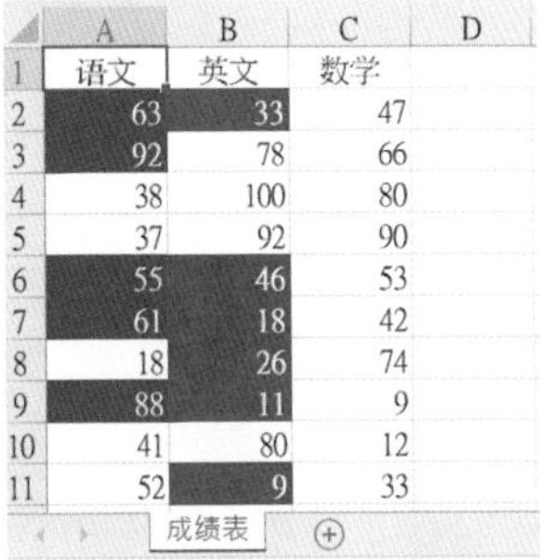

	A	B	C	D
1	语文	英文	数学	
2	63	33	47	
3	92	78	66	
4	38	100	80	
5	37	92	90	
6	55	46	53	
7	61	18	42	
8	18	26	74	
9	88	11	9	
10	41	80	12	
11	52	9	33	

成绩表

这个程序最重要的是第 26 行的参数 aboveAverage=False，主要是可以设定低于平均分的规则。

第 1 2 章

验证单元格数据

为了方便他人在使用 Excel 时，清楚地知道各字段应该输入的数据类型及内容，我们可以在建立表格时，设定单元格的内容限制。例如，公司为限制业务人员乘坐出租车车费报账，可以设置车费报账金额在 500 元以下，假设出租车起步价是 7 元，我们可以设定此字段内容是 7~500 元。

12-1 数据验证模块

12-1-1 导入数据验证模块

数据验证的模块是 DataValidation，使用前需要导入此模块：

```
from openpyxl.worksheet.datavalidation import Datavalidation
```

导入上述模块后，就可以使用 Datavalidation( ) 函数建立数据验证对象，语法如下：

dv = DataValidation(type, operator, formula1, formula2, allow_blank)

上述 DataValidation( ) 函数的回传值就是数据验证对象 dv，上述其他参数意义如下：

- type：可以是下列选项之一。
  - decimal：小数。
  - whole：整数。
  - time：时间。
  - date：日期。
  - list：列表。
  - textLength：字符串长度。
  - custom：自定义数据。
- operator：等号类型可以参考下列说明。
  - 'lessThan'：小于。
  - 'lessThanOrEqual'：小于或等于。
  - 'greaterThan'：大于。
  - 'greaterThanOrEqual'：大于或等于。
  - 'between'：介于。
  - 'notBetween'：不介于。
  - 'equal'：等于。
  - 'notEqual'：不等于。
- formula1：公式 1。
- formula2：公式 2，有时候不需要此公式。当参数 operator=between 时，需要设定此公式值。
- allow_blank：允许空格，预设是 True。

有了数据验证对象 dv 后，下一步是使用 add( ) 函数，设定含有数据验证特性的单元格区间。例如，下列是设定 D3:D4 单元格区间含此数据验证特性：

```
dv.add('D3:D4')
```

最后是使用 add_data_validation( ) 函数将数据验证对象加入工作表中，可以参考下列指令：

```
ws.add_data_validation(dv)
```

12-1-2 数值输入的验证

本章一开始有说明出租车费的输入，需限制在 7~500 元。

程序实例 ch12_1.py：工作簿 data12_1.xlsx 的车费工作表内容如下图所示。

业务人员	交际费	出租车费
洪锦魁	9800	
洪冰雨	3600	

在 D3:D4 单元格区间，限制输入 7~500 元的出租车费。

```
# ch12_1.py
import openpyxl
from openpyxl.worksheet.datavalidation import DataValidation

fn = "data12_1.xlsx"
wb = openpyxl.load_workbook(fn)
ws = wb.active
# 建立数据验证 DataValidation对象
dv = DataValidation(type="whole",
                    operator="between",
                    formula1=75,
                    formula2=500)
dv.add('D3:D4')                        # 设定数据验证单元格区间
ws.add_data_validation(dv)             # 将数据验证并加入工作表
# 存储结果
wb.save('out12_1.xlsx')
```

执行结果 如下是开启 out12_1.xlsx 后，输入验证失败数据所看到的画面。

12-2 数据验证区间建立输入提醒

既然单元格要建立数据验证，建议为要验证的单元格区间建立输入提醒，可以使用数据验证对象的如下属性：

promptTitle：可以为验证区块建立输入提醒的标题。

prompt：可以为验证区块建立输入提醒的内容。

程序实例 ch12_2.py：扩充设计 ch12_1.py，建立输入提醒的标题。

```
# ch12_2.py
import openpyxl
from openpyxl.worksheet.datavalidation import DataValidation

fn = "data12_1.xlsx"
wb = openpyxl.load_workbook(fn)
ws = wb.active
# 建立数据验证 DataValidation对象
dv = DataValidation(type="whole",
                    operator="between",
                    formula1=75,
                    formula2=500)
dv.promptTitle = '请输入出租车费'
dv.prompt = '请输入7~500'
dv.add('D3:D4')                        # 设定数据验证单元格区间
ws.add_data_validation(dv)             # 将数据验证并加入工作表
# 存储结果
wb.save('out12_2.xlsx')
```

执行结果　开启 out12_2.xlsx 可以得到下列结果。

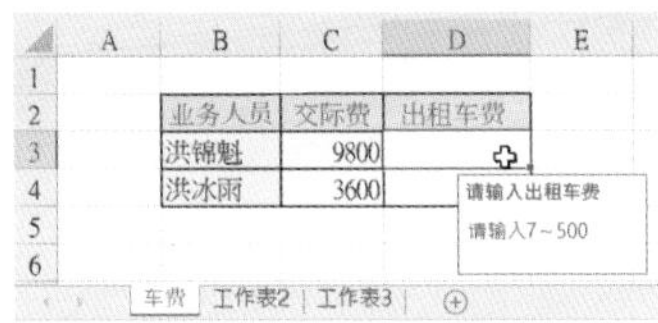

12-3 验证日期的数据输入

如果想要验证所输入的日期，可以在 Datavalidation( ) 函数内将 Type 设为 date。

程序实例 ch12_3.xlsm：工作簿 data12_3.xlsx 的到职日期工作表内容如下图所示。

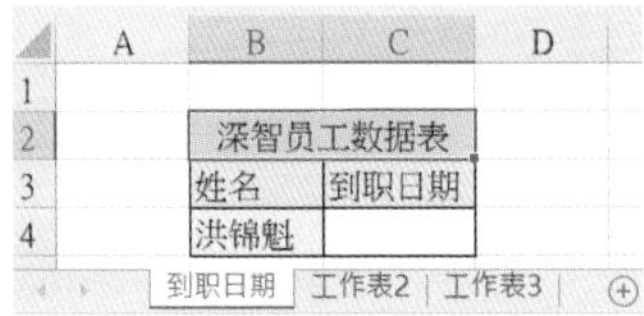

输入员工到职日期，这类问题可以设为不可以输入未来日期当作验证。

```
# ch12_3.py
import openpyxl
from openpyxl.worksheet.datavalidation import DataValidation
import datetime

fn = "data12_3.xlsx"
wb = openpyxl.load_workbook(fn)
ws = wb.active
# 建立数据验证 DataValidation对象
dv = DataValidation(type="date",
                    operator="lessThan",
                    formula1="TODAY()")
dv.promptTitle = '输入日期'
dv.prompt = '请输入到职日期'
dv.add('C4')                       # 设定数据验证单元格区间
ws.add_data_validation(dv)         # 将数据验证并加入工作表
# 存储结果
wb.save('out12_3.xlsx')
```

执行结果　开启 out12_3.xlsx，如果输入未来日期可以得到下列结果。

12-4 错误输入的提醒

现在读者所看到输入错误的提醒皆是系统默认的提醒，数据验证对象有下列两个属性可以设定输入错误的提醒。

errorTitle：可以设定错误提醒的标题。

error：可以设定错误提醒的内容。

程序实例 ch12_4.py：扩充设计 ch12_3.py，当输入错误时标题提醒“请输入日期”，内文提醒“不可以输入未来日期”。

```
# ch12_4.py
import openpyxl
from openpyxl.worksheet.datavalidation import DataValidation
import datetime

fn = "data12_3.xlsx"
wb = openpyxl.load_workbook(fn)
ws = wb.active
# 建立数据验证 DataValidation对象
dv = DataValidation(type="date",
                    operator="lessThan",
                    formula1="TODAY()")
dv.promptTitle = '输入日期'
dv.prompt = '请输入到职日期'
dv.errorTitle = "输入日期错误"
dv.error = "不可以输入未来日期"
dv.add('C4')                    # 设定数据验证单元格区间
ws.add_data_validation(dv)      # 将数据验证并加入工作表
# 存储结果
wb.save('out12_4.xlsx')
```

执行结果 开启 out12_4.xlsx，如果输入未来日期可以得到如下结果。

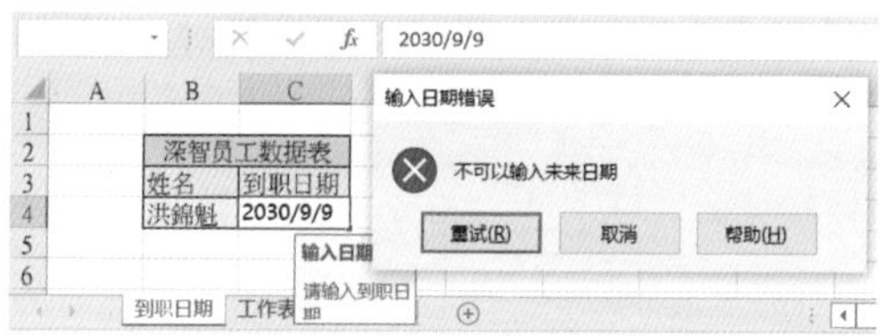

12-5 设定输入清单

在 DataValidation( ) 函数内，如果将 type 设为 list，然后在 formula1 内设定系列数据，每个数据间以逗号隔开，则可以建立输入清单。

程序实例 ch24_5.xlsm：工作簿 data12_5.xlsx 的员工数据工作表内容如下图所示。

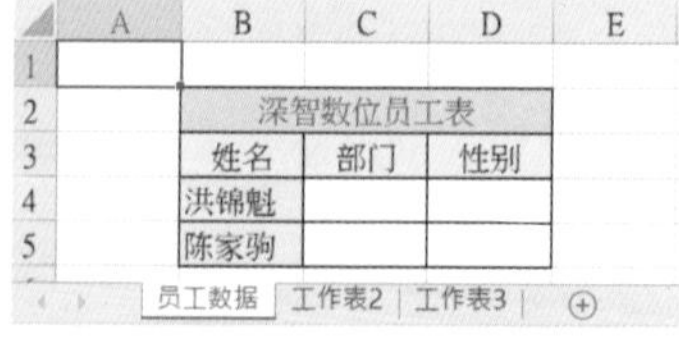

深智数位员工表		
姓名	部门	性别
洪锦魁		
陈家驹		

建立部门和性别的输入清单。

```
# ch12_5.py
import openpyxl
from openpyxl.worksheet.datavalidation import DataValidation

fn = "data12_5.xlsx"
wb = openpyxl.load_workbook(fn)
ws = wb.active
# 建立 部门 数据验证 DataValidation对象
dv = DataValidation(type="list",
                    formula1='"财务,研发,业务"',
```

```
                    allow_blank=True)
dv.add('C4:C5')                     # 设定数据验证单元格区间
ws.add_data_validation(dv)          # 将数据验证并加入工作表
# 建立 性别 数据验证 DataValidation对象
dv = DataValidation(type="list",
                    formula1='"男,女"',
                    allow_blank=True)
dv.add('D4:D5')                     # 设定数据验证单元格区间
ws.add_data_validation(dv)          # 将数据验证并加入工作表
# 存储结果
wb.save('out12_5.xlsx')
```

执行结果 开启 out12_5.xlsx，将活动单元格移至 C4 和 D4，分别可以得到如下左图和右图的结果。

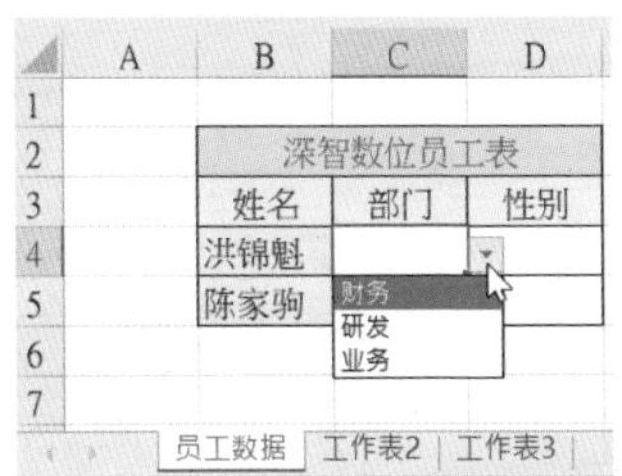

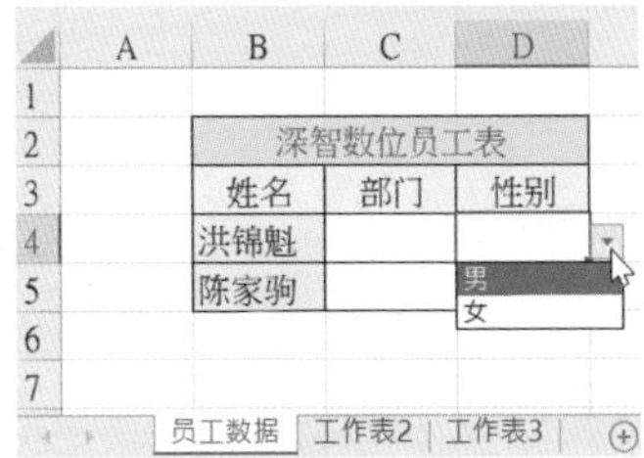

12-6 将需要验证的单元格用黄色底显示

为了要让使用者可以清楚了解哪些单元格有数据验证功能，我们可以将第 6 章所学的 PatternFill( ) 函数功能应用到此节，设定需要验证的单元格底色为黄色。

程序实例 ch12_6.py：扩充设计 ch12_5.py，将需要验证的单元格用黄色底显示。

```
# ch12_6.py
import openpyxl
from openpyxl.worksheet.datavalidation import DataValidation
from openpyxl.styles import PatternFill

fn = "data12_5.xlsx"
wb = openpyxl.load_workbook(fn)
ws = wb.active
# 建立 部门 数据验证 DataValidation对象
dv = DataValidation(type="list",
                    formula1='"财务,研发,业务"',
                    allow_blank=True)
dv.add('C4:C5')                     # 设定数据验证单元格区间
ws.add_data_validation(dv)          # 将数据验证并加入工作表
# 建立 性别 数据验证 DataValidation对象
dv = DataValidation(type="list",
                    formula1='"男,女"',
                    allow_blank=True)
dv.add('D4:D5')                     # 设定数据验证单元格区间
ws.add_data_validation(dv)          # 将数据验证并加入工作表
# 加上黄色背景
for row in ws['C4:D5']:
    for cell in row:
        cell.fill = PatternFill(fill_type='solid',
                                fgColor="FFFF00")
# 存储结果
wb.save('out12_6.xlsx')
```

执行结果 开启 out12_6.xlsx 可以得到如下结果。

	A	B	C	D
1				
2		深智数位员工表		
3		姓名	部门	性别
4		洪锦魁		
5		陈家驹		

员工数据 工作表2 工作表3

第 1 3 章

工作表的打印

这一章主要讲解使用 Python 搭配 openpyxl 模块建立打印的工作表格式，未来就可以依此格式打印作业表。

13-1 居中打印

下列指令可以让工作表编辑区域水平和垂直居中打印。

```
ws.print_options.horizontalCentered = True          # 水平居中
ws.print_options.verticalCentered = True            # 垂直居中
```

程序实例 ch13_1.py：设定 data13_1.xlsx 工作簿内容可以水平和居中打印。

```
# ch13_1.py
import openpyxl

fn = "data13_1.xlsx"
wb = openpyxl.load_workbook(fn)
ws = wb.active

ws.print_options.horizontalCentered = True
ws.print_options.verticalCentered = True
wb.save("out13_1.xlsx")
```

执行结果 如果开启 data13_1.xlsx 和 out13_1.xlsx 执行打印预览，可以得到如下结果。

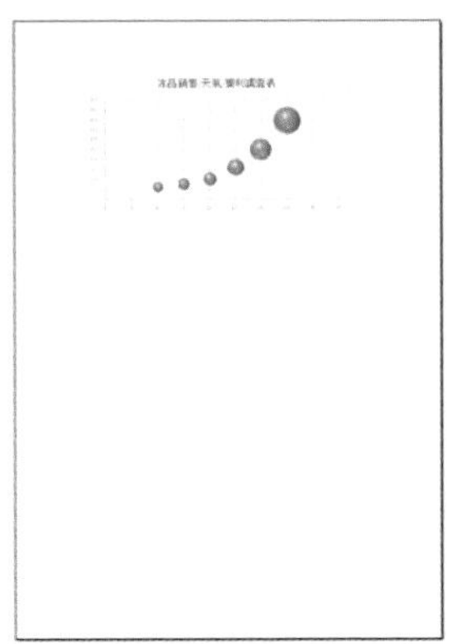

data13_1.xlsx

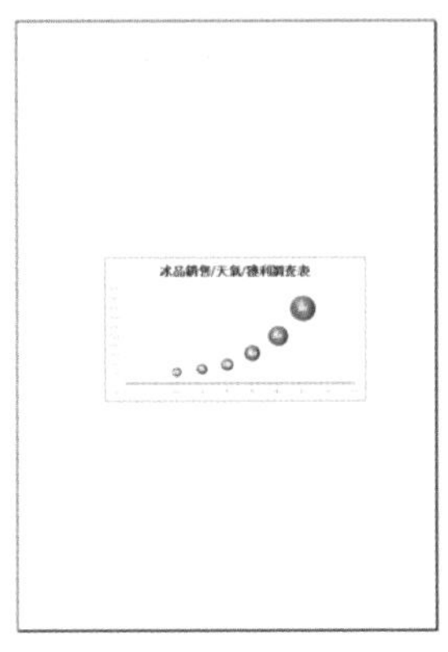

out13_1.xlsx

从上图可以看到，out13_1.xlsx 已经被设定为可以水平和垂直居中打印了。

13-2 工作表打印属性

有关工作表打印常用属性如下：

```
ws.page_setup.firstPageNumber = 1                   # 起始页是 1
ws.page_setup.PrinterDefaults = True                # 使用默认的打印机
ws.page_setup.blackAndWhite = True                  # 黑白打印
ws.page_setup.orientation = "landscape"             # 打印方向是横向
ws.page_setup.paperHeight = 297                     # 纸张高度
ws.page_setup.paperWidth = 410                      # 纸张宽度
```

程序实例 ch13_2.py：设定 data13_1.xlsx 工作簿以横向打印。

```
# ch13_2.py
import openpyxl

fn = "data13_1.xlsx"
wb = openpyxl.load_workbook(fn)
ws = wb.active

ws.page_setup.orientation = "landscape"
wb.save("out13_2.xlsx")
```

执行结果 如果开启 out13_2.xlsx 执行打印预览，可以得到如下结果。

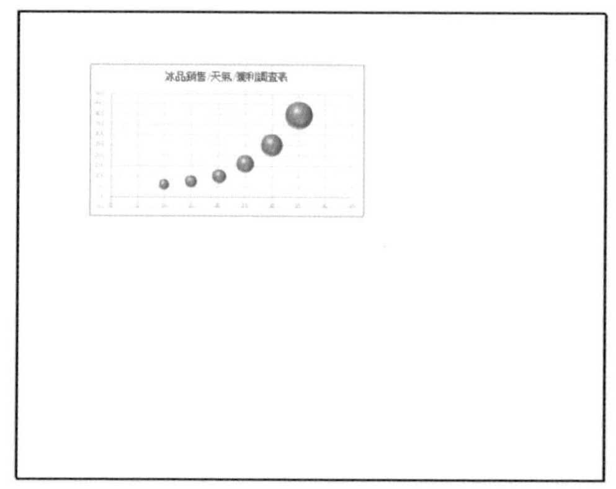

程序实例 ch13_3.py：设定以黑白打印作业表。

```
# ch13_3.py
import openpyxl

fn = "data13_1.xlsx"
wb = openpyxl.load_workbook(fn)
ws = wb.active

ws.page_setup.blackAndWhite = True
wb.save("out13_3.xlsx")
```

执行结果 如果开启 out13_3.xlsx 执行打印预览，可以得到如下黑白显示的结果。

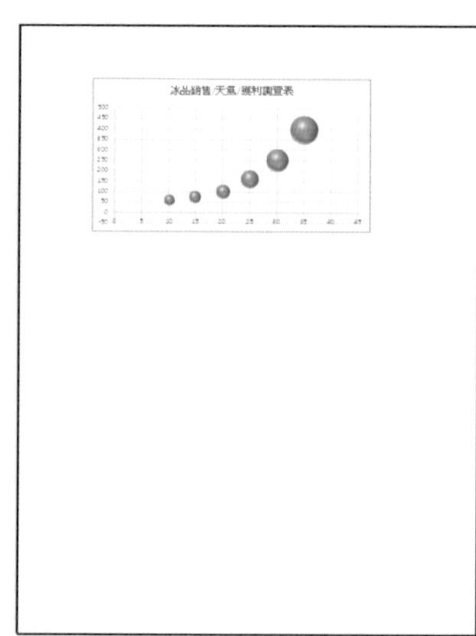

13-3 设定打印区域

工作表对象的属性 print_area 可以设定打印区域。

程序实例 ch13_4.py：设定打印区域是 A4:E9。

```
# ch13_4.py
import openpyxl

fn = "data13_4.xlsx"
wb = openpyxl.load_workbook(fn)
ws = wb.active

ws.print_area = "A4:E9"
wb.save("out13_4.xlsx")
```

执行结果　如果开启 out13_4.xlsx 执行打印预览，可以得到如下显示的结果。

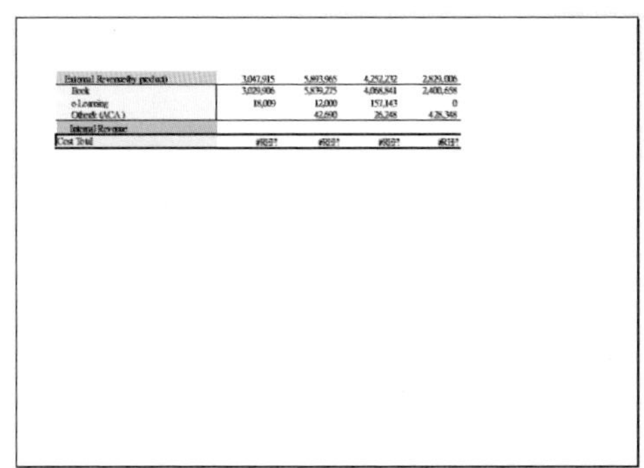

13-4 设定页首与页尾

设定页首与页尾属性如下：

- oddHeader：设定页首。
- oddFooter：设定页尾。

13-4-1 页首的设定

属性 right、left、center 分别代表右边、左边和中间。所以可以得到下列属性设定概念：

ws.oddHeader.right.text：设定页首右边的文字。

ws.oddHeader.right.size：设定页首右边的文字大小。

ws.oddHeader.right.font：设定页首右边的文字字体。

ws.oddHeader.right.color：设定页首右边的文字颜色。

上述是以 right 为实例，读者可以依需要改为 center 或 left。另外，也可以设定偶数或奇数页首，实例如下：

ws.evenHeader.center.text：偶数页页首中间的文字。

ws.firstHeader.center.text：奇数页页首中间的文字。

13-4-2 页尾的设定

属性 right、left、center 分别代表右边、左边和中间。所以可以得到下列属性设定概念：

ws.oddFooter.center.text：设定页尾中间的文字。

ws.oddFooter.center.size：设定页尾中间的文字大小。

ws.oddFooter.center.font：设定页尾中间的文字字体。

ws.oddFooter.center.color：设定中间右边的文字颜色。

上述是以 center 为实例，读者可以依需要改为 right 或 left。另外，也可以设定偶数或奇数页尾，实例如下：

ws.evenFooter.center.text：偶数页页尾中间的文字。

ws.firstFooter.center.text：奇数页页尾中间的文字。

13-5 文字设定的标记码

下列是应用到页首或页尾的程序代码规则。

- &A：工作表名称。
- &B：粗体。
- &D 或 &[Date]：目前日期。
- &E：双下画线。
- &F 或 &[File]：工作簿名称。
- &I：斜体。
- &N 或 &[Pages]：总页数。
- &S：删除线。
- &T：目前时间。
- &[Tab]：目前工作表名称。
- &U：下画线。
- &X：上标。
- &Y：下标。
- &P 或 &[Page]：目前页码。
- &P+n：目前页码 + n。
- &P-n：目前页码 − n。
- &[Path]：文件路径。
- & “fontname”：字体名称。

程序实例 ch13_5.py：设定页首在左边的实例。

```
# ch13_5.py
import openpyxl

fn = "data13_4.xlsx"
wb = openpyxl.load_workbook(fn)
ws = wb.active

ws.oddHeader.left.text = "Page &[Page] of &N"
ws.oddHeader.left.size = 14
ws.oddHeader.left.font = "Old English Text MT"
ws.oddHeader.left.color = "0000FF"
wb.save("out13_5.xlsx")
```

执行结果　如果开启 out13_5.xlsx 执行打印预览，可以得到如下显示的结果。

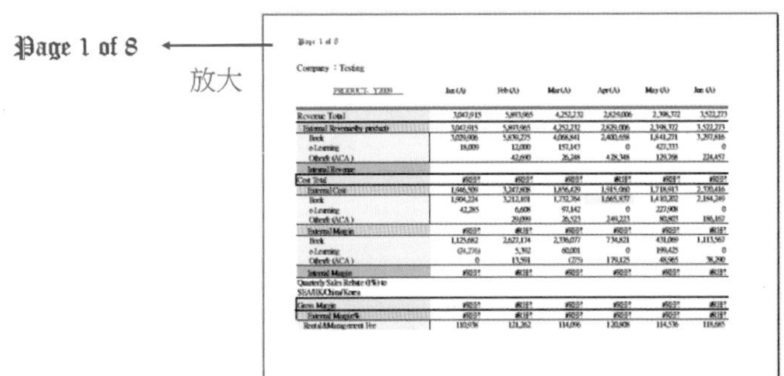

程序实例 ch13_6.py：设定页尾在右边的实例。

```
# ch13_6.py
import openpyxl

fn = "data13_4.xlsx"
wb = openpyxl.load_workbook(fn)
ws = wb.active

ws.oddFooter.right.text = "&A Page-&P"
ws.oddFooter.right.size = 14
ws.oddFooter.right.font = "Old English Text MT"
ws.oddFooter.right.color = "0000FF"
wb.save("out13_6.xlsx")
```

执行结果

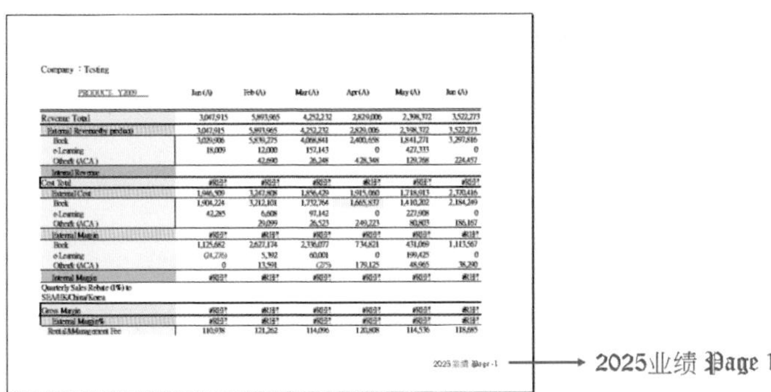

14

第 1 4 章

插入图像

14-1 插入图像

openpyxl 模块支持将图像插入工作表，在执行前需要导入 Image 模块，如下所示：

```
from openpyxl.drawing.image import Image
```

经过上述宣告后，就可以使用下列指令建立图像对象：

```
img = Image(图像文件)
```

有了图像对象 img 后，未来可以使用 add_image( ) 函数将图像插入工作表，例如，若是要将图像插入 A1 单元格，指令如下：

```
ws.add_image(img, ‘A’ )
```

程序实例 ch14_1.py：将图像插入 A1 单元格的应用。

```
# ch14_1.py
import openpyxl
from openpyxl.drawing.image import Image

wb = openpyxl.Workbook()
ws = wb.active

img = Image("city.jpg")        # 建立图像对象 img
ws.add_image(img,'A1')         # 将 img 插入 A1
# 存储结果
wb.save('out14_1.xlsx')
```

执行结果 开启 out14_1.xlsx 可以得到如下结果。

因为图像很大，所以占据了 Excel 工作表的可视空间。

14-2 控制图像对象的大小

图像对象的 width 属性代表图像宽度，height 属性代表图像高度。

程序实例 ch14_2.py：扩充设计 ch14_1.py，列出图像对象的宽度和高度。

```
# ch14_2.py
import openpyxl
from openpyxl.drawing.image import Image

wb = openpyxl.Workbook()
ws = wb.active

img = Image("city.jpg")        # 建立图像对象 img
print(f"img的宽 = {img.width}")
print(f"img的高 = {img.height}")
ws.add_image(img,'A1')         # 将 img 插入 A1
# 存储结果
wb.save('out14_2.xlsx')
```

执行结果

```
==================== RESTART: D:\Python_Excel\ch14\ch14_2.py ====================
img的宽 = 899
img的高 = 479
```

程序实例 ch14_3.py：重新设计 ch14_1.py，将图像宽度改为 200，图像高度改为 120。

```
# ch14_3.py
import openpyxl
from openpyxl.drawing.image import Image

wb = openpyxl.Workbook()
ws = wb.active

img = Image("city.jpg")       # 建立图像对象 img
img.width = 200
img.height = 120
ws.add_image(img,'A1')        # 将 img 插入 A1
# 存储结果
wb.save('out14_3.xlsx')
```

执行结果 开启 out14_3.xlsx 可以得到如下结果。

14-3 图像位置

图像对象的 anchor 属性可以设定图像的位置，例如，如下是设定图像对象的位置在 B2。

```
img.anchor = 'B2'
```

程序实例 ch14_4.py：更改设计 ch14_3.py，使用 anchor 属性将图像改为放在 B2。

```
# ch14_4.py
import openpyxl
from openpyxl.drawing.image import Image

wb = openpyxl.Workbook()
ws = wb.active

img = Image("city.jpg")       # 建立图像对象 img
img.width = 200
img.height = 120
ws.add_image(img,'A1')        # 将 img 插入 A1
img.anchor = 'B2'             # 更改图像位置
# 存储结果
wb.save('out14_4.xlsx')
```

执行结果 开启 out14_4.xlsx 可以得到如下结果。

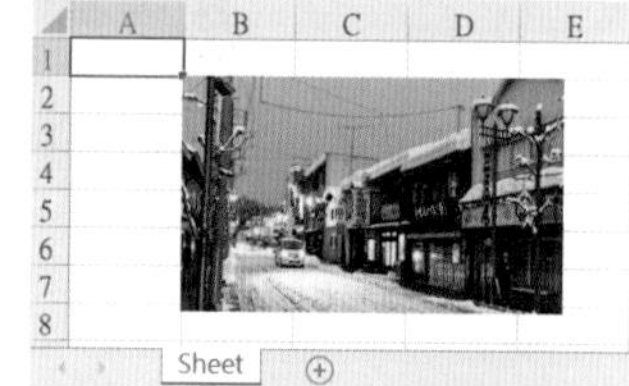

14-4 人事数据表插入图像的应用

工作簿 data14_5.xlsx 的工作表 1 内容如下图所示。

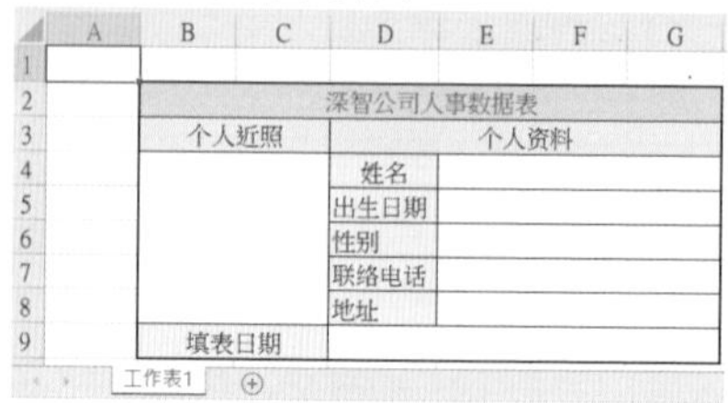

深智公司人事数据表		
个人近照	个人资料	
	姓名	
	出生日期	
	性别	
	联络电话	
	地址	
填表日期		

工作表1

下列实例将 hung.png 插入上述个人近照字段。

程序实例 ch14_5.py：将 hung.png 插入上述个人近照字段。

```
# ch14_5.py
import openpyxl
from openpyxl.drawing.image import Image

fn = "data14_5.xlsx"
wb = openpyxl.load_workbook(fn)
ws = wb.active

img = Image("hung.png")       # 建立图像对象 img
img.width = 64 * 2            # 预留图像宽度
img.height = 23 * 5           # 预留图像高度
ws.add_image(img,'B4')        # 将 img 插入 B4
# 存储结果
wb.save('out14_5.xlsx')
```

执行结果　开启 out14_5.xlsx 可以得到如下结果。

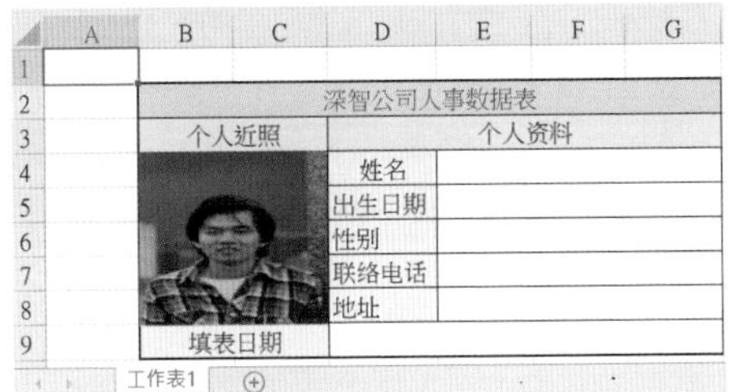

注　每一栏的宽度是 64 像素，近照宽度预留 2 栏。每一行的高度是 23 像素，近照高度预留 5 行。

第 15 章

柱形图与 3D 柱形图

openpyxl 模块可以建立的图表有许多，目前支持的图表有 BarChart（柱形图）、BarChart3D（3D 柱形图）、PieChart（饼图）、PieChart3D（3D 饼图）、BubbleChart（泡泡图）、AreaChart（分区图）、AreaChart3D（3D 分区图）、LineChart（线段图）、LineChart3D（3D 线段图）、RadarChart（雷达图）、StockChart（股票图），为了建立图表需要导入图表模块。

上述英文名称就是建立图表的方法，本章重点是建立直条系列图表，所以导入模块方法如下：

```
from openpyxl.chart import BarChart, Reference                    # 以导入 BarChart 为例
```

另外需导入 Reference 方法，这个方法主要是供我们将建立图表所需的工作表数据或标签名称（有时也称轴标签）数据导入所建的图表对象内。

15-1 柱形图

柱形图是常见的图表应用，主要用于显示多组数据在一段时间的变化，此类图表也可以对比各组数据，应用时通常数值数据是在纵轴（*y* 轴），而标记是在横轴（*x* 轴）。建立柱形图表，除了要导入适当模块外，其他的步骤如下：

（1）使用 Reference( ) 函数建立数据的参考对象，可以参考 15-1-1 节。

（2）使用 BarChart( ) 函数建立图表对象，可以参考 15-1-2 节。

（3）使用 add_data( ) 函数将数据加入图表，可以参考 15-1-3 节。

（4）将图表对象加入工作表，可以参考 15-1-4 节。

上述步骤就可以建立一个图表了，但是如果要更精确地描述图表，则需要在步骤（3）和步骤（4）之间执行下列工作。

- 建立图表标题，可以参考 15-1-5 节。
- 建立坐标轴标题，可以参考 15-1-6 节。
- 使用 set_categories( ) 函数为图表数据建立标签，可以参考 15-1-7 节。
- 更多柱形图的属性设定可以参考 15-2 节。

注 上述概念虽是以柱形图为例，也可以应用于建立其他图表。

15-1-1 图表的数据源

要绘制图表首先要了解图表的数据源，可以使用 Reference( ) 函数建立参考对象，这个对象会标记数据源，此函数的用法如下：

```
data = Reference(ws, min_col, min_row, max_col, max_row)
```

上述会回传标记数据源的参考对象 data，各参数意义如下：

- ws：工作表对象。
- min_col：数据所在的最小字段。
- min_row：数据所在的最小行。
- max_col：数据所在的最大字段。
- max_row：数据所在的最大行。

15-1-2 建立柱形图

建立柱形图对象的语法如下：

```
chart = BarChar( )
```

执行上述指令后可以产生柱形图对象 chart。

15-1-3 将数据加入图表

可以使用 add_data( ) 函数将参照对象 data（图表数据）加入图表。

```
chart.add_data(data,titles_from_data)
```

上述第 2 个参数 titles_from_data 预设是 False，这时图表的图例所建立的数据使用默认数列编号当作数据名称，读者可以参考程序实例 ch15_1.py。如果设为 True，则未来图表的图例会标记数据名称。

15-1-4　将图表加入工作表

建立图表，最后一个步骤是将图表对象加入工作表，下列是将图表放在 C2 单元格的实例。

```
ws.add_chart(chart, 'C2')
```

程序实例 ch15_1.py：建立柱形图的基础实例。

```
1   # ch15_1.py
2   import openpyxl
3   from openpyxl.chart import BarChart, Reference
4
5   wb = openpyxl.Workbook()
6   ws = wb.active
7   for i in range(1,9):
8       ws.append([i])
9   # 建立数据源
10  data = Reference(ws,min_col=1,min_row=1,max_col=1,max_row=8)
11  chart = BarChart()            # 建立柱形图表对象
12  chart.add_data(data)          # 将数据加入图表
13  ws.add_chart(chart,"C2")      # 将柱形图表加入工作表
14  # 存储结果
15  wb.save('out15_1.xlsx')
```

执行结果　开启 out15_1.xlsx 可以得到如下结果。

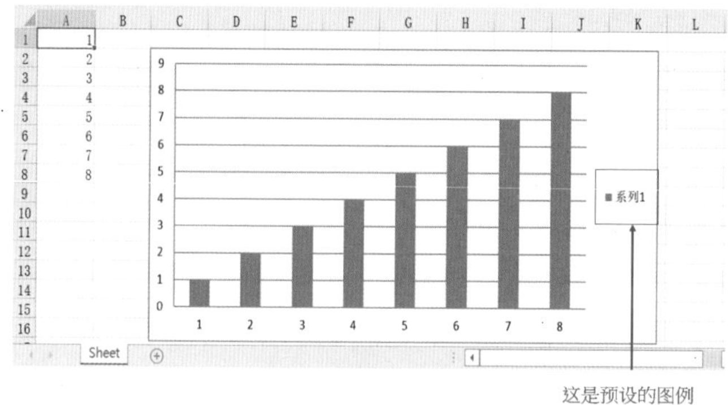

上述第 12 行执行 add_data( ) 函数时，没有使用 titles_from_data 参数，所以图例显示数列 1。

15-1-5　建立图表标题

有了图表对象，可以使用 title 属性建立图表标题。例如，建立图表标题“深智软件销售表”方法如下。

```
chart.title = "深智软件销售表"
```

15-1-6　建立坐标轴标题

有了图表对象，可以使用如下属性建立 x 轴和 y 轴标题：

```
chart.x_axis.title
chart.y_axis.title
```

如下是建立 x 轴标题“业绩金额”、y 轴标题“地区”的实例：

```
chart.x_axis.title = "业绩金额"
chart.y_axis.title = "地区"
```

15-1-7　建立 x 轴标签

函数 set_categories( ) 可以建立 x 轴或 y 轴的标签，至于标签的数据源可以由 Reference( ) 函数产生，主要是由 Reference( ) 函数的参数指定标签的内容，细节可以参考下列实例。

程序实例 ch15_2.py：建立深智软件 2025—2026 年销售报表。

```
1  # ch15_2.py
2  import openpyxl
3  from openpyxl.chart import BarChart, Reference
4
5  wb = openpyxl.Workbook()                    # 开启工作簿
6  ws = wb.active                              # 获得目前工作表
7  rows = [
8      ['', '2025年', '2026年'],
9      ['亚洲', 100, 300],
10     ['欧洲', 400, 600],
11     ['美洲', 500, 700],
12     ['非洲', 200, 100]]
13 for row in rows:
14     ws.append(row)
15
16 # 建立数据源
17 data = Reference(ws,min_col=2,max_col=3,min_row=1,max_row=5)
18 # 建立柱形图对象
19 chart = BarChart()                          # 柱形图
20 # 将数据加入图表
21 chart.add_data(data, titles_from_data=True) # 建立图表
22 # 建立图表和坐标轴标题
23 chart.title = '深智软件销售表'              # 图表标题
24 chart.x_axis.title = '地区'                 # x轴标题
25 chart.y_axis.title = '业绩金额'             # y轴标题
26 # x轴数据标签 (亚洲欧洲美洲非洲)
27 xtitle = Reference(ws,min_col=1,min_row=2,max_row=5)
28 chart.set_categories(xtitle)
29 # 将图表放在工作表 E1
30 ws.add_chart(chart, 'E1')
31 wb.save('out15_2.xlsx')
```

执行结果　开启 out15_2.xlsx 可以得到如下结果。

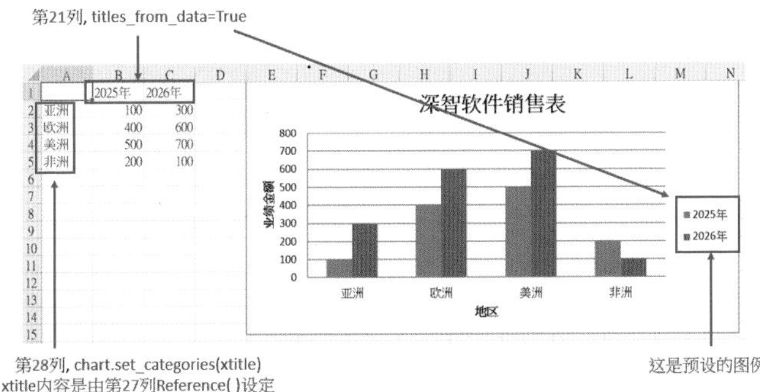

上述第 21 行的 add_data( ) 函数增加了 titles_from_data=True 的参数设定，所以图表右边可以看到蓝色和红色直条所代表的意义，如果省略此参数设定，只能看到数列 1、数列 2，读者可以自己练习。

15-2 认识柱形图表的属性

15-2-1 图表的宽度和高度

图表对象的属性 width（默认是 15 厘米）和 height（默认是 7 厘米），代表图表的宽度和高度。

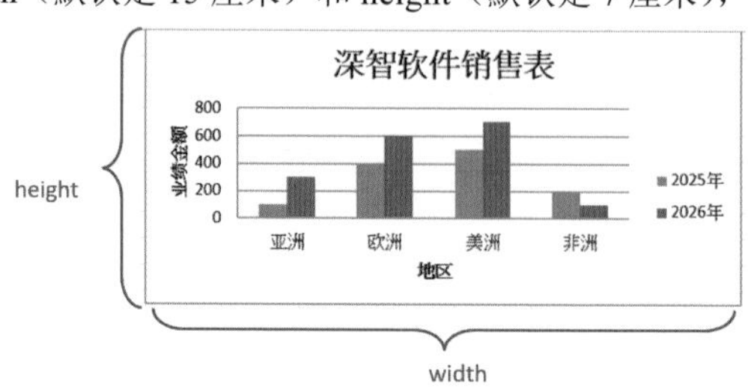

我们可以使用 width 和 height 属性，设定图表的宽度和高度。

程序实例 ch15_3.py：将图表宽度改为 12 厘米，高度改为 5.4 厘米。

```
# ch15_3.py
import openpyxl
from openpyxl.chart import BarChart, Reference

wb = openpyxl.Workbook()                        # 开启工作簿
ws = wb.active                                  # 获得目前工作表
rows = [
    ['', '2025年', '2026年'],
    ['亚洲', 100, 300],
    ['欧洲', 400, 600],
    ['美洲', 500, 700],
    ['非洲', 200, 100]]
for row in rows:
    ws.append(row)

# 建立数据源
data = Reference(ws,min_col=2,max_col=3,min_row=1,max_row=5)
# 建立柱形图对象
chart = BarChart()                              # 柱形图
# 将数据加入图表
chart.add_data(data, titles_from_data=True) # 建立图表
# 建立图表和坐标轴标题
chart.title = '深智软件销售表'                  # 图表标题
chart.x_axis.title = '地区'                     # x轴标题
chart.y_axis.title = '业绩金额'                 # y轴标题
# x轴数据标签（亚洲欧洲美洲非洲）
xtitle = Reference(ws,min_col=1,min_row=2,max_row=5)
chart.set_categories(xtitle)
# 更改图表的宽度和高度
chart.width = 12
chart.height = 5.4
# 将图表放在工作表 E1
ws.add_chart(chart, 'E1')
wb.save('out15_3.xlsx')
```

执行结果 开启 out15_3.xlsx 可以得到如下结果。

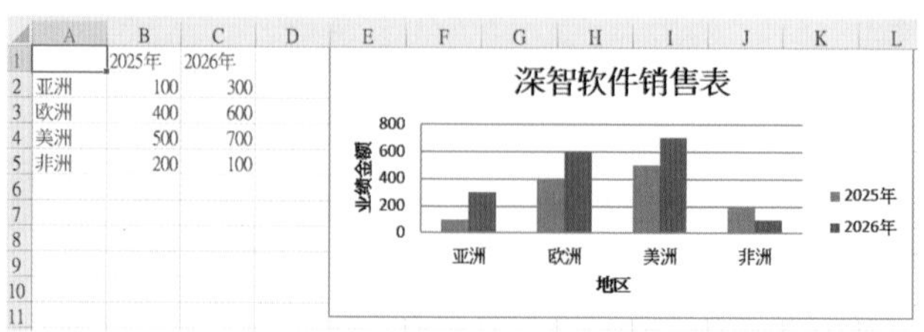

	A	B	C
1		2025年	2026年
2	亚洲	100	300
3	欧洲	400	600
4	美洲	500	700
5	非洲	200	100

读者可以从图表所占有的单元格区间知道，图表缩成原先的 80% 了。

15-2-2　图例属性

图表对象的 legend 属性默认是 True，所以图表会自动显示图例。如果要隐藏图例，可以设定 chart.legend = None。

程序实例 ch15_3_1.py：重新设计 ch15_2.py，但是隐藏图例。

```
# ch15_3_1.py
import openpyxl
from openpyxl.chart import BarChart, Reference

wb = openpyxl.Workbook()                    # 开启工作簿
ws = wb.active                              # 获得目前工作表
rows = [
    ['', '2025年', '2026年'],
    ['亚洲', 100, 300],
    ['欧洲', 400, 600],
    ['美洲', 500, 700],
    ['非洲', 200, 100]]
for row in rows:
    ws.append(row)

# 建立数据源
data = Reference(ws,min_col=2,max_col=3,min_row=1,max_row=5)
# 建立柱形图对象
chart = BarChart()                          # 柱形图
# 将数据加入图表
chart.add_data(data, titles_from_data=True) # 建立图表
# 建立图表和坐标轴标题
chart.title = '深智软件销售表'              # 图表标题
chart.x_axis.title = '地区'                 # x轴标题
chart.y_axis.title = '业绩金额'             # y轴标题
# x轴数据标签 (亚洲欧洲美洲非洲)
xtitle = Reference(ws,min_col=1,min_row=2,max_row=5)
chart.set_categories(xtitle)
# 隐藏图例
chart.legend = None

# 将图表放在工作表 E1
ws.add_chart(chart, 'E1')
wb.save('out15_3_1.xlsx')
```

执行结果

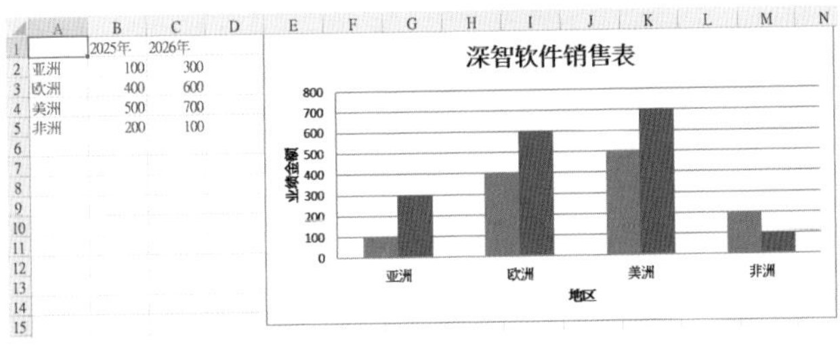

图表对象的 legend.position 属性可以设定图例的位置，有下列选项：

- 'l'：左边，这是预设项。
- 'r'：右边。
- 't'：上边。
- 'b'：下边。
- 'tr'：右上方。

程序实例 ch15_3_2.py：重新设计 ch15_3_1.py，将图例放在右上方。

```
# 更改图例位置
chart.legend.position = 'tr'
```

执行结果

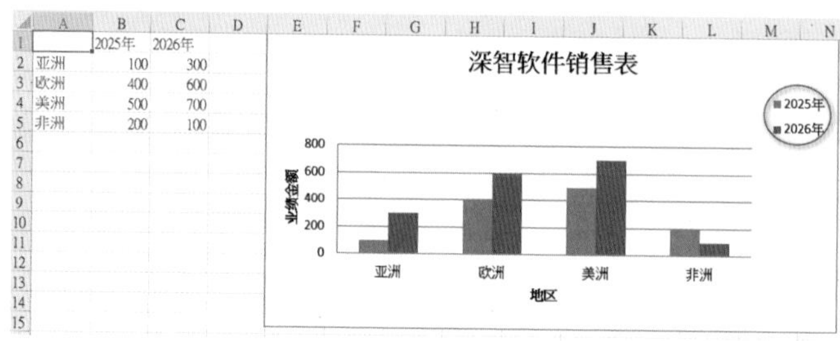

读者可以将 'tr' 改为其他位置。

15-2-3 数据长条的区间

图表对象的属性 gapWith 可以设定数据长条群组之间的距离。

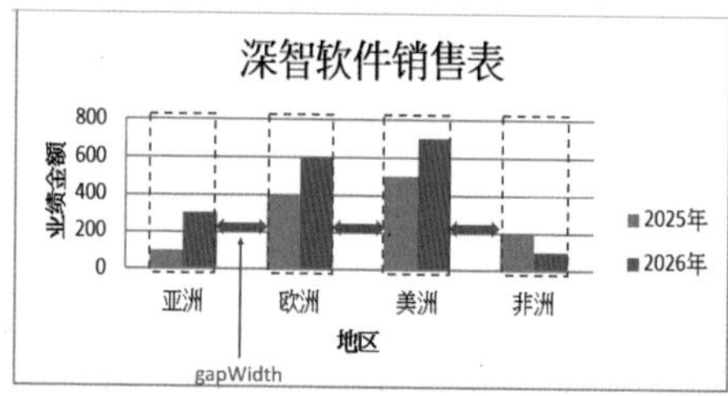

属性 gapWidth 可以设定的越值是 0~500，如果 gapWidth 越大，则数据长条的间距就越大；如果 gapWidth 越小，则长条的间距就越小。

程序实例 ch15_4.py：将 gapWidth 设为 50，重新设计 ch15_2.py，读者可以比较彼此的差异。

```
# ch15_4.py
import openpyxl
from openpyxl.chart import BarChart, Reference

wb = openpyxl.Workbook()                    # 开启工作簿
ws = wb.active                              # 获得目前工作表
rows = [
      ['', '2025年', '2026年'],
      ['亚洲', 100, 300],
      ['欧洲', 400, 600],
      ['美洲', 500, 700],
      ['非洲', 200, 100]]
for row in rows:
    ws.append(row)

# 建立数据源
data = Reference(ws,min_col=2,max_col=3,min_row=1,max_row=5)
# 建立柱形图对象
chart = BarChart()                          # 柱形图
# 将数据加入图表
chart.add_data(data, titles_from_data=True) # 建立图表
# 建立图表和坐标轴标题
chart.title = '深智软件销售表'              # 图表标题
chart.x_axis.title = '地区'                 # x轴标题
chart.y_axis.title = '业绩金额'             # y轴标题
# x轴数据标签（亚洲欧洲美洲非洲）
xtitle = Reference(ws,min_col=1,min_row=2,max_row=5)
chart.set_categories(xtitle)
# 设定 gapWidth = 50
chart.gapWidth = 50
# 将图表放在工作表 E1
ws.add_chart(chart, 'E1')
wb.save('out15_4.xlsx')
```

执行结果　开启 out15_4.xlsx 可以得到如下结果。

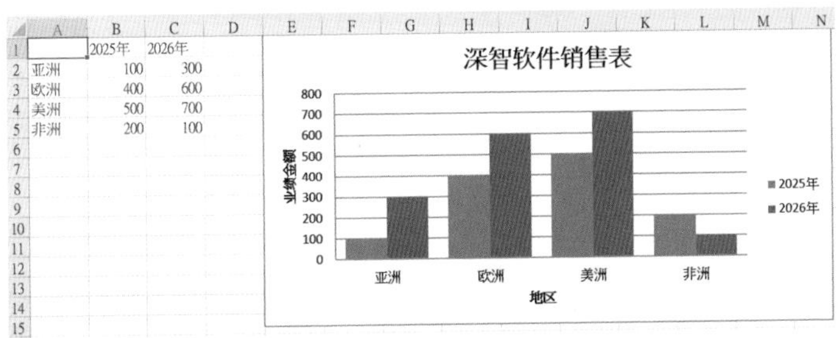

从上图读者应该可以明显看到数据长条群组间的距离变小了。

15-2-4　更改直条数据的颜色

当柱形图表建立完成后，所看到的直条颜色是预设的，我们可以更改颜色，使用前需要导入 ColorChoice 模块。

```
from openpyxl.drawing.fill import ColorChoice
```

此外，当一个直条群组建立完成后，可以用 series[x] 引用各直条对象，例如，第一个直条对象是 chart.series[0]，第二个直条对象是 chart.series[1] 等。

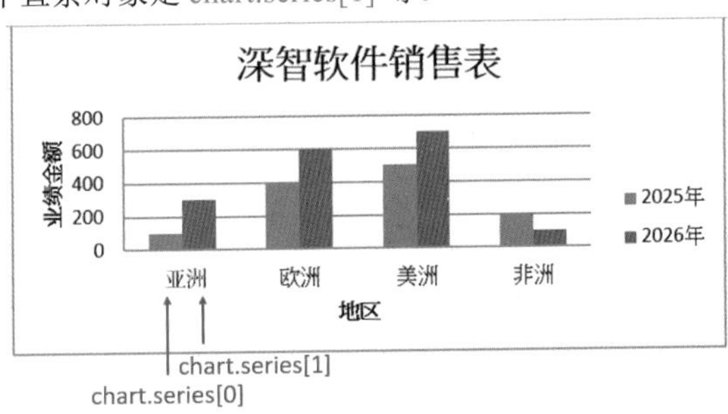

要设定直条填满的颜色，可以用直条对象的 graphicalProperties.solidFill 属性，颜色则需使用 ColorChoice( ) 函数，此函数内容如下：

```
ColorChoice(prsClr="xx")
```

上述函数参数 presClr 的值 xx 是指颜色字符串，有关此字符串可以参考如下色彩群组。

‘lavender’，‘medVioletRed’，‘ltGray’，‘salmon’，‘darkGreen’，‘chartreuse’，‘ltCoral’，‘ltGreen’，‘mediumSeaGreen’，‘dodgerBlue’，‘indigo’，‘ltCyan’，‘lightSalmon’，‘darkSlateBlue’，‘olive’，‘darkGray’，‘honeydew’，‘lightPink’，‘dkGoldenrod’，‘blueViolet’，‘maroon’，‘tomato’，‘goldenrod’，‘dkOrange’，‘mediumVioletRed’，‘deepSkyBlue’，‘medSeaGreen’，‘khaki’，‘dkGray’，‘dkCyan’，‘darkViolet’，‘orangeRed’，‘slateBlue’，‘darkRed’，‘royalBlue’，‘moccasin’，‘medPurple’，‘ivory’，‘lightBlue’，‘magenta’，‘wheat’，‘hotPink’，‘navajoWhite’，‘green’，‘grey’，‘azure’，‘darkTurquoise’，‘slateGray’，‘ltGoldenrodYellow’，‘rosyBrown’，‘silver’，‘cyan’，‘limeGreen’，‘lavenderBlush’，‘yellowGreen’，‘dkOliveGreen’，‘medBlue’，‘plum’，‘darkSlateGray’，‘cornsilk’，‘whiteSmoke’，‘darkGrey’，‘lightGray’，‘crimson’，‘darkGoldenrod’，‘indianRed’， ‘dkTurquoise’，‘mediumOrchid’，‘paleGoldenrod’，‘cornflowerBlue’，‘snow’，‘gray’，‘burlyWood’，‘darkOrange’，‘lightSkyBlue’，‘deepPink’，‘ltPink’，‘aquamarine’，‘chocolate’，‘lightSteelBlue’，‘navy’，‘tan’，‘turquoise’，‘skyBlue’，‘medSpringGreen’，‘firebrick’，‘mediumAquamarine’，‘pink’，‘slateGrey’，‘darkOrchid’，‘oliveDrab’，‘aliceBlue’，‘dimGrey’，‘steelBlue’，‘gold’，‘mintCream’，‘ltSalmon’，‘dkSeaGreen’，‘ltGrey’，‘fuchsia’，‘dkMagenta’，‘dkGreen’，‘peachPuff’，‘lime’，‘medSlateBlue’，‘ghostWhite’，‘blanchedAlmond’，‘dkSlateGrey’，‘darkSeaGreen’，‘linen’，‘midnightBlue’，‘paleTurquoise’，‘sienna’，‘dkKhaki’，‘teal’，‘medOrchid’，‘floralWhite’，‘papayaWhip’，‘lightGreen’，‘dkSlateGray’，‘lawnGreen’，‘lightSlateGrey’，‘ltSlateGrey’，‘purple’，‘beige’，‘thistle’，‘coral’，‘lightGoldenrodYellow’，‘lemonChiffon’，‘mediumPurple’，‘dkGrey’，‘lightCyan’，‘springGreen’，‘oldLace’，‘lightGrey’，‘dkRed’，‘medTurquoise’，‘aqua’，‘darkCyan’，‘dkBlue’，‘gainsboro’，‘lightYellow’，‘ltYellow’，‘cadetBlue’，‘lightCoral’，‘paleGreen’，‘dkViolet’，‘mistyRose’，‘yellow’，‘ltSeaGreen’，‘dimGray’，‘lightSlateGray’，‘dkSlateBlue’，‘darkMagenta’，‘dkSalmon’，‘violet’，‘medAquamarine’，‘darkSlateGrey’，‘bisque’，‘white’，‘powderBlue’，‘ltSlateGray’，‘darkKhaki’，‘darkSalmon’，‘seaGreen’，‘mediumSlateBlue’，‘ltSkyBlue’，‘saddleBrown’，‘forestGreen’，‘mediumTurquoise’，‘blue’，‘antiqueWhite’，‘darkBlue’，‘orchid’，‘ltSteelBlue’，‘mediumSpringGreen’，‘peru’，‘paleVioletRed’，‘greenYellow’，‘red’，‘seaShell’，‘black’，‘dkOrchid’，‘mediumBlue’，‘lightSeaGreen’，‘brown’，‘orange’，‘ltBlue’，‘sandyBrown’，‘darkOliveGreen’

程序实例 ch15_5.py：将直条对象 0 改为绿色（green），直条对象 1 改为橘色（orange），重新设计 ch15_2.py，读者可以比较彼此的差异。

```
# ch15_5.py
import openpyxl
from openpyxl.chart import BarChart, Reference
from openpyxl.drawing.fill import ColorChoice

wb = openpyxl.Workbook()                    # 开启工作簿
ws = wb.active                              # 获得目前工作表
rows = [
    ['', '2025年', '2026年'],
    ['亚洲', 100, 300],
    ['欧洲', 400, 600],
    ['美洲', 500, 700],
    ['非洲', 200, 100]]
for row in rows:
    ws.append(row)

# 建立数据源
data = Reference(ws,min_col=2,max_col=3,min_row=1,max_row=5)
# 建立柱形图对象
chart = BarChart()                          # 柱形图
# 将数据加入图表
chart.add_data(data, titles_from_data=True) # 建立图表
# 建立图表和坐标轴标题
chart.title = '深智软件销售表'               # 图表标题
chart.x_axis.title = '地区'                 # x轴标题
chart.y_axis.title = '业绩金额'             # y轴标题
# x轴数据标签（亚洲欧洲美洲非洲）
xtitle = Reference(ws,min_col=1,min_row=2,max_row=5)
chart.set_categories(xtitle)
# 设定长条色彩
ser0 = chart.series[0]
ser0.graphicalProperties.solidFill=ColorChoice(prstClr="green")
ser1 = chart.series[1]
ser1.graphicalProperties.solidFill=ColorChoice(prstClr="orange")
# 将图表放在工作表 E1
ws.add_chart(chart, 'E1')
wb.save('out15_5.xlsx')
```

执行结果　开启 out15_5.xlsx 可以得到如下结果。

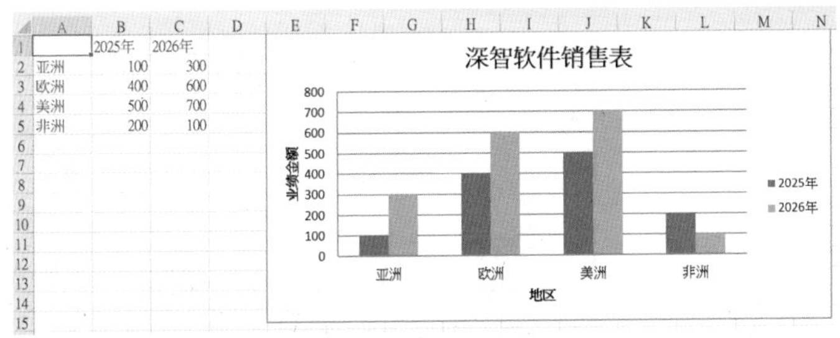

15-2-5　柱形图的色彩样式

当我们使用 Excel 建立柱形图后，如果选择图表设计选项卡，可以选择图表样式，如下图所示。

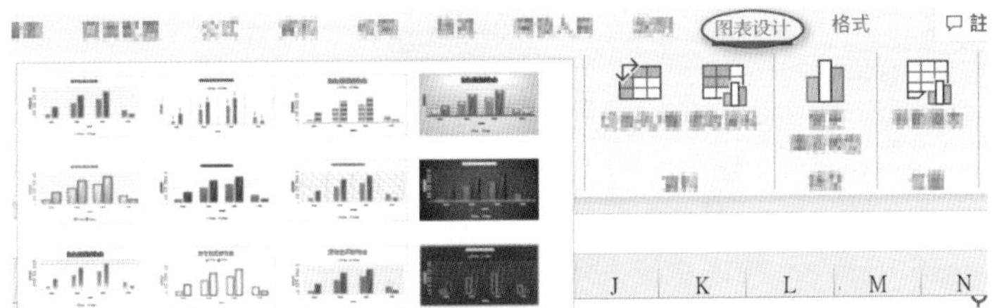

对于 openpyxl 模块则可以使用 style 属性选择不同的色彩样式，目前可以使用的有 1 ~ 48，

程序实例 ch15_6.py：设定图表色彩样式 style=48，重新设计 ch15_2.py。

```
# ch15_6.py
import openpyxl
from openpyxl.chart import BarChart, Reference

wb = openpyxl.Workbook()                # 开启工作簿
ws = wb.active                          # 获得目前工作表
rows = [
    ['', '2025年', '2026年'],
    ['亚洲', 100, 300],
    ['欧洲', 400, 600],
    ['美洲', 500, 700],
    ['非洲', 200, 100]]
for row in rows:
    ws.append(row)

# 建立数据源
data = Reference(ws,min_col=2,max_col=3,min_row=1,max_row=5)
# 建立柱形图对象
chart = BarChart()                      # 柱形图
# 将数据加入图表
chart.add_data(data, titles_from_data=True) # 建立图表
# 建立图表和坐标轴标题
chart.title = '深智软件销售表'          # 图表标题
chart.x_axis.title = '地区'             # x轴标题
chart.y_axis.title = '业绩金额'         # y轴标题
# x轴数据标签 (亚洲欧洲美洲非洲)
xtitle = Reference(ws,min_col=1,min_row=2,max_row=5)
chart.set_categories(xtitle)
# 设定直方图表色彩样式
chart.style = 48
# 将图表放在工作表 E1
ws.add_chart(chart, 'E1')
wb.save('out15_6.xlsx')
```

执行结果 开启 out15_6.xlsx 可以得到如下结果。

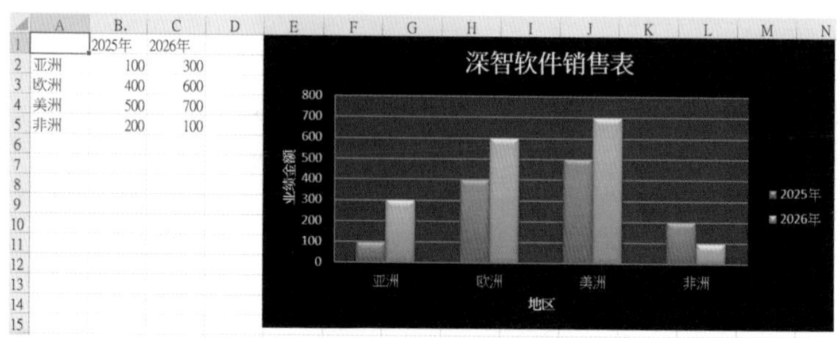

如下是其他设定实例，读者可以从 ch15 文件夹取得。

程序实例 ch15_6_1.py：chart.style = 10。

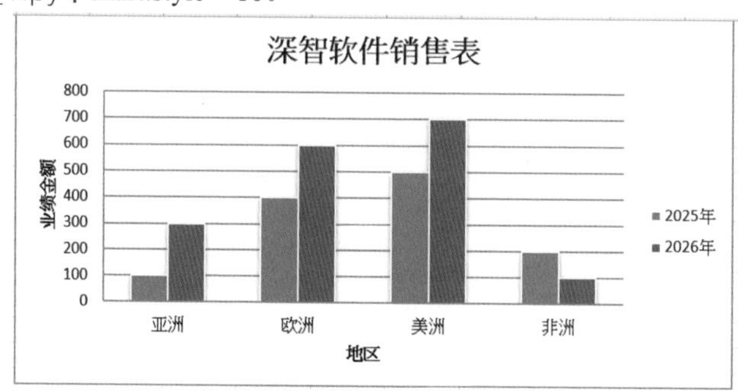

程序实例 ch15_6_2.py：chart.style = 14。

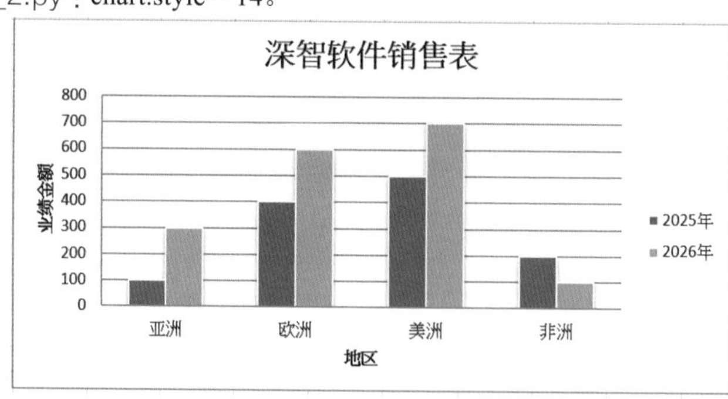

15-3 条形图

条形图也是使用 BarChart( ) 产生，将柱形图向右旋转 90 度，就可以得到条形图，使用 openpyxl 模块是用图表对象的 type 属性设定，假设图表对象是 chart，则柱形图与条形图的差异如下：

```
chart.type = "col"          # 这是预设，也就是柱形图
chart.type = "bar"          # 设定条形图
```

程序实例 ch15_7.py：设定 chart.type = "bar"，重新设计 ch15_2.py，最后可以得到条形图结果。

```
# ch15_7.py
import openpyxl
from openpyxl.chart import BarChart, Reference

wb = openpyxl.Workbook()                    # 开启工作簿
ws = wb.active                              # 获得目前工作表
rows = [
    ['', '2025年', '2026年'],
    ['亚洲', 100, 300],
    ['欧洲', 400, 600],
    ['美洲', 500, 700],
    ['非洲', 200, 100]]
for row in rows:
    ws.append(row)

# 建立数据源
data = Reference(ws,min_col=2,max_col=3,min_row=1,max_row=5)
# 建立柱形图对象
chart = BarChart()                          # 柱形图
chart.type = "bar"                          # 改为条形图
# 将数据加入图表
chart.add_data(data, titles_from_data=True) # 建立图表
# 建立图表和坐标轴标题
chart.title = '深智软件销售表'              # 图表标题
chart.x_axis.title = '地区'                 # x轴标题
chart.y_axis.title = '业绩金额'             # y轴标题
# x轴数据标签（亚洲欧洲美洲非洲）
xtitle = Reference(ws,min_col=1,min_row=2,max_row=5)
chart.set_categories(xtitle)
# 将图表放在工作表 E1
ws.add_chart(chart, 'E1')
wb.save('out15_7.xlsx')
```

执行结果　开启 out15_7.xlsx 可以得到如下结果。

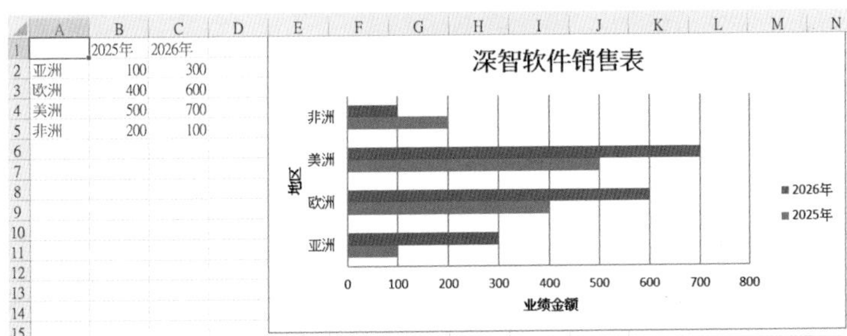

15-4 栈柱形图

栈柱形图有 2 种，一种是一般栈柱形图（stacked chart），另一种是百分比栈柱形图（percentStack chart）。

15-4-1　认识属性

与栈柱形图有关的图表对象属性如下：

```
chart.grouping = "xx"
```

上述 xx 可以有如下选项。

- standard：这是预设，表示是柱形图。
- stacked：一般栈柱形图。
- percentStacked：百分比栈柱形图。

将柱形图改为栈柱形图后，还可以设定 overlap 属性，这个属性可以设定数据在栈时，是否有位移产生，值的范围是 –100 ~ 100。overlap = 100 表示完美连接，数值越小，则距离越远。

15-4-2 建立一般栈柱形图

程序实例 ch15_8.py：不设定 chart.overlap，重新设计 ch15_2.py 为一般栈柱形图。

```
# ch15_8.py
import openpyxl
from openpyxl.chart import BarChart, Reference

wb = openpyxl.Workbook()                    # 开启工作簿
ws = wb.active                              # 获得目前工作表
rows = [
    ['', '2025年', '2026年'],
    ['亚洲', 100, 300],
    ['欧洲', 400, 600],
    ['美洲', 500, 700],
    ['非洲', 200, 100]]
for row in rows:
    ws.append(row)

# 建立数据源
data = Reference(ws,min_col=2,max_col=3,min_row=1,max_row=5)
# 建立柱形图对象
chart = BarChart()                          # 柱形图
# 将数据加入图表
chart.add_data(data, titles_from_data=True) # 建立图表
# 建立图表和坐标轴标题
chart.title = '深智软件销售表'              # 图表标题
chart.x_axis.title = '地区'                 # x轴标题
chart.y_axis.title = '业绩金额'             # y轴标题
# x轴数据标签 (亚洲欧洲美洲非洲)
xtitle = Reference(ws,min_col=1,min_row=2,max_row=5)
chart.set_categories(xtitle)
# 建立栈柱形图，不设定 chart.overlap
chart.grouping = "stacked"

# 将图表放在工作表 E1
ws.add_chart(chart, 'E1')
wb.save('out15_8.xlsx')
```

执行结果 开启 out15_8.xlsx 可以得到如下结果。

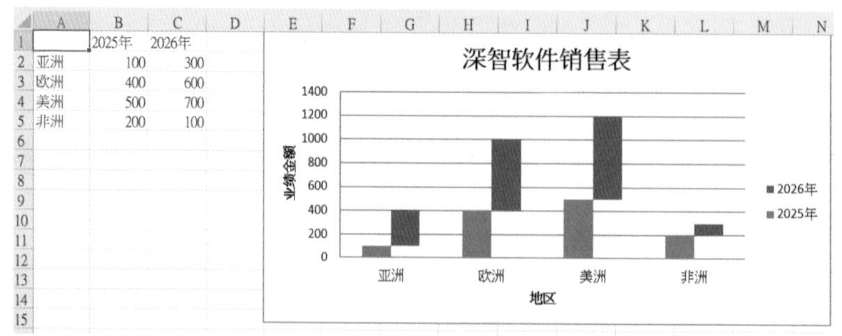

程序实例 ch15_9.py：设定 chart.overlap = 100，重新设计 ch15_8.py。

```
# 建立栈柱形图，设定 chart.overlap=100
chart.grouping = "stacked"
chart.overlap = 100
```

执行结果　开启 out15_9.xlsx 可以得到如下结果。

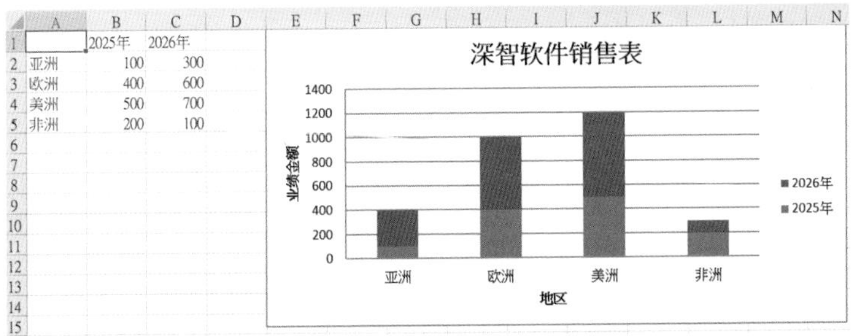

15-4-3　建立百分比栈柱形图

程序实例 ch15_10.py：不设定 chart.overlap，重新设计 ch15_8.py 为百分比栈柱形图。

```
# 建立百分比栈柱形图, 不设定 chart.overlap
chart.grouping = "percentStacked"

```

执行结果　开启 out15_10.xlsx 可以得到如下结果。

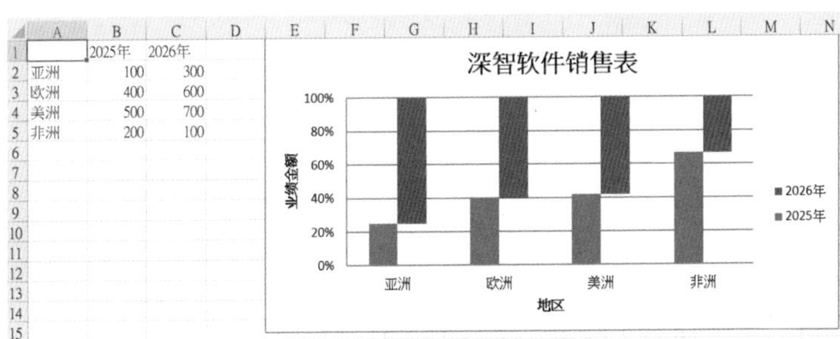

从上述图表可以看到各地区在不同年度的销售比。

程序实例 ch15_11.py：设定 chart.overlap = 100，重新设计 ch15_9.py 为百分比栈柱形图。

```
# 建立百分比栈柱形图, 不设定 chart.overlap
chart.grouping = "percentStacked"
chart.overlap = 100
```

执行结果　开启 out15_11.xlsx 可以得到如下结果。

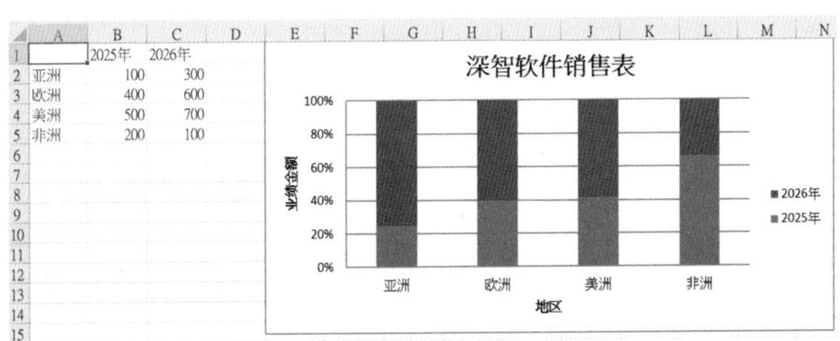

15-5 3D 柱形图

15-5-1 基础概念

3D 柱形图的函数是 BarChart3D( )，其他概念和柱形图概念一样，建立 3D 柱形图对象语法如下：

```
chart = BarChart3D( )
```

此外，使用前要先导入 BarChart3D 模块，如下所示：

```
from openpyxl.chart import BarChart3D
```

程序实例 ch15_12.py：将柱形图改为 3D 柱形图，然后重新设计 ch15_2.py。

```
# 建立3D柱形图对象
chart = BarChart3D()                        # 3D柱形图

```

执行结果 开启 out15_12.xlsx 可以得到如下结果。

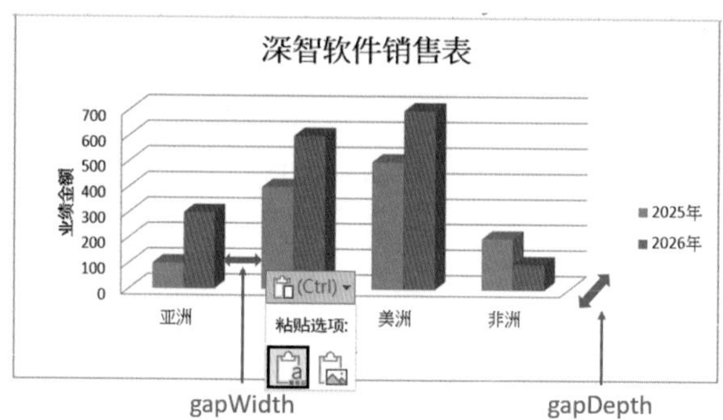

3D 柱形图的 gapWidth 和 gapDepth 属性可以参考上述执行结果图。

15-5-2 3D 柱形图的外形

3D 柱形图对象的 shape 属性可以设定不同的外形，此 shape 属性可以有下列选择。

- box：盒状外形，这是预设。
- pyramid：金字塔外形。
- pyramidToMax：有限高度的金字塔外形。
- cone：锥体。
- coneToMax：有限高度的锥体。
- cylinder：圆柱外形。

程序 ch15_13.py：使用金字塔外形的 3D 柱形图，重新设计 ch15_2.py。

```
# 建立3D柱形图对象
chart = BarChart3D()                        # 3D柱形图
chart.shape = "pyramid"
```

执行结果 开启 out15_13.xlsx 可以得到如下结果。

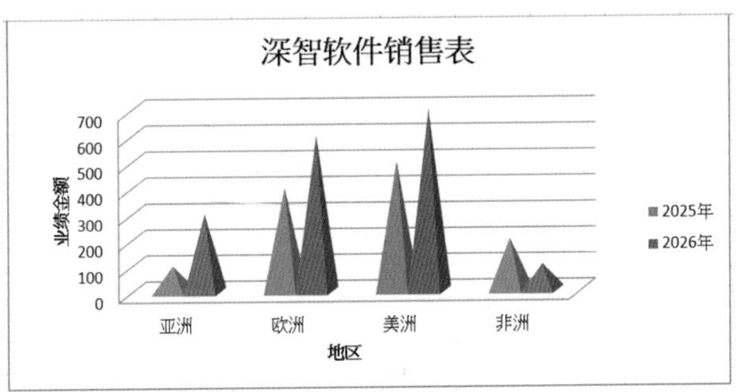

如下是更改 shape 属性所获得的结果。

程序实例 ch15_14.py：chart.shape = "pyramidToMax"。

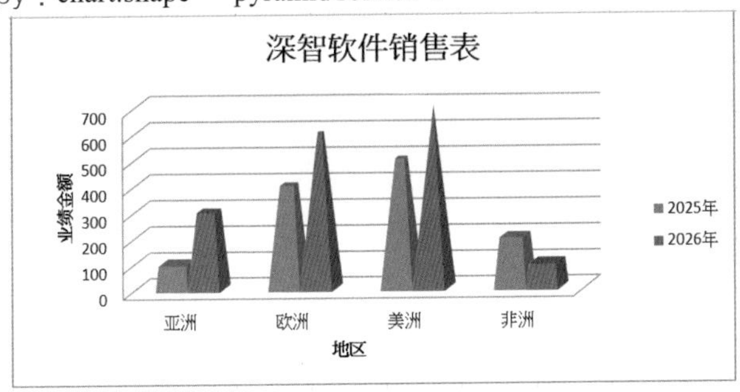

程序实例 ch15_15.py：chart.shape = "cone"。

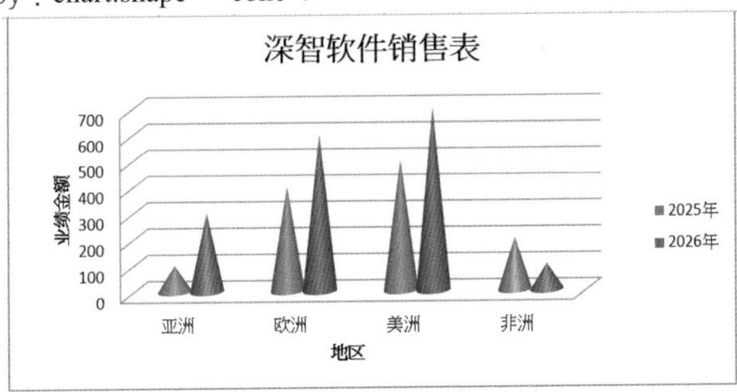

程序实例 ch15_16.py：chart.shape = "coneToMax"。

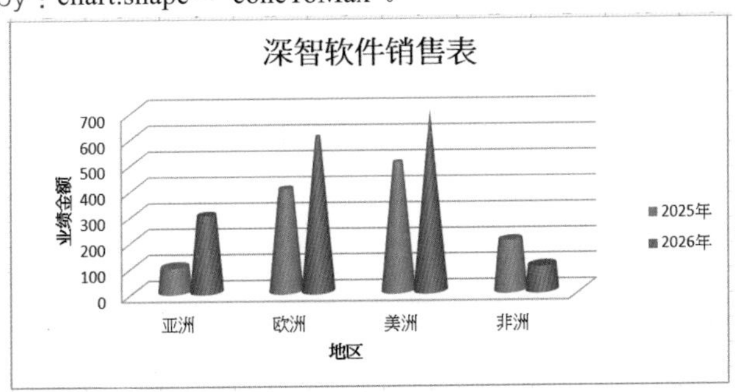

程序实例 ch15_17.py：chart.shape = "cylinder"。

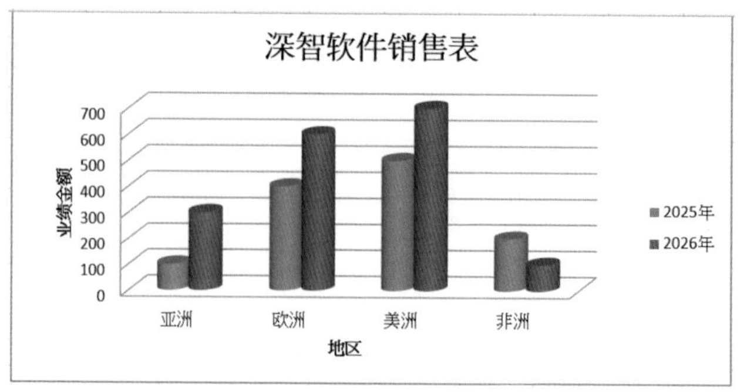

15-6 一个工作表建立多组图表的应用

一个工作表可以有多组图表，如果使用相同的数据，可以使用 deepcopy( ) 函数。下列是复制一份图表对象的实例：

```
chart2 = deepcopy(chart)
```

上述 chart2 与 chart 一样是图表对象，未来可以针对此新的图表对象做更进一步的编辑工作。

程序实例 ch15_18.py：使用 ch15_17.py 的 3D 圆柱图复制一份，改为圆锥图。

```
# ch15_18.py
import openpyxl
from openpyxl.chart import BarChart3D, Reference
from copy import deepcopy

wb = openpyxl.Workbook()                    # 开启工作簿
ws = wb.active                              # 获得目前工作表
rows = [
    ['', '2025年', '2026年'],
    ['亚洲', 100, 300],
    ['欧洲', 400, 600],
    ['美洲', 500, 700],
    ['非洲', 200, 100]]
for row in rows:
    ws.append(row)

# 建立数据源
data = Reference(ws,min_col=2,max_col=3,min_row=1,max_row=5)
# 建立3D柱形图对象
chart = BarChart3D()                        # 3D柱形图
chart.shape = "cylinder"
# 将数据加入图表
chart.add_data(data, titles_from_data=True) # 建立图表
# 建立图表和坐标轴标题
chart.title = '深智软件销售表'              # 图表标题
chart.x_axis.title = '地区'                 # x轴标题
chart.y_axis.title = '业绩金额'             # y轴标题
# x轴数据标签 (亚洲欧洲美洲非洲)
xtitle = Reference(ws,min_col=1,min_row=2,max_row=5)
chart.set_categories(xtitle)
# 将图表放在工作表 E1
ws.add_chart(chart, 'E1')
# 复制一份，建立圆锥图
chart2 = deepcopy(chart)
chart2.shape = "cone"
ws.add_chart(chart2, 'E16')
wb.save('out15_18.xlsx')
```

执行结果 开启 out15_18.xlsx 可以得到如下结果。

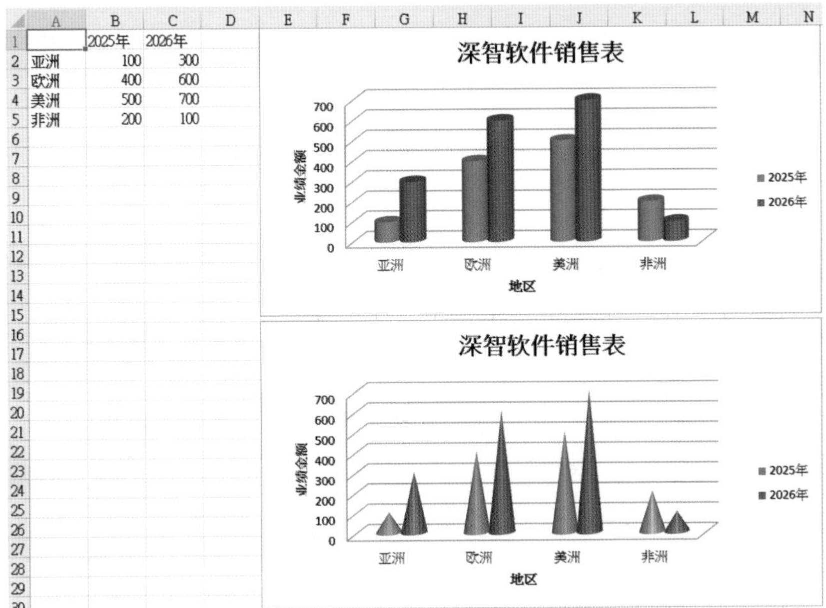

A B C D E F G H I J K L M N
2025年 2026年
亚洲 100 300
欧洲 400 600
美洲 500 700
非洲 200 100
深智软件销售表
业绩金额
2025年
2026年
地区
深智软件销售表
业绩金额
2025年
2026年
地区

第 1 6 章

折线图与分区图

16-1 折线图
16-2 栈折线图
16-3 建立平滑的线条
16-4 数据点的标记
16-5 折线图的线条样式
16-6 3D 折线图
16-7 分区图
16-8 3D 分区图

折线图与分区图皆用于显示某段期间内数据的变动情形及趋势。本章会从平面折线图说起，进入到 3D 折线图，然后说明分区图。

16-1 折线图

绘制折线图的函数是 LineChart( )，在使用前需要先导入 LineChart 模块。

```
from openpyxl.chart import LineChart
```

下列是建立折线图对象的实例。

```
chart = LineChart( )
```

有了折线图对象后，下列属性意义与柱形图相同。

- chart.title：建立图表标题。
- chart.x_axis.title：*x* 轴标题。
- chart.y_axis.title：*y* 轴标题。
- chart.width：图表宽度。
- chart.height：图表高度。
- chart.style：图表色彩样式。
- chart.legend：是否显示图例。
- chart.legend.position：图例位置。
- chart.grouping：标准、栈或百分比栈设定。

程序实例 ch16_1.py：建立基本折线图。

```
# ch16_1.py
import openpyxl
from openpyxl.chart import LineChart, Reference

wb = openpyxl.Workbook()                        # 开启工作簿
ws = wb.active                                  # 获得目前工作表
rows = [
    ['', 'Benz', 'BMW', 'Audi'],
    ['2025年', 400, 300, 250],
    ['2026年', 350, 250, 300],
    ['2027年', 500, 300, 450],
    ['2028年', 300, 250, 420],
    ['2029年', 200, 350, 270]]
for row in rows:
    ws.append(row)

# 建立数据源
data = Reference(ws,min_col=2,max_col=4,min_row=1,max_row=6)
# 建立折线图对象
chart = LineChart()                             # 折线图
# 将数据加入图表
chart.add_data(data, titles_from_data=True) # 建立图表
# 建立图表和坐标轴标题
chart.title = '汽车销售表'                        # 图表标题
chart.x_axis.title = '年度'                       # x轴标题
chart.y_axis.title = '销售数'                     # y轴标题
# x轴数据标签 (年度)
xtitle = Reference(ws,min_col=1,min_row=2,max_row=6)
chart.set_categories(xtitle)
# 将图表放在工作表 E1
ws.add_chart(chart, 'E1')
wb.save('out16_1.xlsx')
```

执行结果　开启 out16_1.xlsx 可以得到如下结果。

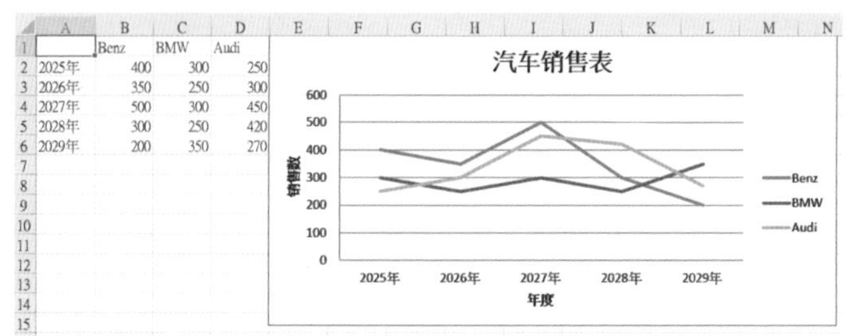

程序实例 ch16_2.py：请使用 chart.style = 42 重新设计 ch16_1.py，读者可以体验结果。

```
# 使用style = 42, 设定色彩样式
chart.style = 42
```

执行结果 开启 out16_2.xlsx 可以得到如下结果。

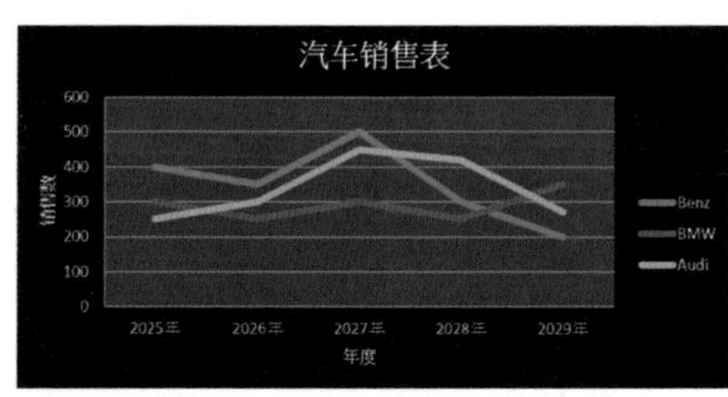

注 程序代码只列出增加部分，其他实例以相同方式处理。

16-2 栈折线图

栈折线图的概念和柱形图概念一样，是将数据栈（若以本章的实例而言就是每年的销售数量）叠加起来，设定如下：

```
chart.grouping = "stacked"                    # 栈折线图
chart.grouping = "percentStacked"             # 百分比栈折线图
```

程序实例 ch16_3.py：用栈折线图重新设计 ch16_1.py。

```
# 栈折线图
chart.grouping = "stacked"
```

执行结果 开启 out16_3.xlsx 可以得到如下结果。

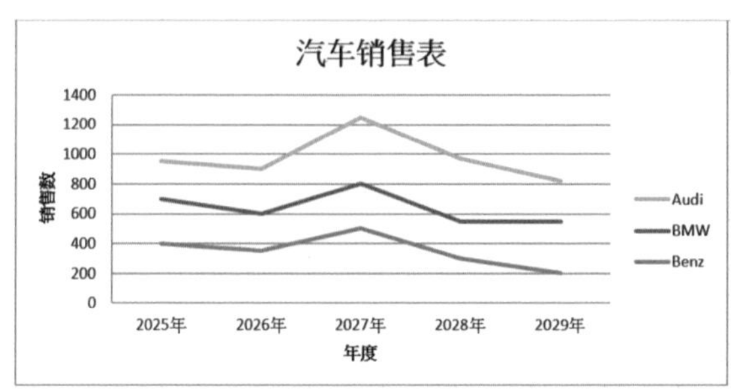

程序实例 ch16_4.py：用百分比栈折线图重新设计 ch16_1.py。

```
# 百分比栈折线图
chart.grouping = "percentStacked"
```

执行结果　开启 out16_4.xlsx 可以得到如下结果。

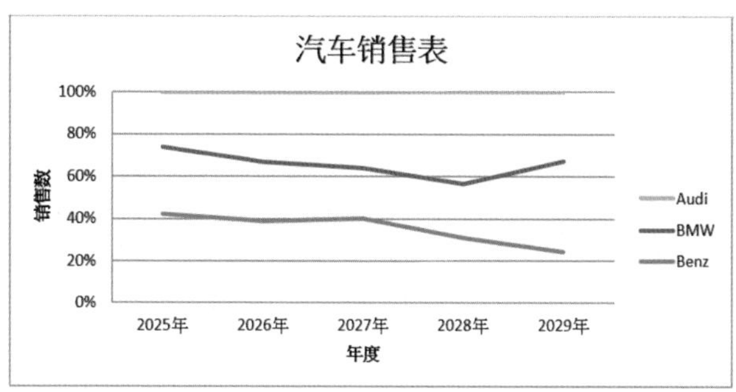

16-3 建立平滑的线条

线条对象有 smooth 属性，如果将此属性设为 True，可以建立平滑的线条。

程序实例 ch16_5.py：重新设计 ch16_1.py，建立平滑的折线图。

```
# 建立线条数据点符号
s0 = chart.series[0]                # 线条编号 0 - Benz
s0.smooth = True
s1 = chart.series[1]                # 线条编号 1 - BMW
s1.smooth = True
s2 = chart.series[2]                # 线条编号 2 - Audi
s2.smooth = True
```

执行结果　开启 out16_5.xlsx 可以得到如下结果。

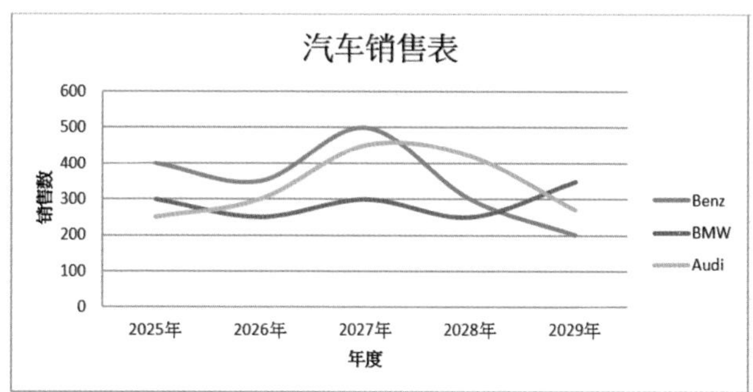

16-4 数据点的标记

16-3 节已经说明可以用线条对象建立平滑的线条，该线条对象也可以建立数据点的标记、大小、填满颜色与外框颜色。这些属性内容如下：

- marker.symbol：标记，可以是‘x’‘picture’‘dash’‘triangle’‘star’‘square’‘plus’‘circle’‘dot’‘auto’‘diamond’。
- marker.size：标记的大小，可以用浮点数。
- graphicalProperties.solidFill：填充标记的颜色，可以使用 RGB 色彩（‘FF0000’），也可以用 ColorChoice( ) 函数。
- graphicalProperties.line.solidFill：填充标记外框的颜色，可以使用 RGB 色彩（‘FF0000’），也可以用 ColorChoice( ) 函数。

程序实例 ch16_6.py：重新设计 ch16_1.py，每一个产品折线点使用不同的标记。

```
# 建立线条数据点符号
s0 = chart.series[0]                            # 线条编号 0 - Benz
s0.marker.symbol = "diamond"
s0.marker.size = 8
s0.marker.graphicalProperties.solidFill = 'FF0000'        # 标记内部
s0.marker.graphicalProperties.line.solidFill = 'FF0000'   # 标记轮廓

s1 = chart.series[1]                            # 线条编号 1 - BMW
s1.marker.symbol = "circle"
s1.marker.size = 5
s1.marker.graphicalProperties.solidFill = '00FF00'        # 标记内部
s1.marker.graphicalProperties.line.solidFill = '00FF00'   # 标记轮廓

s2 = chart.series[2]                            # 线条编号 2 - Audi
s2.marker.symbol = "star"
s2.marker.size = 10
s2.marker.graphicalProperties.solidFill = '0000FF'        # 标记内部
s2.marker.graphicalProperties.line.solidFill = '0000FF'   # 标记轮廓
```

执行结果 开启 out16_6.xlsx 可以得到如下结果。

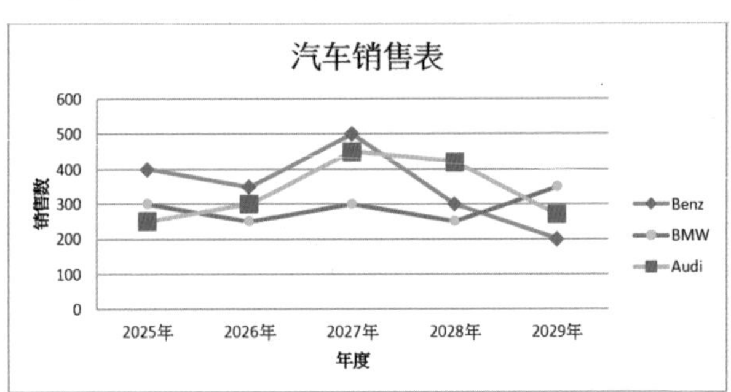

16-5 折线图的线条样式

线条对象也可以建立线条样式、颜色和宽度，这些属性内容如下：

- graphicalProperties.line.solidFill：可以用 RGB 色彩设定线条颜色。
- graphicalProperties.line.dashStyle：线条样式，可以有‘dash’‘dot’‘dashDot’‘sysDot’‘sysDashDot’‘sysDashDotDot’‘syaDash’‘lgDash’‘lgDashDot’‘lgDashDotDot’。
- graphicalProperties.line.width：线条的宽度，使用 EMU 模块转换。
- graphicalProperties.line.noFill：预设是 False，如果是 True 可以隐藏线条。

程序实例 ch16_7.py：重新设计 ch16_6.py，扩充使用不同样式与颜色的线条。

```
from openpyxl.utils.units import pixels_to_EMU

  ...

# 建立线条数据点标记和样式
# 线条编号 0 标记
s0 = chart.series[0]                          # 线条编号 0 - Benz
s0.marker.symbol = "diamond"
s0.marker.size = 8
s0.marker.graphicalProperties.solidFill = 'FF0000'       # 标记内部
s0.marker.graphicalProperties.line.solidFill = 'FF0000'  # 标记轮廓
# 线条编号 0 样式
s0.graphicalProperties.line.solidFill = '00AAAA'
s0.graphicalProperties.line.dashStyle = "dashDot"
s0.graphicalProperties.line.width = pixels_to_EMU(3)
# 线条编号 1 标记
s1 = chart.series[1]                          # 线条编号 1 - BMW
s1.marker.symbol = "circle"
s1.marker.size = 5
s1.marker.graphicalProperties.solidFill = '00FF00'       # 标记内部
s1.marker.graphicalProperties.line.solidFill = '00FF00'  # 标记轮廓
# 线条编号 1 样式
s1.graphicalProperties.line.solidFill = 'FF69B4'
s1.graphicalProperties.line.dashStyle = "dot"
s1.graphicalProperties.line.width = pixels_to_EMU(3)
# 线条编号 2 标记
s2 = chart.series[2]                          # 线条编号 2 - Audi
s2.marker.symbol = "star"
s2.marker.size = 10
s2.marker.graphicalProperties.solidFill = '0000FF'       # 标记内部
s2.marker.graphicalProperties.line.solidFill = '0000FF'  # 标记轮廓
# 线条编号 2 样式
s2.graphicalProperties.line.solidFill = 'FFA500'
s2.graphicalProperties.line.dashStyle = "dash"
s2.graphicalProperties.line.width = pixels_to_EMU(3)
```

执行结果 开启 out16_7.xlsx 可以得到如下结果。

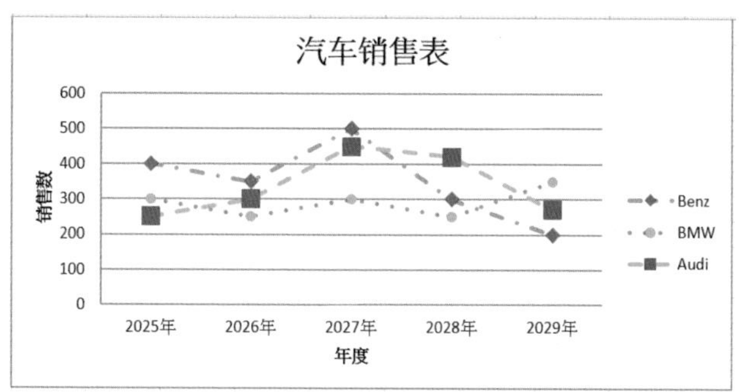

上述 pixels_to_EMU( ) 是 openpyxl 模块用于处理线条宽度的函数。如果设定 graphicalProperties.line.noFill = True，则可以隐藏所设定的折线。

程序实例 ch16_8.py：重新设计 ch16_7.py，隐藏 BMW 折线。

```
# 线条编号 1 样式
s1.graphicalProperties.line.noFill = True
```

执行结果 开启 out16_8.xlsx 可以得到如下结果。

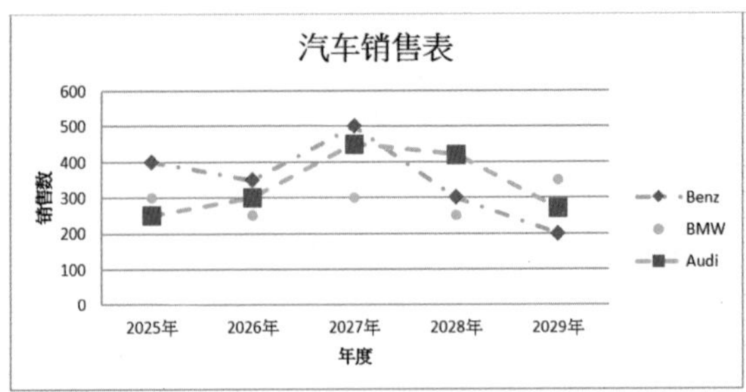

16-6 3D 折线图

3D 折线图的函数是 LineChart3D( )，许多概念和折线图概念一样，建立 3D 折线图对象语法如下：

```
chart = LineChart3D( )
```

此外，使用前要先导入 LineChart3D 模块，如下所示：

```
from openpyxl.chart import LIneChart3D
```

注 3D 折线图与折线图的差异如下：

（1）无法设定标记 (marker)。

（2）无法使用 noFill 属性隐藏线条。

（3）图例不是预设，不过可以自行设定。

程序实例 ch16_9.py：将折线图改为 3D 折线图，然后重新设计 ch16_1.py。

```
# ch16_9.py
import openpyxl
from openpyxl.chart import LineChart3D, Reference

wb = openpyxl.Workbook()                    # 开启工作簿
ws = wb.active                              # 获得目前工作表
rows = [
    ['', 'Benz', 'BMW', 'Audi'],
    ['2025年', 400, 300, 250],
    ['2026年', 350, 250, 300],
    ['2027年', 500, 300, 450],
    ['2028年', 300, 250, 420],
    ['2029年', 200, 350, 270]]
for row in rows:
    ws.append(row)

# 建立数据源
data = Reference(ws,min_col=2,max_col=4,min_row=1,max_row=6)
# 建立3D折线图对象
chart = LineChart3D()                         # 3D折线图
# 将数据加入图表
chart.add_data(data, titles_from_data=True) # 建立图表
# 建立图表和坐标轴标题
chart.title = '汽车销售表'                     # 图表标题
chart.x_axis.title = '年度'                    # x轴标题
chart.y_axis.title = '销售数'                  # y轴标题
# x轴数据标签 (年度)
xtitle = Reference(ws,min_col=1,min_row=2,max_row=6)
chart.set_categories(xtitle)
# 将图表放在工作表 E1
ws.add_chart(chart, 'E1')
wb.save('out16_9.xlsx')
```

执行结果 开启 out16_9.xlsx 可以得到如下结果。

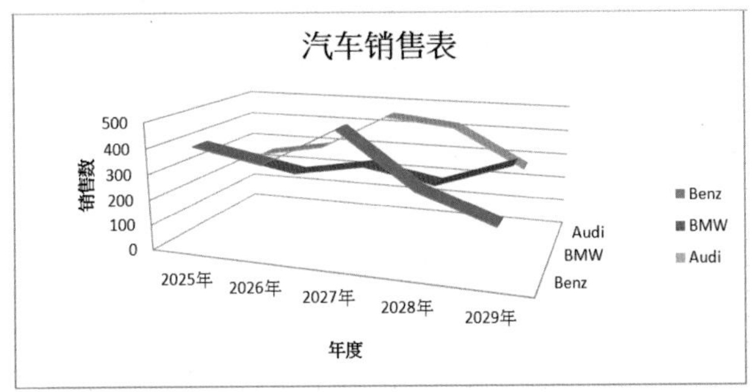

程序实例 ch16_10.py：将折线图改为 3D 折线图，然后重新设计 ch16_7.py。

```
31  # 建立3D线条样式
32  # 线条编号 0 样式
33  s0 = chart.series[0]                        # 线条编号 0 - Benz
34  s0.graphicalProperties.line.solidFill = '00AAAA'
35  s0.graphicalProperties.line.width = pixels_to_EMU(3)
36  # 线条编号 1 样式
37  s1 = chart.series[1]                        # 线条编号 1 - BMW
38  s1.graphicalProperties.line.solidFill = 'FF69B4'
39  s1.graphicalProperties.line.width = pixels_to_EMU(3)
40  # 线条编号 2 样式
41  s2 = chart.series[2]                        # 线条编号 2 - Audi
42  s2.graphicalProperties.line.solidFill = 'FFA500'
43  s2.graphicalProperties.line.width = pixels_to_EMU(3)
```

执行结果 开启 out16_10.xlsx 可以得到如下结果。

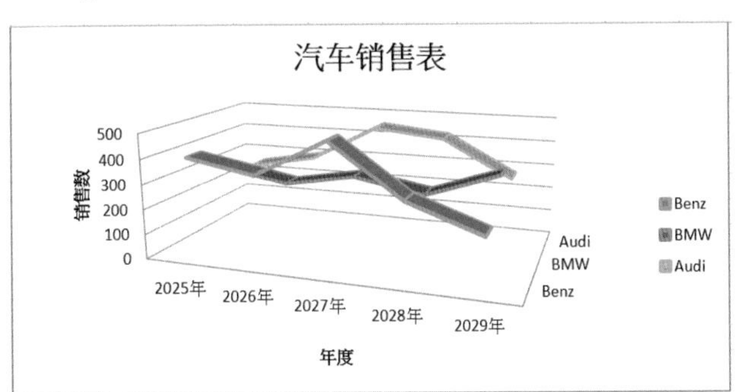

上述第 34、38、42 行所设定的是 3D 折线轮廓的颜色，如果要设定线条的颜色要使用下列属性：

```
graphicalProperties.solidFill
```

程序实例 ch16_11.py：重新设计 ch16_10.py，将 Benz 的 3D 折线设为红色，读者可以比较结果。

```
# 建立3D线条样式
# 线条编号 0 样式
s0 = chart.series[0]                        # 线条编号 0 - Benz
s0.graphicalProperties.solidFill = 'FF0000'             # 内部颜色
s0.graphicalProperties.line.solidFill = '00AAAA'        # 轮廓颜色
s0.graphicalProperties.line.width = pixels_to_EMU(3)
```

执行结果 开启 out16_11.xlsx 可以得到如下结果。

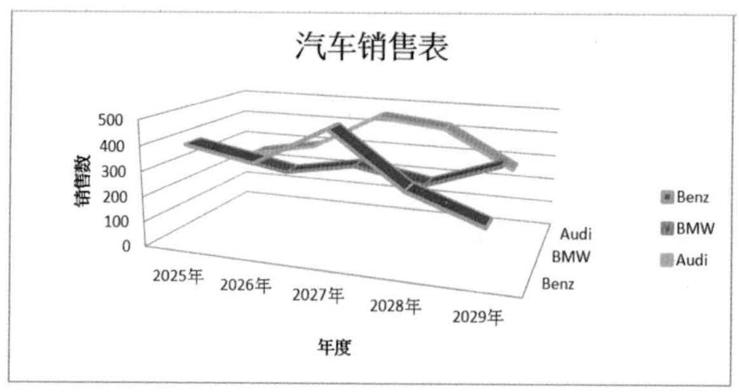

16-7 分区图

分区图的概念和折线图相同，只是线条下方会被填充。

16-7-1 基础实操

分区图的函数是 AreaChart( )，在使用前需要先导入 AreaChart 模块：

```
from openpyxl.chart import AreaChart
```

下列是建立分区图对象的实例：

```
chart = AreaChart( )
```

有了分区图对象后，下列属性意义与柱形图相同。

- chart.title：建立图表标题。
- chart.x_axis.title：x 轴标题。
- chart.y_axis.title：y 轴标题。
- chart.width：图表宽度。
- chart.height：图表高度。
- chart.style：图表色彩样式。
- chart.legend：是否显示图例。
- chart.legend.position：图例位置。
- chart.grouping：标准、栈或百分比栈设定。

程序实例 ch16_12.py：建立基本分区图。

```
# ch16_12.py
import openpyxl
from openpyxl.chart import AreaChart, Reference

wb = openpyxl.Workbook()                    # 开启工作簿
ws = wb.active                              # 获得目前工作表
rows = [
    ['', 'Benz', 'BMW'],
    ['2025年', 400, 100],
    ['2026年', 350, 150],
    ['2027年', 500, 130],
    ['2028年', 600, 200],
    ['2029年', 450, 220]]
for row in rows:
    ws.append(row)

```

```
# 建立数据源
data = Reference(ws,min_col=2,max_col=3,min_row=1,max_row=6)
# 建立分区图对象
chart = AreaChart()                              # 分区图
# 将数据加入图表
chart.add_data(data, titles_from_data=True) # 建立图表
# 建立图表和坐标轴标题
chart.title = '汽车销售表'                    # 图表标题
chart.x_axis.title = '年度'                   # x轴标题
chart.y_axis.title = '销售数'                 # y轴标题
# x轴数据标签（年度）
xtitle = Reference(ws,min_col=1,min_row=2,max_row=6)
chart.set_categories(xtitle)
# 将图表放在工作表 E1
ws.add_chart(chart, 'E1')
wb.save('out16_12.xlsx')
```

执行结果　开启 out16_12.xlsx 可以得到如下结果。

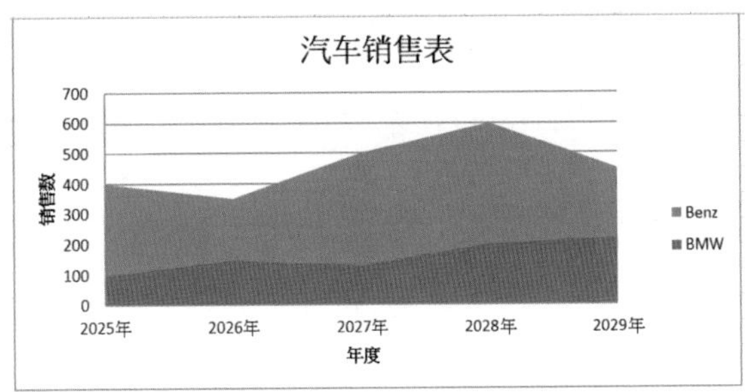

16-7-2　分区图样式

属性 style 可以设定不同的分区图样式。

程序实例 ch16_13.py：使用 style = 13 重新设计 ch16_12.py。

```
# 使用style = 13
chart.style = 13
```

执行结果　开启 out16_13.xlsx 可以得到如下结果。

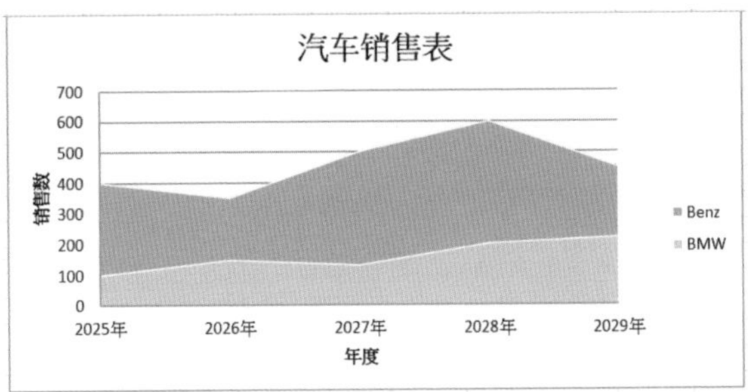

16-7-3　建立栈分区图

建立栈分区图使用 grouping 属性。

程序实例 ch16_14.py：使用栈分区图重新设计 ch16_12.py。

```
# 栈分区图
chart.grouping = "stacked"
```

执行结果 开启 out16_14.xlsx 可以得到如下结果。

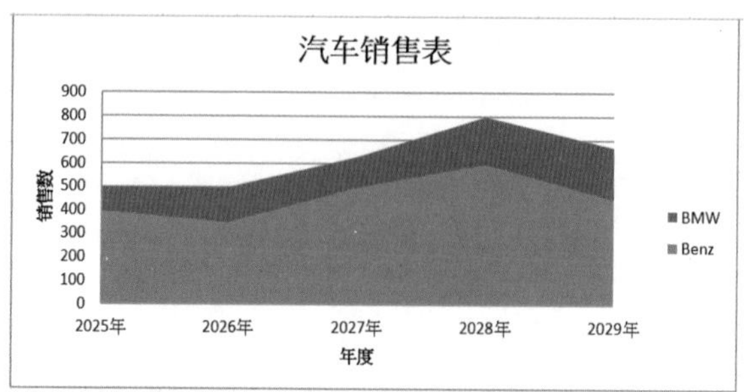

16-7-4 重新设计分区图的填充和轮廓颜色

程序实例 ch16_15.py：使用不同分区图填充和轮廓颜色重新设计 ch16_12.py。

```
# 区域编号 0 样式
s0 = chart.series[0]                              # 区域编号 0 - Benz
s0.graphicalProperties.line.solidFill = '0000FF'     # 轮廓颜色
s0.graphicalProperties.solidFill = '00FFFF'          # 填充颜色
# 区域编号 1 样式
s1 = chart.series[1]                              # 区域编号 1 - BMW
s1.graphicalProperties.line.solidFill = 'FF0000'     # 轮廓颜色
s1.graphicalProperties.solidFill = 'FFA500'          # 填充颜色
```

执行结果 开启 out16_15.xlsx 可以得到如下结果。

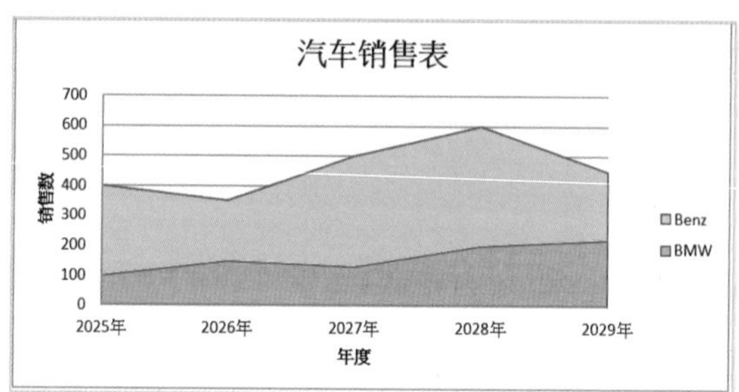

16-8 3D 分区图

16-8-1 基础实操

3D 分区图的函数是 AreaChart3D( )，许多概念和分区图概念一样，建立 3D 分区图对象语法如下：

```
chart = AreaChart3D( )
```

此外，使用前要先导入 AreaChart3D 模块，如下所示：

```
from openpyxl.chart import AreaChart3D
```

程序实例 ch16_16.py：将分区图改为 3D 分区图，然后重新设计 ch16_12.py。

```
# ch16_16.py
import openpyxl
from openpyxl.chart import AreaChart3D, Reference

wb = openpyxl.Workbook()                        # 开启工作簿
ws = wb.active                                  # 获得目前工作表
rows = [
    ['', 'BMW', 'Benz'],
    ['2025年', 100, 400],
    ['2026年', 150, 350],
    ['2027年', 130, 500],
    ['2028年', 200, 600],
    ['2029年', 220, 450]]
for row in rows:
    ws.append(row)

# 建立数据源
data = Reference(ws,min_col=2,max_col=3,min_row=1,max_row=6)
# 建立3D分区图对象
chart = AreaChart3D()                           # 3D分区图
# 将数据加入图表
chart.add_data(data, titles_from_data=True) # 建立图表
# 建立图表和坐标轴标题
chart.title = '汽车销售表'                      # 图表标题
chart.x_axis.title = '年度'                     # x轴标题
chart.y_axis.title = '销售数'                   # y轴标题
# x轴数据标签 (年度)
xtitle = Reference(ws,min_col=1,min_row=2,max_row=6)
chart.set_categories(xtitle)
# 将图表放在工作表 E1
ws.add_chart(chart, 'E1')
wb.save('out16_16.xlsx')
```

执行结果　开启 out16_16.xlsx 可以得到如下结果。

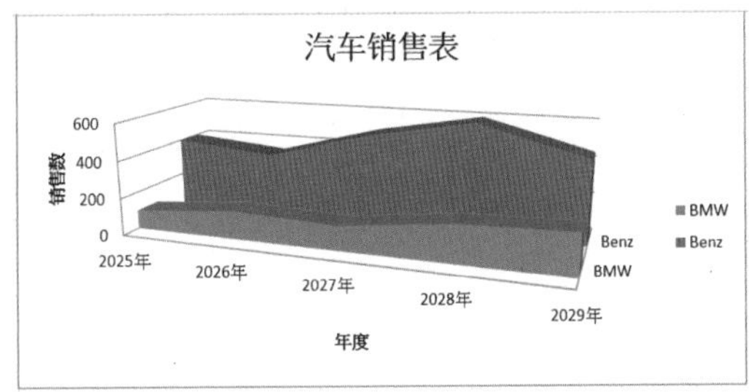

16-8-2　3D 分区图样式

程序实例 ch16_17.py：设定 3D 分区图样式 style = 48，重新设计 ch16_16.py。

```
# 更改3D分区图样式
chart.style = 48
```

执行结果　开启 out16_17.xlsx 可以得到如下结果。

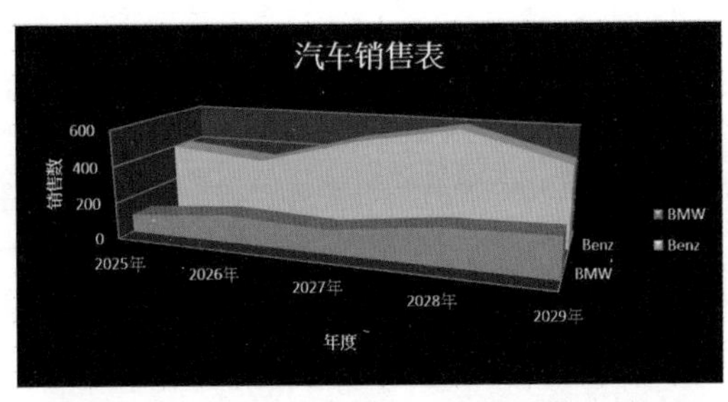

17

第 17 章

散点图和气泡图

可以将实验或观察所得的数据先制作成散点图或气泡图，再分析数据间的关系，实验室的工作人员特别喜欢使用散点图或气泡图。

17-1 散点图

散点图主要是可以为每一个系列建立不同的 x 轴值，散点图的函数是 ScatterChart( )，在使用前需要先导入 ScatterChart 模块。此外，因为是导入不同系列的数据，所以需要使用 Series 模块，可以参考下列语法：

```
from openpyxl.chart import ScatterChart, Series
```

下列是建立散点图对象的实例：

```
chart = ScatterChart( )
```

有了散点图对象后，下列属性意义与柱形图相同。

- chart.title：建立图表标题。
- chart.x_axis.title：x 轴标题。
- chart.y_axis.title：y 轴标题。
- chart.width：图表宽度。
- chart.height：图表高度。
- chart.style：图表色彩样式。
- chart.legend：是否显示图例。
- chart.legend.position：图例位置。

程序实例 ch17_1.py：y 轴是数量，x 轴是温度，绘制不同温度下台北和高雄的冰品销售量，从中可以了解两个城市对于不同温度下冰品的喜好度。

```
# ch17_1.py
import openpyxl
from openpyxl.chart import ScatterChart, Series
from openpyxl.chart import Reference

wb = openpyxl.Workbook()
ws = wb.active

rows = [
    ['温度','台北','高雄'],
    [10, 80, 30],
    [15, 100, 50],
    [20, 150, 70],
    [25, 200, 120],
    [30, 320, 360],
    [35, 395, 550],
]
for row in rows:
    ws.append(row)
chart = ScatterChart()
chart.title = "台北与高雄冰品销量统计表"
chart.style = 13
chart.x_axis.title = '温度'
chart.y_axis.title = '冰品销量'

# 建立 x 轴的参考数据
xvalues = Reference(ws,min_col=1,min_row=2,max_row=7)
# 分别处理每一个字段的数据，先台北，然后高雄
for i in range(2, 4):
    # 定义系列的y轴参考数据
    values = Reference(ws,min_col=i,min_row=1,max_row=7)
    # 建立系列对象 s
    s = Series(values,xvalues,title_from_data=True)
    # 将系列对象 s 加入散点图对象
    chart.series.append(s)
ws.add_chart(chart,"E1")
wb.save("out17_1.xlsx")
```

执行结果 开启 out17_1.xlsx 可以得到如下结果。

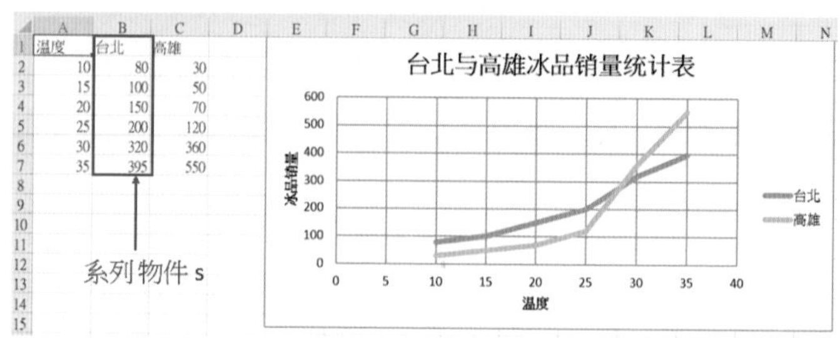

上述程序的重点是第 27 ~ 35 行，第 27 行是建立 *x* 轴的参考，然后使用 for 循环分列方式处理不同的字段数据，相当于分别处理台北字段、高雄字段数据。有了第 27 行的 xvalue 参考对象和第 31 行的 value 参考对象，就可以使用 Series( ) 函数建立系列对象 s。对上述执行结果而言，一条折线就是一个系列对象。

所以 Series( ) 函数用法如下：

```
Series(y 轴系列值 , x 轴系列值 , title_from_data)
```

得到上述图后，读者可能会奇怪，散点图和折线图类似，与想象的不一样，这是 openpyxl 模块散点图的默认结果，不过我们可以使用下列程序改良。

程序实例 ch17_2.py：为不同的系列建立不同图案的参考标记，同时取消线条。

```
# 建立系列的标记marker和颜色colors
marker = ['circle', 'diamond']
colors = ['FF0000', '0000FF']
# 建立 x 轴的参考数据
xvalues = Reference(ws,min_col=1,min_row=2,max_row=7)
# 分别处理每一个字段的数据，先台北，然后高雄
for i in range(2, 4):
    # 定义系列的y轴参考数据
    values = Reference(ws,min_col=i,min_row=1,max_row=7)
    # 建立系列对象 s
    s = Series(values,xvalues,title_from_data=True)
    # 建立系列标记
    s.marker.symbol = marker[i-2]
    # 建立系列标记填充颜色
    s.marker.graphicalProperties.solidFill = colors[i-2]
    # 建立系列标记轮廓颜色
    s.marker.graphicalProperties.line.solidFill = colors[i-2]
    # 取消线条显示
    s.graphicalProperties.line.noFill = True
    # 将系列对象 s 加入散点图对象
    chart.series.append(s)
```

执行结果 开启 out17_2.xlsx 可以得到如下结果。

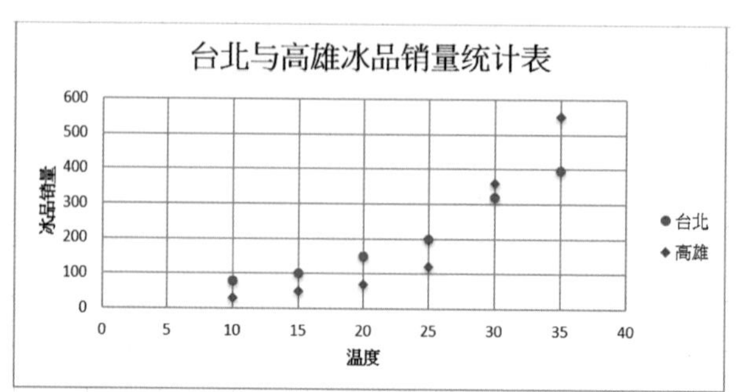

17-2 气泡图

17-2-1 建立基础气泡图

气泡图与散点图类似，但是会用第 3 组数据建立气泡的大小，图表可以有多组可以参考的系列，本节笔者从单一系列的气泡图说起。

气泡图的函数是 BubbleChart( )，在使用前需要先导入 BubbleChart 模块。此外，因为是导入不同系列的数据，所以需要使用 Series 模块，可以参考下列语法：

```
from openpyxl.chart import BubbleChart, Series
```

下列是建立气泡图对象的实例：

```
chart = BubbleChart( )
```

有了气泡图对象后，下列属性意义与柱形图相同。

- chart.title：建立图表标题。
- chart.x_axis.title：*x* 轴标题。
- chart.y_axis.title：*y* 轴标题。
- chart.width：图表宽度。
- chart.height：图表高度。
- chart.style：图表色彩样式。
- chart.legend：是否显示图例。
- chart.legend.position：图例位置。

总之要建立气泡图需要有 3 组数据，分别如下：

value：*x* 轴数据。

yvalue：*y* 轴数据。

zvalue：*z* 轴数据，相当于是设定气泡大小，例如可以用 size 当作数列对象。

有了上述数据后，可以使用 Series( ) 函数将数据组织起来，如下所示：

```
s = Series(values=yvalues, xvalues=xvalues, zvalues=size, title)
```

接着可以将系列对象 s 加入气泡图对象：

```
chart.series.append(s)
```

最后一步是将气泡图对象加入工作表：

```
ws.add_chart(chart, "B7")                    # 假设图表放在 B7 单元格
```

上述就是建立气泡图所需数据与建立步骤，如下将以 data17_3.xlsx 的冰品销售工作表为实例，建立气泡图。

	A	B	C	D	E	F	G	H
1								
2		冰品销售/气温/获利调查表						
3		气温	10	15	20	25	30	35
4		数量	60	75	100	160	250	395
5		获利	1200	1500	2000	3200	5000	7900

冰品销售

程序实例 ch17_3.py：建立冰品销售工作表的气泡图，获利当作气泡的大小。

```
# ch17_3.py
import openpyxl
from openpyxl.chart import BubbleChart, Series
from openpyxl.chart import Reference

fn = "data17_3.xlsx"
wb = openpyxl.load_workbook(fn)
ws = wb.active

chart = BubbleChart()
chart.style = 48
chart.title = ws['B2'].value

# 建立系列对象 s
# 建立 x 轴数据 xvalues
xvalues = Reference(ws,min_col=3,max_col=8,min_row=3)
# 建立 y 轴数据 yvalues
yvalues = Reference(ws,min_col=3,max_col=8,min_row=4)
# 建立 z 轴数据 size, 这是气泡的大小
size = Reference(ws,min_col=3,max_col=8,min_row=5)
s = Series(values=yvalues,xvalues=xvalues,zvalues=size,
                title="2025年")
# 将系列对象 s 加入气泡图对象
chart.series.append(s)
# 将气泡图对象加入工作表，放在 B7
ws.add_chart(chart,"B7")
wb.save("out17_3.xlsx")
```

执行结果 开启 out17_3.xlsx 可以得到如下结果。

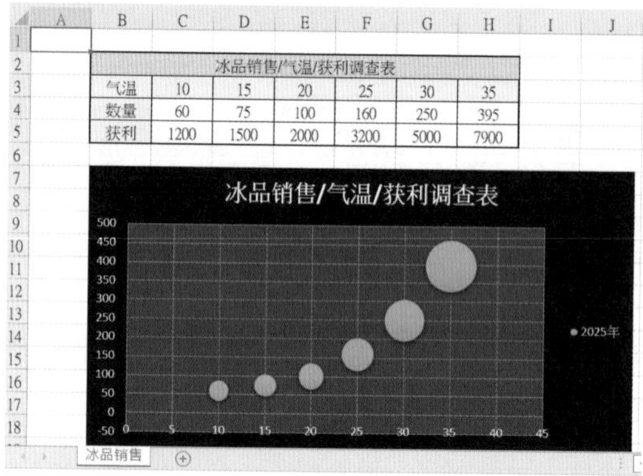

17-2-2 建立立体气泡图

建立系列对象完成后，只要将此对象的 bubble3D 属性设为 True，就可以将 2D 的气泡图改为 3D。

程序实例 ch17_4.py：将气泡改为 3D，重新设计 ch17_3.py。注：这个程序只是新增第 25 行和第 26 行。

```
1  # ch17_4.py
2  import openpyxl
3  from openpyxl.chart import BubbleChart, Series
4  from openpyxl.chart import Reference
5
6  fn = "data17_3.xlsx"
7  wb = openpyxl.load_workbook(fn)
8  ws = wb.active
9
10 chart = BubbleChart()
11 chart.style = 48
12 chart.title = ws['B2'].value
13
```

```
# 建立系列对象 s
# 建立 x 轴数据 xvalues
xvalues = Reference(ws,min_col=3,max_col=8,min_row=3)
# 建立 y 轴数据 yvalues
yvalues = Reference(ws,min_col=3,max_col=8,min_row=4)
# 建立 z 轴数据 size, 这是气泡的大小
size = Reference(ws,min_col=3,max_col=8,min_row=5)
s = Series(values=yvalues,xvalues=xvalues,zvalues=size,
           title="2025年")
# 将系列对象 s 加入气泡图对象
chart.series.append(s)
# 建立 3D 气泡图
s.bubble3D = True
# 将气泡图对象加入工作表, 放在 B7
ws.add_chart(chart,"B7")
wb.save("out17_4.xlsx")
```

执行结果　开启 out17_4.xlsx 可以得到如下结果。

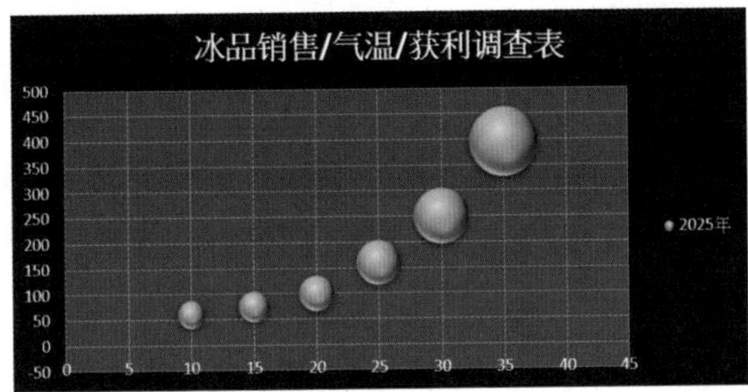

17-3　建立渐层色彩的气泡图

要建立渐层色彩的气泡图，首先要导入 GradientStop 模块，建立渐层变色位置和颜色对象，如下所示：

```
from openpyxl.drawing.fill import GradientStop
```

有了上述模块就可以导入 GradientStop( ) 函数，此函数的方法如下：

```
gs = GradientStop(pos, prstClr)
```

参数 pos 是变色的阈值，值范围是 0 ~ 100000。prstClr 是变色的颜色 (此颜色参数可以参考 15-2-4 节)。假设定义有 3 个渐变色，则需同时定义 gs1、gs2 和 gs3。

下一步是导入 GradientFillProperties 模块，这是为了建立渐层变色对象：

```
from openpyxl.drawing.fill import GradientFillProperties
```

下列是建立渐层变色对象 gprop 的指令：

```
gprop = GradientFillProperties( )
```

有了渐层变色对象，就可以使用 stop_list 属性将渐层变色位置和颜色对象设定成列表：

```
gprop.stop_list = [gs1, gs2, gs3]
```

接着是设定渐层变色的方法，建议初学者可以使用线性 (linear)，此时需要导入 LinearShadeProperties 模块。

```
from openpyxl.drawing.fill import LinearShadeProperties
```

设定指令如下：

```
gprop.linear = LinearShadeProperties(xx)
```

上述 xx 是渐层变色的角度，程序实例 ch17_5.py 中使用 45 度。最后是将渐层变色对象指定给气泡对象，指令如下：

```
s.graphicalProperties.gradFill = gprop
```

程序实例 ch17_5.py：使用 style=40，同时建立渐层色彩 (red, yellow, green) 的气泡图。

```
# ch17_5.py
import openpyxl
from openpyxl.chart import BubbleChart, Series
from openpyxl.chart import Reference
from openpyxl.drawing.fill import GradientStop
from openpyxl.drawing.fill import GradientFillProperties
from openpyxl.drawing.fill import LinearShadeProperties

fn = "data17_3.xlsx"
wb = openpyxl.load_workbook(fn)
ws = wb.active

chart = BubbleChart()
chart.style = 40
chart.title = ws['B2'].value

# 建立系列对象 s
# 建立 x 轴数据 xvalues
xvalues = Reference(ws,min_col=3,max_col=8,min_row=3)
# 建立 y 轴数据 yvalues
yvalues = Reference(ws,min_col=3,max_col=8,min_row=4)
# 建立 z 轴数据 size，这是气泡的大小
size = Reference(ws,min_col=3,max_col=8,min_row=5)
s = Series(values=yvalues,xvalues=xvalues,zvalues=size,
                title="2025年")
# 将系列对象 s 加入气泡图对象
chart.series.append(s)
# 建立渐层色彩的 3D 气泡图
s.bubble3D = True
# 定义 3D 色彩渐变的位置和色彩
gs1 = GradientStop(pos=10000, prstClr="red")
gs2 = GradientStop(pos=50000, prstClr="yellow")
gs3 = GradientStop(pos=90000, prstClr="green")
# 定义渐变色彩对象和色彩方法
gprop = GradientFillProperties()              # 定义渐变色彩对象
gprop.stop_list = [gs1, gs2, gs3]             # 渐变色位置和色彩定义
gprop.linear = LinearShadeProperties(90)      # 使用线性渐变色彩方法
# 将设定完成的渐变色彩应用到气泡图
s.graphicalProperties.gradFill = gprop
# 将气泡图对象加入工作表，放在 B7
ws.add_chart(chart,"B7")
wb.save("out17_5.xlsx")
```

执行结果 开启 out17_5.xlsx 可以得到如下结果。

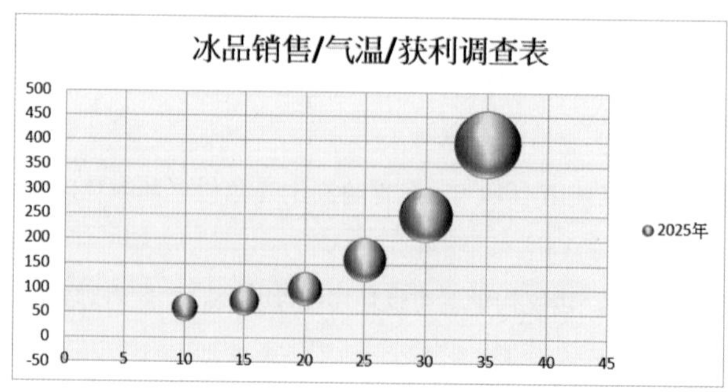

17-4 多组气泡图的实操

气泡图可以允许有多组数据，如下是 data17_6.xlsx 冰品销售工作表的内容。

	A	B	C	D	E	F	G	H
1								
2		2025年冰品销售/气温/获利调查表						
3		气温	10	15	20	25	30	35
4		数量	60	75	100	160	250	395
5		获利	1200	1500	2000	3200	5000	7900
6								
7		2026年冰品销售/气温/获利调查表						
8		气温	12	16	22	28	31	37
9		数量	75	180	250	180	190	330
10		获利	1500	3600	5000	3600	3800	6600

冰品销售

上述基本上是新增加 B7:H10 单元格区间，我们可以先为 B2:H5 单元格区间的数据建立气泡图后，再为 B7:H10 单元格区间的数据建立气泡图。当建立多个系列的气泡图时，系列的气泡图可以使用不同的修饰方式。

程序实例 ch17_6.py：为上述 B7:H10 单元格区间的数据新增一组 2026 年的气泡图。

```
# ch17_6.py
import openpyxl
from openpyxl.chart import BubbleChart, Series
from openpyxl.chart import Reference
from openpyxl.drawing.fill import GradientStop
from openpyxl.drawing.fill import GradientFillProperties
from openpyxl.drawing.fill import LinearShadeProperties

fn = "data17_6.xlsx"
wb = openpyxl.load_workbook(fn)
ws = wb.active

chart = BubbleChart()
chart.style = 40
chart.title = "2025年和2026年冰品销售与获利调查表"

# 建立系列对象 s
# 建立 x 轴数据 xvalues
xvalues = Reference(ws,min_col=3,max_col=8,min_row=3)
# 建立 y 轴数据 yvalues
yvalues = Reference(ws,min_col=3,max_col=8,min_row=4)
# 建立 z 轴数据 size，这是气泡的大小
size = Reference(ws,min_col=3,max_col=8,min_row=5)
s = Series(values=yvalues,xvalues=xvalues,zvalues=size,
           title="2025年")
# 将系列对象 s 加入气泡图对象
chart.series.append(s)
# 建立渐层色彩的 3D 气泡图
s.bubble3D = True
# 定义 3D 色彩渐变的位置和色彩
gs1 = GradientStop(pos=10000, prstClr="red")
gs2 = GradientStop(pos=50000, prstClr="yellow")
gs3 = GradientStop(pos=90000, prstClr="green")
# 定义渐变色彩对象和色彩方法
gprop = GradientFillProperties()            # 定义渐变色彩对象
gprop.stop_list = [gs1, gs2, gs3]           # 渐变色位置和色彩定义
gprop.linear = LinearShadeProperties(90)    # 使用线性渐变色彩方法
# 将设定完成的渐变色彩应用到气泡图
s.graphicalProperties.gradFill = gprop
```

```
# 建立系列对象 s1
# 建立 x 轴数据 xvalues
xvalues = Reference(ws,min_col=3,max_col=8,min_row=8)
# 建立 y 轴数据 yvalues
yvalues = Reference(ws,min_col=3,max_col=8,min_row=9)
# 建立 z 轴数据 size，这是气泡的大小
size = Reference(ws,min_col=3,max_col=8,min_row=10)
s1 = Series(values=yvalues,xvalues=xvalues,zvalues=size,
            title="2026年")
# 将系列对象 s 加入气泡图对象
chart.series.append(s1)
# 建立 3D 气泡图
s1.bubble3D = True

# 将气泡图对象加入工作表，放在 B7
ws.add_chart(chart,"J2")
wb.save("out17_6.xlsx")
```

执行结果 开启 out17_5.xlsx 可以得到如下结果。

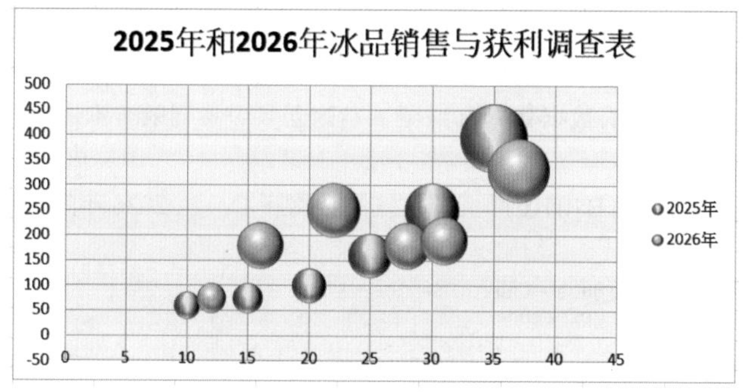

第 18 章

圆饼图、环形图与雷达图

这一章将针对 openpyxl 模块常用的图表做一个总结说明。

18-1 圆饼图

18-1-1 圆饼图语法与基础实操

圆饼图 (PieChart) 只适合一组数据系列，每个数据用切片表示，代表整体的百分比，切片会按顺时针方向绘制，0 度代表位于圆饼正上方，这个图表主要是供了解单笔数据相对于整体数据的关系比。圆饼图的函数是 PieChart( )，在使用前需要先导入 PieChart 模块：

```
from openpyxl.chart import PieChat
```

下列是建立圆饼图对象的实例：

```
chart = PieChart(firstSliceAng)
```

上述参数 firstSliceAng 预设是 0 度，代表第一个圆饼图切片是从正上方开始，可以由此设定第一个圆饼图切片依顺时针起始角度的位置。有了圆饼图对象后，下列属性意义与柱形图相同。

- chart.title：建立图表标题。
- chart.x_axis.title：*x* 轴标题。
- chart.y_axis.title：*y* 轴标题。
- chart.width：图表宽度。
- chart.height：图表高度。
- chart.style：图表色彩样式。
- chart.legend：是否显示图例。
- chart.legend.position：图例位置。

程序实例 ch18_1.py：建立旅游数据的圆饼图。

```
# ch18_1.py
import openpyxl
from openpyxl.chart import PieChart, Reference

wb = openpyxl.Workbook()
ws = wb.active                              # 目前工作表
rows = [
    ['地区', '人次'],
    ['上海', 300],
    ['东京', 600],
    ['香港', 700],
    ['新加坡', 400]]
for row in rows:
    ws.append(row)

chart = PieChart()                          # 圆饼图
chart.title = '深智员工旅游意向调查表'
# 设定数据源
data = Reference(ws,min_col=2,min_row=1,max_row=5)
# 将数据加入圆饼图对象
chart.add_data(data,titles_from_data=True)
# 设定标签数据
labels = Reference(ws,min_col=1,min_row=2,max_row=5)
chart.set_categories(labels)                # 设定标签名称
ws.add_chart(chart,'D1')                    # 将图表加入工作表
wb.save('out18_1.xlsx')
```

执行结果 开启 out18_1.xlsx 可以得到如下结果。

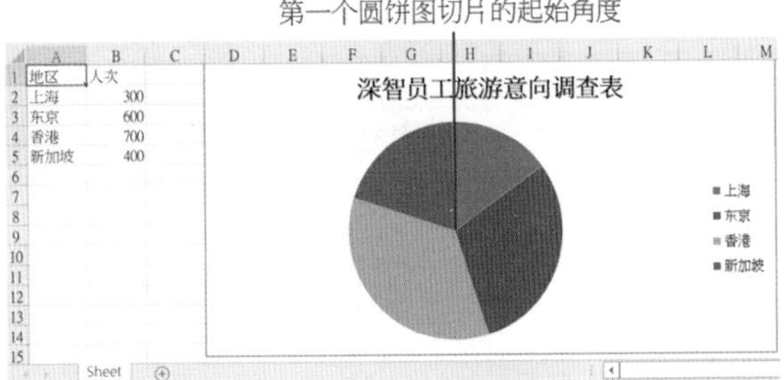

程序实例 ch18_2.py：将圆饼图的起始角度改为 90 度，重新设计 ch18_1.py。

```
chart = PieChart(90)                        # 圆饼图
```

执行结果　开启 out18_2.xlsx 可以得到如下结果。

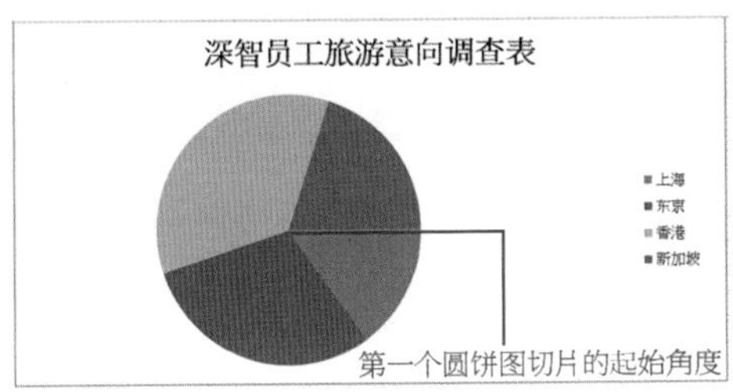

18-1-2　圆饼图切片分离

要执行切片分离，可以参考下列实例。

程序实例 ch18_3.py：设计切片 1 分离，分离数是 20，重新设计 ch18_1.py。

```
# ch18_3.py
import openpyxl
from openpyxl.chart import PieChart, Reference
from openpyxl.chart.series import DataPoint

wb = openpyxl.Workbook()
ws = wb.active                             # 目前工作表
rows = [
    ['地区', '人次'],
    ['上海', 300],
    ['东京', 600],
    ['香港', 700],
    ['新加坡', 400]]
for row in rows:
    ws.append(row)

chart = PieChart()                         # 圆饼图
chart.title = '深智员工旅游意向调查表'
# 设定数据源
data = Reference(ws,min_col=2,min_row=1,max_row=5)
# 将数据加入圆饼图对象
chart.add_data(data,titles_from_data=True)
# 设定卷标数据
labels = Reference(ws,min_col=1,min_row=2,max_row=5)
chart.set_categories(labels)               # 设定标签名称
# 圆饼索引 0 切片分离
slice = DataPoint(idx=0, explosion=15)  # 索引 0 切片
# 因为只有一组数据，所以是第0系列数据，series[0]
# 下列相当于设定第 0 系列的第 0 索引
chart.series[0].data_points = [slice]
ws.add_chart(chart,'D1')                   # 将图表加入工作表
wb.save('out18_3.xlsx')
```

执行结果 开启 out18_3.xlsx 可以得到如下结果。

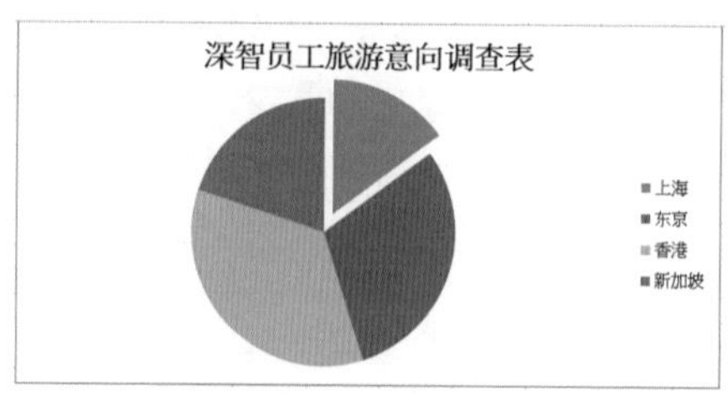

上述第 27 行在使用 DataPoint( ) 函数前需要导入 DataPoint 模块，可以参考第 4 行。此外，DataPoint( ) 函数的第 2 个参数 explosion 是设定分离的距离。

程序实例 ch18_4.py：扩充设计 ch18_3.py，将分离的切片改为‘0000FF’色彩。

```
26  # 圆饼索引 0 切片分离, 同时设为 '0000FF' 色彩
27  slice = DataPoint(idx=0,explosion=15)   # 索引 0 切片
28  # 因为只有一组数据, 所以是第0系列, series[0]
29  # 下列相当于设定第 0 系列的第 0 索引
30  chart.series[0].data_points = [slice]
31  slice.graphicalProperties.solidFill = "0000FF"  # 蓝色
```

执行结果 开启 out18_4.xlsx 可以得到如下结果。

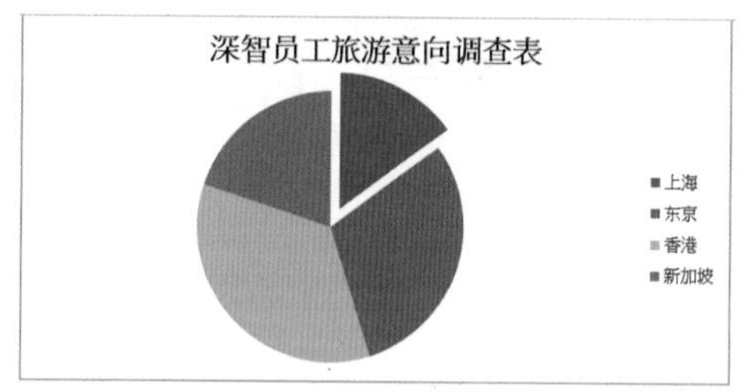

18-1-3 重设切片颜色

程序实例 ch18_4_1.py：重新设定切片颜色。

```
1   # ch18_4_1.py
2   import openpyxl
3   from openpyxl.chart import PieChart, Reference
4   from openpyxl.chart.series import DataPoint
5
6   wb = openpyxl.Workbook()
7   ws = wb.active                              # 目前工作表
8   rows = [
9       ['地区', '人次'],
10      ['上海', 300],
11      ['东京', 600],
12      ['香港', 700],
13      ['新加坡', 400]]
14  for row in rows:
15      ws.append(row)
16
17  chart = PieChart()                          # 圆饼图
18  chart.title = '深智员工旅游意向调查表'
19  # 设定数据源
20  data = Reference(ws,min_col=2,min_row=1,max_row=5)
21  # 将数据加入圆饼图对象
22  chart.add_data(data,titles_from_data=True)
23  # 设定标签数据
24  labels = Reference(ws,min_col=1,min_row=2,max_row=5)
```

```
25  chart.set_categories(labels)          # 设定标签名称
26  # 圆饼切片色彩列表
27  colors = ['0000FF','FF0000','00FF00','61210B']
28  # 取得切片元素，所有元素
29  slices = [DataPoint(idx=i) for i in range(4)]
30  # 因为只有一组数据，所以是第0系列，所有元素
31  chart.series[0].data_points = slices
32  # 设定所有切片的颜色
33  for i in range(4):
34      slices[i].graphicalProperties.solidFill = colors[i]
35  ws.add_chart(chart,'D1')              # 将图表加入工作表
36  wb.save('out18_4_1.xlsx')
```

执行结果　开启 out18_4_1.xlsx 可以得到如下结果。

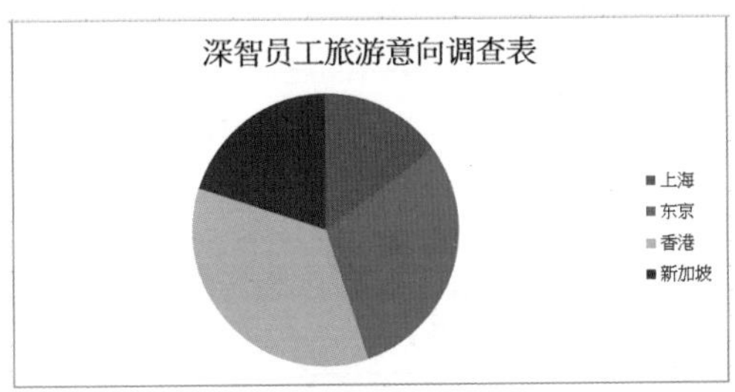

上述第 29 行是设定 slices 等于所有切片元素；第 30 行是设定图表对象的数据，因为一组数据称为一系列 (series)，所以使用 chart.series[0].data_points=slices；第 32 ~ 34 行可以设定切片颜色。

18-1-4　显示切片名称、数据和百分比

上述圆饼图的切片默认没有显示数据和百分比，可以使用下列方式显示：

```
from openpyxl.chart.series import DataLabelList
...
chart.dataLabels.showPercent = True            # 显示百分比
chart.dataLabels.showValue = True              # 显示数据值
chart.dataLabels.showCatName = True            # 显示数据名称
```

常用的是显示百分比。

程序实例 ch18_5.py：重新设计 ch18_1.py，显示切片百分比。

```
# 显示切片百分比
chart.dataLabels = DataLabelList()
chart.dataLabels.showPercent = True
```

执行结果　开启 out18_5.xlsx 可以得到如下结果。

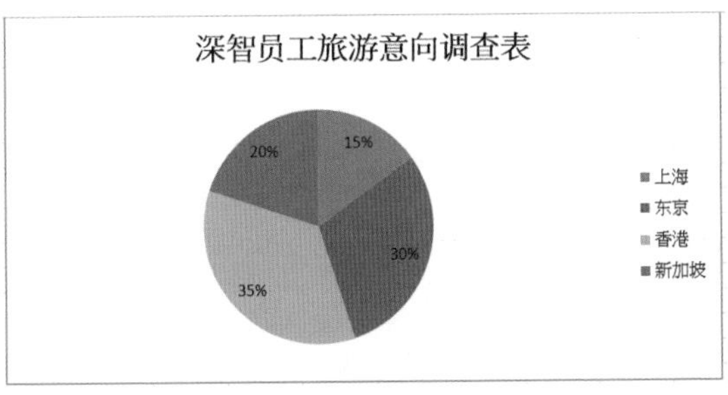

18-2 圆饼投影图

在建立圆饼图时，有的数据量比较小，此时可以使用圆饼投影图将此数据放大投影到圆饼图或柱形图上。圆饼投影图的函数是 ProjectedPieChart( )，使用前需要先导入 ProjectedPieChart 模块：

```
from openpyxl.chart import ProjectedPieChat
```

下列是建立圆饼图对象的实例：

```
chart = ProjectedPieChart( )
```

有了圆饼图对象后，下列属性意义与柱形图相同。

- chart.title：建立图表标题。
- chart.x_axis.title：*x* 轴标题。
- chart.y_axis.title：*y* 轴标题。
- chart.width：图表宽度。
- chart.height：图表高度。
- chart.style：图表色彩样式。
- chart.legend：是否显示图例。
- chart.legend.position：图例位置。

圆饼投影图有 2 种类别，分别是“pie”和“bar”，例如，下列是设定“pie”类别。

```
chart.type = “pie”
```

投影的分类方式有 3 种，分别是“percent”(百分比)、“val”(值)、“pos”(位置)，然后就可以自动产生投影图。注：笔者测试“val”效果不佳。

程序实例 ch18_6.py：分别使用“pie”和“bar”建立圆饼投影图，同时分别使用“percent”和“pos”投影分类数据。

```
# ch18_6.py
import openpyxl
from openpyxl.chart import ProjectedPieChart, Reference
from openpyxl.chart.series import DataPoint
from copy import deepcopy

wb = openpyxl.Workbook()
ws = wb.active                                  # 目前工作表
data = [
    ['产品','销售业绩'],
    ['化妆品', 85000],
    ['家电', 10000],
    ['日用品', 3000],
    ['文具', 2000],
]
for row in data:
    ws.append(row)
# 建立圆饼投影图 --- pie
projected_pie = ProjectedPieChart()
projected_pie.type = "pie"                      # 投影到 pie
projected_pie.splitType = "percent"             # 依百分比投影
# 设定数据源
data = Reference(ws, min_col=2, min_row=1, max_row=5)
# 将数据加入圆饼投影图对象
projected_pie.add_data(data, titles_from_data=True)
# 设定标签数据
labels = Reference(ws,min_col=1,min_row=2,max_row=5)
projected_pie.set_categories(labels)
# 将图表加入工作表
ws.add_chart(projected_pie, "D1")

```

```
# 建立圆饼投影图 --- bar
projected_bar = deepcopy(projected_pie)
projected_bar.type = "bar"                # 投影到 bar
projected_bar.splitType = 'pos'           # 依位置投影
ws.add_chart(projected_bar, "D16")        # 将图表加入工作表
wb.save('out18_6.xlsx')
```

执行结果　开启 out18_6.xlsx 可以得到如下结果。

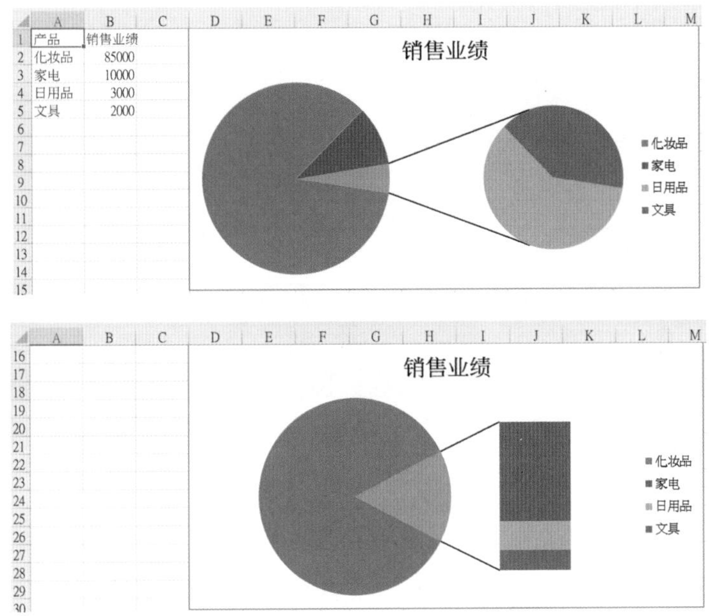

18-3 3D 圆饼图

3D 圆饼图 (PieChart3D) 概念和圆饼图一样，只是改为 3D 呈现。3D 圆饼图的函数是 PieChart3D( )，在使用前需要先导入 PieChar3D 模块：

```
from openpyxl.chart import PieChat3D
```

下列是建立 3D 圆饼图对象的实例：

```
chart = PieChart3D(firstSliceAng)
```

相关参数概念也和圆饼图相同。

程序实例 ch18_7.py：使用 chart.style=26，建立旅游数据统计的 3D 圆饼图。

```
# ch18_7.py
import openpyxl
from openpyxl.chart import PieChart3D, Reference
from openpyxl.chart.series import DataLabelList
from openpyxl.chart.series import DataPoint

wb = openpyxl.Workbook()
ws = wb.active                          # 目前工作表
rows = [
    ['地区', '人次'],
    ['上海', 300],
    ['东京', 600],
```

```
    ['香港', 700],
    ['新加坡', 400]]
for row in rows:
    ws.append(row)

chart = PieChart3D()                # 3D圆饼图
chart.title = '深智员工旅游意向调查表'
chart.style = 26
# 设定数据源
data = Reference(ws,min_col=2,min_row=1,max_row=5)
# 将数据加入圆饼图对象
chart.add_data(data,titles_from_data=True)
# 设定标签数据
labels = Reference(ws,min_col=1,min_row=2,max_row=5)
chart.set_categories(labels)        # 设定标签名称
# 显示切片百分比
chart.dataLabels = DataLabelList()
chart.dataLabels.showPercent = True
# 圆饼切片色彩列表
colors = ['00FFFF','FF0000','00FF00','FFFF00']
# 取得切片元素，所有元素
slices = [DataPoint(idx=i) for i in range(4)]
# 因为只有一组数据，所以是第0系列，所有元素
chart.series[0].data_points = slices
# 设定所有切片的颜色
for i in range(4):
    slices[i].graphicalProperties.solidFill = colors[i]
ws.add_chart(chart,'D1')            # 将图表加入工作表
wb.save('out18_7.xlsx')
```

执行结果 开启 out18_7.xlsx 可以得到如下结果。

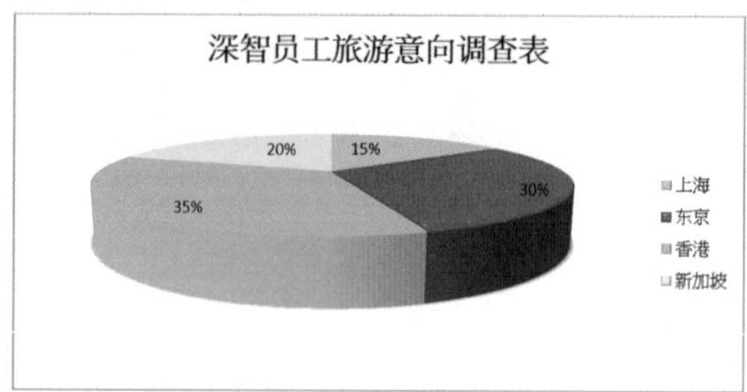

18-4 环形图

18-4-1 环形图语法与基础实操

圆饼图 (PieChart) 只适合一组数据，如果有多组数据时，就是使用环形图 (DoughnutChart) 的时机，一般可以应用在各年度产品销售比较或销售区域的比较。环形图的基本概念和圆饼图 (PieChart) 类似，当有多组数据时，系列数据是从内往外安置。环形图的函数是 DoughnumChart( )，在使用前需要先导入 DoughnutChart 模块：

```
from openpyxl.chart import DoughnutChat
```

下列是建立环形图对象的实例：

```
chart = DoughnutChart(firstSliceAng)
```

上述参数 firstSliceAng 预设是 0，代表第一个环形图切片是从正上方开始，可以由此设定第一个

环形图切片依顺时针起始角度的位置。有了环形图对象后，下列属性意义与柱形图相同。

- chart.title：建立图表标题。
- chart.x_axis.title：x 轴标题。
- chart.y_axis.title：y 轴标题。
- chart.width：图表宽度。
- chart.height：图表高度。
- chart.style：图表色彩样式。
- chart.legend：是否显示图例。
- chart.legend.position：图例位置。

程序实例 ch18_8.py：下列是预测 2025 年和 2026 年外销区域的销售数据，虽然程序内容附有 2025 年和 2026 年的数据，但是本程序设定的数据源只有 2025 年，这个程序可以观察只有一组数据时环形图的结果。

```
# ch18_8.py
import openpyxl
from openpyxl.chart import (
    DoughnutChart,
    Reference
)
wb = openpyxl.Workbook()
ws = wb.active
data = [
    ['地区', '2025年', '2026年'],
    ['亚洲', 3500, 3800],
    ['欧洲', 1800, 2200],
    ['美洲', 2500, 3000],
    ['其他', 800, 1200],
]
for row in data:
    ws.append(row)

chart = DoughnutChart()                  # 环形图
chart.title = "2025年外销预测表"

# 设定数据来源 --- 只用2025年数据
data = Reference(ws,min_col=2,min_row=1,max_row=5)
# 将数据加入环形图对象
labels = Reference(ws,min_col=1,min_row=2,max_row=5)
# 设定标签数据
chart.add_data(data, titles_from_data=True)
chart.set_categories(labels)             # 设定标签
ws.add_chart(chart, "E1")                # 将图表加入工作表
wb.save("out18_8.xlsx")
```

执行结果　开启 out18_8.xlsx 可以得到如下结果。

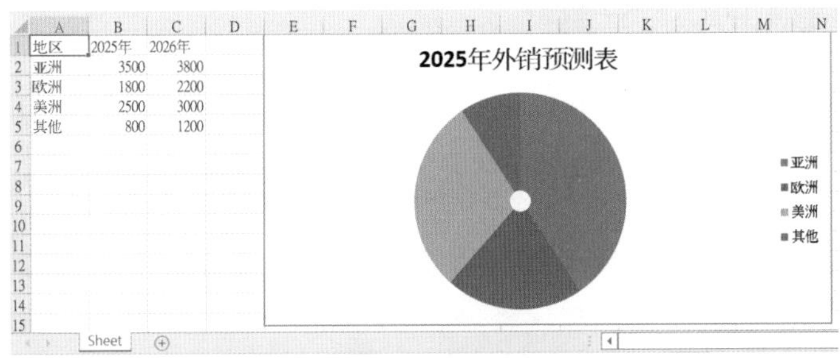

从上图可以看到当只有一组数据时，环形图相较于圆饼图内部多了空心圆。

18-4-2 环形图的样式

假设环形图对象是 chart，可以使用 chart.style 属性设定 1 ~ 48 个样式。

程序实例 ch18_9.py：使用第 26 样式重新设计 ch18_8.py。

```
chart.style = 26
```

执行结果 开启 out18_9.xlsx 可以得到如下结果。

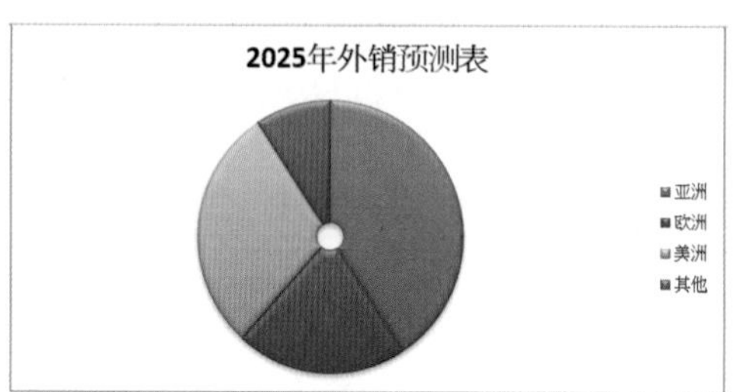

18-4-3 建立含两组数据的环形图

应用环形图时可以建立多组数据，这一节将用到 2025 年和 2026 年两组数据当作实例。

程序实例 ch18_10.py：使用 2025 年和 2026 年两组数据当作实例。

```
# 设定数据源 --- 用2025年和2026年数据
data = Reference(ws,min_col=2,max_col=3,min_row=1,max_row=5)
```

执行结果 开启 out18_10.xlsx 可以得到如下结果。

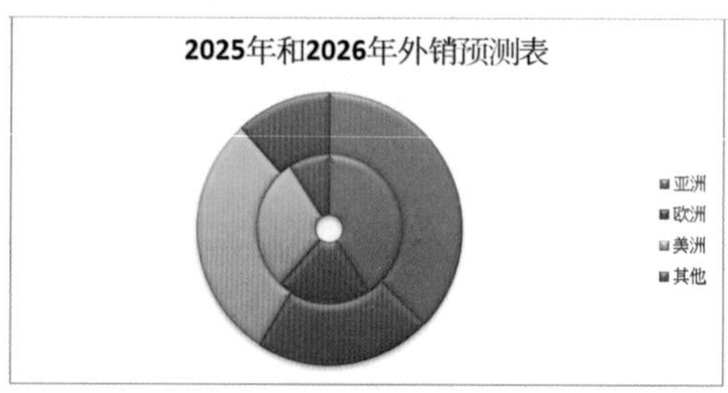

在上图中内环是 2025 年的销售数据，外环是 2026 年的销售数据，从上图可以看到预测欧洲地区销售在 2026 年成长明显，亚洲地区则在衰退。

18-4-4 环形图的切片分离

环形图也可以执行外环的切片分离，当有两组数据时，对于外环而言重点是设定 chart.series[1].data_points 属性。

程序实例 ch18_11.py：重新设计 ch18_10.py，将 2026 年这组销售数据索引为 2 的切片分离。

```
# ch18_11.py
import openpyxl
from openpyxl.chart import (
    DoughnutChart,
    Reference,
    Series
)
```

```
from openpyxl.chart.series import DataPoint
wb = openpyxl.Workbook()
ws = wb.active
data = [
    ['地区', '2025年', '2026年'],
    ['亚洲', 3500, 3800],
    ['欧洲', 1800, 2200],
    ['美洲', 2500, 3000],
    ['其他', 800, 1200],
]
for row in data:
    ws.append(row)

chart = DoughnutChart()                        # 环形图
chart.title = "2025年和2026年外销统计表"
chart.style = 26                               # 类型 26
# 设定数据源 --- 用2025和2026年数据
data = Reference(ws,min_col=2,max_col=3,min_row=1,max_row=5)
# 将数据加入环形图对象
labels = Reference(ws,min_col=1,min_row=2,max_row=5)
# 设定标签数据
chart.add_data(data, titles_from_data=True)
chart.set_categories(labels)                   # 设定标签
# 2026年数据索引 2 切片分离
slice = DataPoint(idx=2, explosion=10)  # 索引 2
chart.series[1].data_points = [slice]   # 2026年资料

ws.add_chart(chart, "E1")                      # 将图表加入工作表
wb.save("out18_11.xlsx")
```

执行结果　开启 out18_11.xlsx 可以得到如下结果。

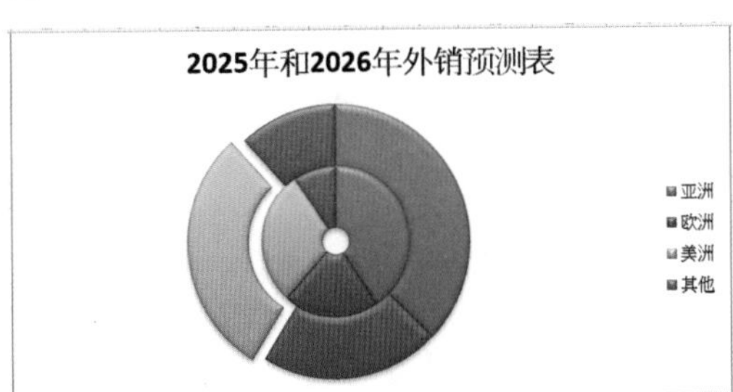

18-4-5　综合应用

程序实例 ch18_12.py：这一节主要是扩充程序实例 ch18_11.py，显示切片百分比，将第 2 组数据所有切片重新着色，同时将第 2 个索引切片分离。

```
# ch18_12.py
import openpyxl
from openpyxl.chart import (
    DoughnutChart,
    Reference,
    Series
)
from openpyxl.chart.series import DataPoint
from openpyxl.chart.series import DataLabelList
wb = openpyxl.Workbook()
ws = wb.active
data = [
    ['地区', '2025年', '2026年'],
    ['亚洲', 3500, 3800],
    ['欧洲', 1800, 2200],
    ['美洲', 2500, 3000],
    ['其他', 800, 1200],
```

```
]
for row in data:
    ws.append(row)

chart = DoughnutChart()                      # 环形图
chart.title = "2025年和2026年外销统计表"
chart.style = 26                             # 类型 26
# 设定数据源 --- 用2025年和2026年数据
data = Reference(ws,min_col=2,max_col=3,min_row=1,max_row=5)
# 将数据加入环形图对象
labels = Reference(ws,min_col=1,min_row=2,max_row=5)
# 设定标签数据
chart.add_data(data, titles_from_data=True)
chart.set_categories(labels)                 # 设定标签
# 显示切片百分比
chart.dataLabels = DataLabelList()
chart.dataLabels.showPercent = True
# 圆饼切片色彩列表
colors = ['00FFFF','FF8A65','00FF00','FFFF00']
# 取得切片元素，所有元素
slices = [DataPoint(idx=i) for i in range(4)]
# 有 2 组系列数据，设定第 1 (从 0 起算)组所有元素
chart.series[1].data_points = slices
# 设定所有切片的颜色
for i in range(4):
    slices[i].graphicalProperties.solidFill = colors[i]
    if i == 2:                               # 将索引 2 切片分离
        slices[i].explosion = 10
ws.add_chart(chart, "E1")                    # 将图表加入工作表
wb.save("out18_12.xlsx")
```

执行结果 开启 out18_12.xlsx 可以得到如下结果。

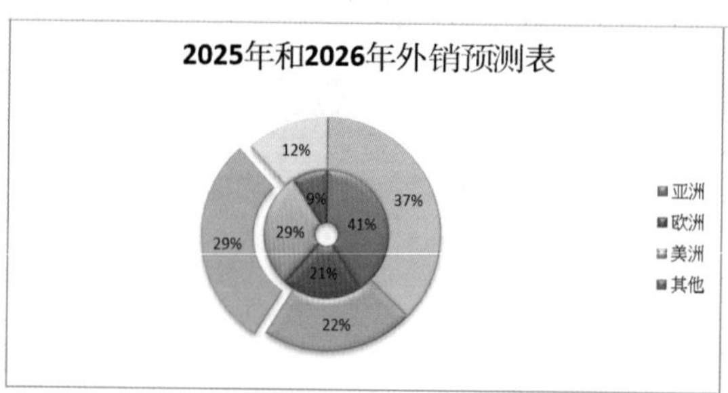

18-5 雷达图

雷达图 (RadarChart) 主要应用在四维以上的数据，同时每一维度的数据可以排序，每一种类别的数值轴均是由中心点放射出来，然后数列的数据点再彼此连接，由雷达图可以看出数列间的变动，所做雷达图的面积越大代表产品越好。雷达图的函数是 RadarChart( )，在使用前需要先导入 RadarChart 模块：

```
from openpyxl.chart import RadarChat
```

下列是建立雷达图对象的实例：

```
chart = RadarChart( )
```

有了雷达图对象后，下列属性意义与柱形图相同。

- chart.title：建立图表标题。
- chart.x_axis.title：x 轴标题。
- chart.y_axis.title：y 轴标题。
- chart.width：图表宽度。
- chart.height：图表高度。
- chart.style：图表色彩样式。
- chart.legend：是否显示图例。
- chart.legend.position：图例位置。

此外，雷达图额外的属性如下：

- chart.type：如果设为“filled”，可以建立填满色彩的雷达图。
- chart.y_axis.delete：如果设为 True，将不显示雷达轴的值。

程序实例 ch18_13.py：工作簿 data18_13.xlsx 的饮料调研工作表内容如下图所示。

	A	B	C	D
1		饮料A	饮料B	饮料C
2	口感	8	4	5
3	容量	7	6	3
4	设计外观	9	3	7
5	包装	6	7	10
6	价格	10	2	5

饮料调研

请建立上述工作表的雷达图。

```
# ch18_13.py
import openpyxl
from openpyxl.chart import RadarChart, Reference

fn = "data18_13.xlsx"
wb = openpyxl.load_workbook(fn)
ws = wb.active

chart = RadarChart()
chart.title = "饮料调研表"
chart.style = 26
# 设定数据源
data = Reference(ws, min_col=2,max_col=4,min_row=1,max_row=6)
# 将数据加入雷达图对象
chart.add_data(data,titles_from_data=True)
# 设定标签数据
labels = Reference(ws, min_col=1,min_row=2,max_row=6)
chart.set_categories(labels)

ws.add_chart(chart, "E1")
wb.save('out18_13.xlsx')
```

执行结果　开启 out18_13.xlsx 可以得到如下结果。

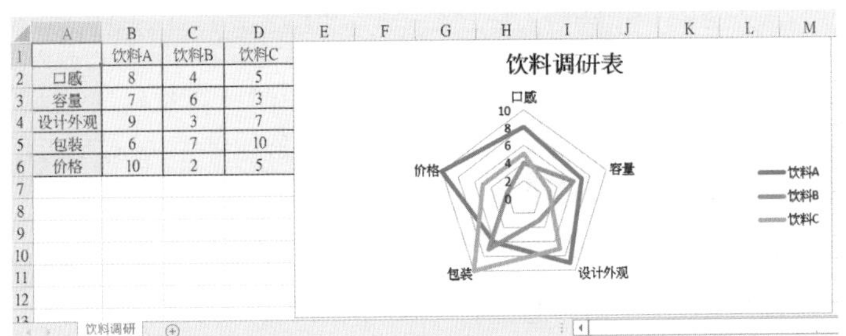

第 1 9 章

使用 Python 处理 CSV 文件

CSV 是一个缩写，它的英文全称是 Comma-Separated Values，由字面意思是逗号分隔值，当然逗号是主要数据字段间的分隔值，不过目前也有非逗号的分隔值。这是一个纯文本格式的文件，没有图片，不用考虑字体、大小、颜色等。

简单地说，CSV 数据是指同一行 (row) 的数据彼此用逗号 (或其他符号) 隔开，同时每一行 (row) 数据是一笔 (record) 数据，几乎所有电子表格 (Excel)、文本编辑器与数据库文件均支持这种格式。本章将讲解操作此文件的基本知识，同时也将讲解如何将 Excel 的工作表改存成 CSV 文件，或是将 CSV 文件改成用 Excel 存储。

注 其实目前网络公开信息大多提供 CSV 文件的下载，未来读者在工作时也可以将 Excel 工作表改用 CSV 文件存储。

19-1 建立一个 CSV 文件

为了更详细解说，笔者先用 ch19 文件夹的 report.xlsx 文件产生一个 CSV 文件，未来再用这个文件做说明。目前窗口内容是 report.xlsx，如下所示。

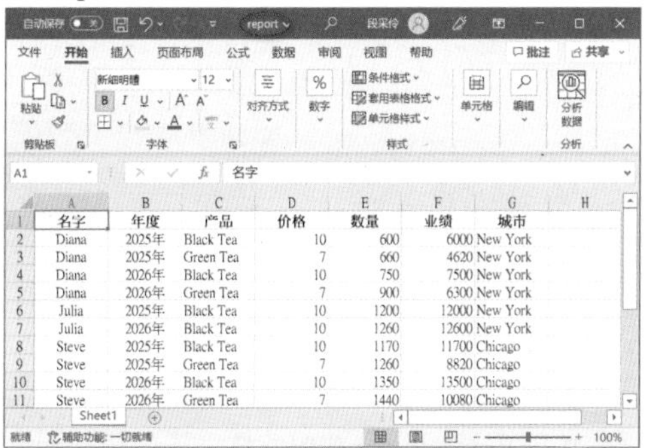

名字	年度	产品	价格	数量	业绩	城市
Diana	2025年	Black Tea	10	600	6000	New York
Diana	2025年	Green Tea	7	660	4620	New York
Diana	2026年	Black Tea	10	750	7500	New York
Diana	2026年	Green Tea	7	900	6300	New York
Julia	2025年	Black Tea	10	1200	12000	New York
Julia	2026年	Black Tea	10	1260	12600	New York
Steve	2025年	Black Tea	10	1170	11700	Chicago
Steve	2025年	Green Tea	7	1260	8820	Chicago
Steve	2026年	Black Tea	10	1350	13500	Chicago
Steve	2026年	Green Tea	7	1440	10080	Chicago

请执行文件→另存为命令，然后选择当前 D:\Python\ch19 文件夹。保存类型选 CSV，然后将文件名改为 csvReport。单击“保存”按钮后，可以得到如下结果。

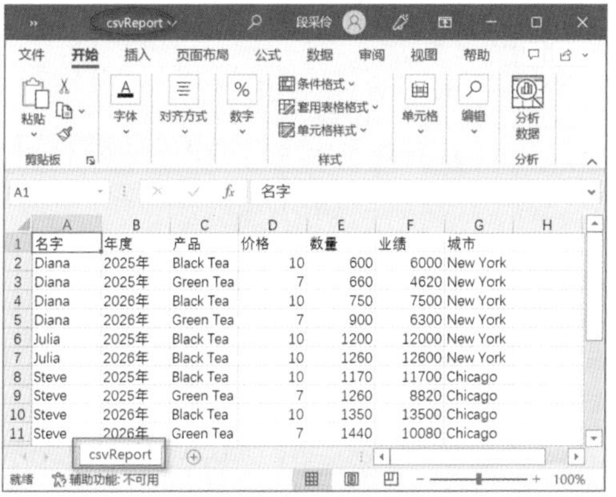

名字	年度	产品	价格	数量	业绩	城市
Diana	2025年	Black Tea	10	600	6000	New York
Diana	2025年	Green Tea	7	660	4620	New York
Diana	2026年	Black Tea	10	750	7500	New York
Diana	2026年	Green Tea	7	900	6300	New York
Julia	2025年	Black Tea	10	1200	12000	New York
Julia	2026年	Black Tea	10	1260	12600	New York
Steve	2025年	Black Tea	10	1170	11700	Chicago
Steve	2025年	Green Tea	7	1260	8820	Chicago
Steve	2026年	Black Tea	10	1350	13500	Chicago
Steve	2026年	Green Tea	7	1440	10080	Chicago

我们已经成功地建立一个 CSV 文件了，文件名是 csvReport.csv，可以关闭上述 Excel 窗口了。

19-2 用记事本开启 CSV 文件

CSV 文件的特色是几乎可以在所有不同的电子表格内编辑，当然也可以在一般的文字编辑程序内查阅使用，如果使用记事本开启这个 CSV 文件，也可以看到这个文件的原貌。

```
名字,年度,产品,价格,数量,业绩,城市
Diana,2025年,Black Tea,10,600,6000,New York
Diana,2025年,Green Tea,7,660,4620,New York
Diana,2026年,Black Tea,10,750,7500,New York
Diana,2026年,Green Tea,7,900,6300,New York
Julia,2025年,Black Tea,10,1200,12000,New York
Julia,2026年,Black Tea,10,1260,12600,New York
Steve,2025年,Black Tea,10,1170,11700,Chicago
Steve,2025年,Green Tea,7,1260,8820,Chicago
Steve,2026年,Black Tea,10,1350,13500,Chicago
Steve,2026年,Green Tea,7,1440,10080,Chicago
```

19-3 csv 模块

Python 有内建 csv 模块，导入这个模块后，可以轻松读取 CSV 文件，方便未来程序的操作。本章程序前端要加上下列指令。

```
import csv
```

19-4 读取 CSV 文件

19-4-1 使用 open( ) 开启 CSV 文件

读取 CSV 文件的第一步是使用 open( ) 函数开启文件，语法格式如下：

```
with open(文件名, encoding = 'utf-8') as csvFile
        相关系列指令
```

或是：

```
csvFile = open(文件名, encoding= 'utf-8')
```

csvFile 是可以自行命名的文件对象，如果要开启含中文的数据需要加上 encoding= 'utf-8' 参数，当然也可以直接使用传统方法开启文件。

19-4-2 建立 Reader 对象

有了 CSV 文件对象后，下一步是使用 csv 模块的 reader( ) 函数建立 Reader 对象，使用 Python 可以使用 list( ) 函数将这个 Reader 对象转换成列表 (list)，现在我们可以很轻松地使用这个列表数据了。

程序实例 ch19_1.py：开启 csvReport.csv 文件，读取 CSV 文件可以建立 Reader 对象 csvReader，再将 csvReader 对象转成列表数据，然后打印列表数据。

```
1  # ch19_1.py
2  import csv
3
4  fn = 'csvReport.csv'
5  with open(fn, encoding='utf-8') as csvFile:  # 开启CSV文件
6      csvReader = csv.reader(csvFile)          # 读文件建立Reader对象
7      listReport = list(csvReader)             # 将数据转成列表
8  print(listReport)                            # 输出列表
```

执行结果

```
==================== RESTART: D:\Python_Excel\ch19\ch19_1.py ====================
[['\ufeff名字', '年度', '产品', '价格', '数量', '业绩', '城市'], ['Diana', '2025
年', 'Black Tea', '10', '600', '6000', 'New York'], ['Diana', '2025年', 'Green T
ea', '7', '660', '4620', 'New York'], ['Diana', '2026年', 'Black Tea', '10', '75
0', '7500', 'New York'], ['Diana', '2026年', 'Green Tea', '7', '900', '6300', 'N
ew York'], ['Julia', '2025年', 'Black Tea', '10', '1200', '12000', 'New York'],
['Julia', '2026年', 'Black Tea', '10', '1260', '12600', 'New York'], ['Steve', '
2025年', 'Black Tea', '10', '1170', '11700', 'Chicago'], ['Steve', '2025年', 'Gr
een Tea', '7', '1260', '8820', 'Chicago'], ['Steve', '2026年', 'Black Tea', '10'
, '1350', '13500', 'Chicago'], ['Steve', '2026年', 'Green Tea', '7', '1440', '10
080', 'Chicago']]
```

上述程序需留意，程序第 6 行所建立的 Reader 对象 csvReader 只能在 with 关键区块内使用，此例是第 5 ~ 7 行，未来要继续操作这个 CSV 文件内容，需使用第 7 行所建的列表 listReport 或是重新

打开文件与读取文件。

使用中文 Windows 操作系统的记事本以 UTF-8 执行编码时，操作系统会在文件前端增加字节顺序记号 (Byte Order Mark, BOM)，俗称文件前端代码，主要功能是判断文字以 Unicode 表示时字节的排序方式。所以读者可以在输出第一行名字左边看到 \ufeff，其实 u 代表这是 Unicode 编码格式，fe 和 ff 是十六进制的编码格式，这是中文 Windows 操作系统的编码格式。这两个字符在 Unicode 中是不占空间的，所以许多时候感觉不到它们的存在。

如果再仔细看输出的内容，可以发现这是列表数据，列表内的元素也是列表，也就是原始 csvReport.csv 内的一行数据是一个元素。

19-4-3　用循环列出列表内容

用 for 循环输出列表内容。

程序实例 ch19_2.py：用 for 循环输出列表内容。

```
# ch19_2.py
import csv

fn = 'csvReport.csv'
with open(fn,encoding='utf-8') as csvFile:  # 开启CSV文件
    csvReader = csv.reader(csvFile)         # 建立Reader对象
    listReport = list(csvReader)            # 将数据转成列表
for row in listReport:                      # 循环输出列表内容
    print(row)
```

执行结果

```
==================== RESTART: D:\Python_Excel\ch19\ch19_2.py ====================
['\ufeff名字', '年度', '产品', '价格', '数量', '业绩', '城市']
['Diana', '2025年', 'Black Tea', '10', '600', '6000', 'New York']
['Diana', '2025年', 'Green Tea', '7', '660', '4620', 'New York']
['Diana', '2026年', 'Black Tea', '10', '750', '7500', 'New York']
['Diana', '2026年', 'Green Tea', '7', '900', '6300', 'New York']
['Julia', '2025年', 'Black Tea', '10', '1200', '12000', 'New York']
['Julia', '2026年', 'Black Tea', '10', '1260', '12600', 'New York']
['Steve', '2025年', 'Black Tea', '10', '1170', '11700', 'Chicago']
['Steve', '2025年', 'Green Tea', '7', '1260', '8820', 'Chicago']
['Steve', '2026年', 'Black Tea', '10', '1350', '13500', 'Chicago']
['Steve', '2026年', 'Green Tea', '7', '1440', '10080', 'Chicago']
```

注　从上述执行结果可以看到，原先数值数据在转换成列表时变成了字符串，所以未来要读取 CSV 文件时，必须要将数值字符串转换成数值格式。

19-4-4　使用列表索引读取 CSV 文件内容

我们也可以使用列表索引知识，读取 CSV 文件内容。

程序实例 ch19_3.py：使用索引列出列表内容。

```
# ch19_3.py
import csv

fn = 'csvReport.csv'
with open(fn,encoding='utf-8') as csvFile:  # 开启CSV文件
    csvReader = csv.reader(csvFile)         # 建立Reader对象
    listReport = list(csvReader)            # 将数据转成列表

print(listReport[0][1], listReport[0][2])
print(listReport[1][2], listReport[1][5])
print(listReport[2][3], listReport[2][6])
```

执行结果

```
================== RESTART: D:\Python_Excel\ch19\ch19_3.py ==================
年度 产品
Black Tea 6000
7 New York
```

19-4-5 读取 CSV 文件然后写入 Excel 文件

现今网站的资源大都提供了 CSV 文件格式让使用者下载，在企业上班一般使用 Excel 还是比较方便的，这时可以用本节的方法读取 CSV 文件，然后转成 Excel 文件。

程序实例 ch19_4.py：将 csvReport.csv 转成 out19_4.xlsx。

```
# ch19_4.py
import csv
import openpyxl

fn = 'csvReport.csv'
with open(fn,encoding='utf-8') as csvFile:  # 开启CSV文件
    csvReader = csv.reader(csvFile)       # 建立Reader对象
    listReport = list(csvReader)          # 将数据转成列表

wb = openpyxl.Workbook()                  # 建立工作簿
ws = wb.active
ws.append(listReport[0])                  # 写入标题栏
report = listReport[1:]                   # 移除第 0 行的标题栏
for row in report:                        # 循环处理列表内容
    row[3] = int(row[3])                  # 将索引 3 列转成整数
    row[4] = int(row[4])                  # 将索引 4 列转成整数
    row[5] = int(row[5])                  # 将索引 5 列转成整数
    ws.append(row)                        # 将列表写入单元格
wb.save("out19_4.xlsx")
```

执行结果 开启 out19_4.xlsx 可以得到如下结果。

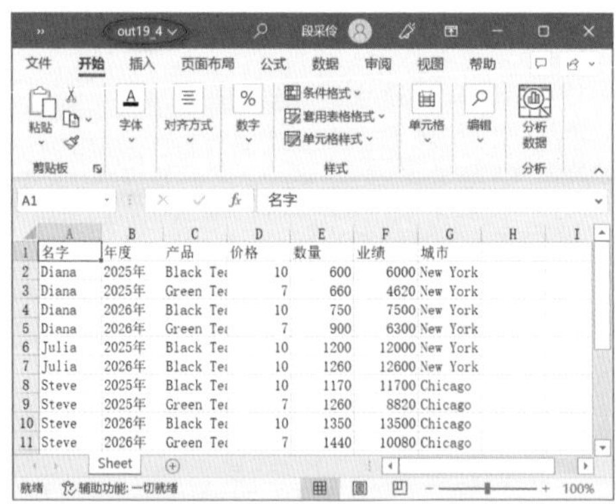

名字	年度	产品	价格	数量	业绩	城市
Diana	2025年	Black Te	10	600	6000	New York
Diana	2025年	Green Te	7	660	4620	New York
Diana	2026年	Black Te	10	750	7500	New York
Diana	2026年	Green Te	7	900	6300	New York
Julia	2025年	Black Te	10	1200	12000	New York
Julia	2026年	Black Te	10	1260	12600	New York
Steve	2025年	Black Te	10	1170	11700	Chicago
Steve	2025年	Green Te	7	1260	8820	Chicago
Steve	2026年	Black Te	10	1350	13500	Chicago
Steve	2026年	Green Te	7	1440	10080	Chicago

19-5 写入 CSV 文件

19-5-1 开启欲写入的文件与关闭文件

想要将数据写入 CSV 文件，首先要开启一个文件供写入，如下所示：

```
csvFile = open('文件名','w', newline=' ',encoding='utf-8')
```

```
…
csvFile.close( )                                        # 执行关闭文件
```

如果使用 with 关键词可以省略 close( ) 关闭文件，如下所示：

```
with open('文件名', 'w', newline='',encoding='utf-8') as csvFile:
    …
```

如果开启的文件只能写入，则可以加上参数 'w'，表示是 write only 模式，只能写入。

19-5-2　建立 writer 对象

如果应用前一节的 csvFile 对象，接下来需建立 writer 对象，语法如下：

```
with open('文件名', 'w', newline='') as csvFile:
        outWriter = csv.writer(csvFile)
        …
```

或是：

```
csvFile = open('文件名', 'w', newline='')              # w是write only模式
outWriter = csv.writer(csvFile)
  …
csvFile.close( )                                        # 执行关闭文件
```

上述开启文件时增加参数 newline=''，可避免输出时每行之间多空一行。

19-5-3　输出列表

writerow( ) 可以输出列表数据。

程序实例 ch19_5.py：输出列表数据的应用。

```
# ch19_5.py
import csv

fn = 'out19_5.csv'
with open(fn,'w',newline='',encoding="utf-8") as csvFile: # 开启CSV文件
    csvWriter = csv.writer(csvFile)                       # 建立Writer对象
    csvWriter.writerow(['姓名', '年龄', '城市'])
    csvWriter.writerow(['Hung', '35', 'Taipei'])
    csvWriter.writerow(['James', '40', 'Chicago'])
```

执行结果　下列是用记事本开启文件的结果。

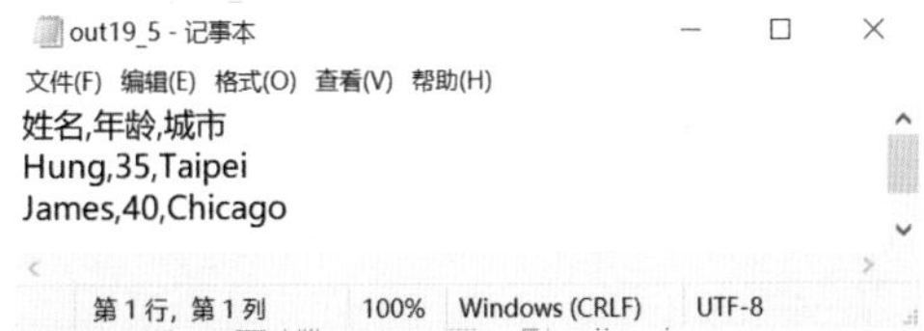

注：上述如果用 Excel 开启会有乱码，这是因为简体中文 Windows 编码格式不同所致，上述是用 "utf-8" 的编码格式。

程序实例 ch19_6.py：复制 CSV 文件，这个程序会读取文件，然后将文件写入另一个文件，达成复制的目的。

```
# ch19_6.py
import csv

infn = 'csvReport.csv'                                    # 来源文件
outfn = 'out19_6.csv'                                     # 目标文件
with open(infn,encoding='utf-8') as csvRFile:             # 开启CSV文件供读取
    csvReader = csv.reader(csvRFile)                      # 读取文件建立Reader对象
    listReport = list(csvReader)                          # 将数据转成列表

with open(outfn,'w',newline='',encoding="utf-8") as csvOFile:  # 供写入
    csvWriter = csv.writer(csvOFile)                      # 建立Writer对象
    for row in listReport:                                # 将列表写入
        csvWriter.writerow(row)
```

执行结果 读者可以开启 out19_6.csv 文件，内容和 csvReport.csv 文件相同。

19-5-4 读取 Excel 文件用 CSV 格式写入

程序实例 ch19_7.py：读取工作簿 out19_4.xlsx 的工作表文件，然后写入 CSV 文件，文件名是 out19_7.csv。

```
# ch19_7.py
import openpyxl
import csv

fn = "out19_4.xlsx"
fout = "out19_7.csv"
wb = openpyxl.load_workbook(fn,data_only=True)
ws = wb.active
with open(fout,'w',newline='',encoding="utf-8") as csvOFile:  # 供写入
    csvWriter = csv.writer(csvOFile)
    for row in ws.rows:
        csvWriter.writerow([cell.value for cell in row])
```

执行结果 最后可以得到 out19_7.csv，内容和所读取的工作簿 out19_4.xlsx 内容相同。

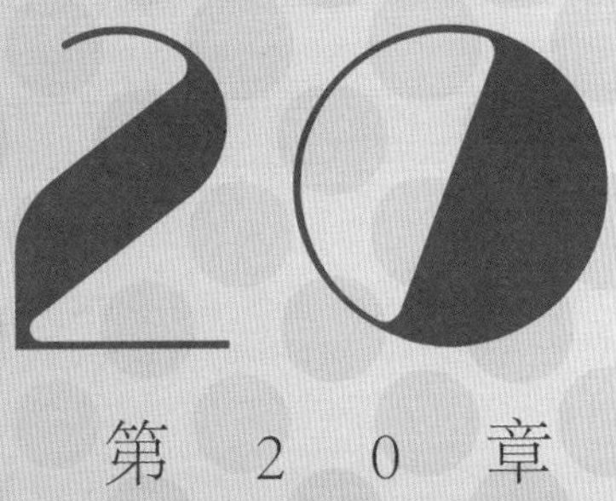

第 2 0 章

Pandas 入门

Pandas 是一个专为 Python 编写的外部模块，可以很方便地执行数据处理与分析。它的名称主要来自 panel、dataframe 与 series，而这 3 个单词也代表了 Pandas 的 3 个数据结构 Panel、DataFrame 和 Series。

使用此模块前请使用下列方式安装：

pip install pandas

安装完成后可以使用下列方式导入模块，以及了解目前的 Pandas 版本：

```
>>> import pandas as pd
>>> pd.__version__
'0.24.1'
```

本章将介绍 Pandas 最基础与最常用的部分，读者若想了解更多可以参考官方网址。当读者有了 Pandas 知识后，未来会继续说明应如何使用“Python+Pandas”操作 Excel，建立效率的工作环境。

20-1 Series

Series 是一种一维的数组数据结构，在这个数组内可以存放整数、浮点数、字符串、Python 对象 (例如，字符串 list、字典 dist 等)、NumPy 的 ndarray、标量等。虽然是一维数组数据，可是看起来却好像是二维数组数据，因为一个是索引 (index) 或称标签 (label)，另一个是实际的数据。

Series 结构与 Python 的 list 类似，不过程序设计师可以为 Series 的每个元素自行命名索引。可以使用 pandas.Series( ) 建立 Series 对象，语法如下：

```
pandas.Series(data=None, index=None, dtype=None, name=None, options, …)
```

后续实例使用下列指令导入 Pandas：

```
import pasdas as pd
```

所以可以用 pd.Series( ) 取代上述的 pandas.Series( )。

20-1-1 使用列表建立 Series 对象

最简单的建立 Series 对象的方式是在 data 参数使用列表。

实例 ch20_1.py：在 data 参数使用列表建立 Series 对象 s1，然后列出结果。

```
# ch20_1.py
import pandas as pd

s1 = pd.Series([11, 22, 33, 44, 55])
print(s1)
```

执行结果

```
==================== RESTART: D:\Python_Excel\ch20\ch20_1.py ====================
0    11
1    22
2    33
3    44
4    55
dtype: int64
```

我们只有建立 Series 对象 s1 内容，可是打印时看到左边字段有系统自建的索引，Pandas 的索引也是从 0 开始计数，这也是为什么我们说 Series 是一个一维数组，可是看起来像是二维数组的原因。有了这个索引，可以使用索引存取对象内容。上述最后一个列出“dtype: int64”指出数据在 Pandas 是以 64 位整数存储与处理。

实例实例 ch20_2.py：延续先前实例，列出 Series 特定索引 s[1] 的内容与修改 s[1] 的内容。

```
# ch20_2.py
import pandas as pd

s1 = pd.Series([11, 22, 33, 44, 55])
print(f"修改前 s1[1]={s1[1]}")
s1[1] = 20
print(f"修改后 s1[1]={s1[1]}")
```

执行结果

```
==================== RESTART: D:\Python_Excel\ch20\ch20_2.py ====================
修改前 s1[1]=22
修改后 s1[1]=20
```

20-1-2　使用 Python 的字典建立 Series 对象

使用 Python 的字典建立 Series 对象时，字典的键 (key) 就会被视为 Series 对象的索引，字典键的值 (value) 就会被视为 Series 对象的值。

程序实例 ch20_3.py：使用 Python 的字典建立 Series 对象，同时列出结果。

```
# ch20_3.py
import pandas as pd

mydict = {'北京':'Beijing', '东京':'Tokyo'}
s2 = pd.Series(mydict)
print(f"{s2}")
```

执行结果

```
==================== RESTART: D:\Python_Excel\ch20\ch20_3.py ===================
北京     Beijing
东京       Tokyo
dtype: object
```

20-1-3　使用 NumPy 的 ndarray 建立 Series 对象

程序实例 ch20_4.py：使用 NumPy 的 ndarray 建立 Series 对象，同时列出结果。

```
# ch20_4.py
import pandas as pd
import numpy as np

s3 = pd.Series(np.arange(0, 7, 2))
print(f"{s3}")
```

执行结果

```
==================== RESTART: D:\Python_Excel\ch20\ch20_4.py ===================
0    0
1    2
2    4
3    6
dtype: int32
```

上述笔者使用 NumPy 模块，这也是数据科学中常用的模块，使用前需导入如下模块：

import numpy as np

上述 np.arange(0, 7, 2) 可以产生 0 ~ (7-1) 的序列数字，每次增加 2，所以可以得到 (0, 2, 4, 6)。

20-1-4　建立含索引的 Series 对象

目前为止我们了解到在建立 Series 对象时，默认情况索引是从 0 开始计数，若是使用字典建立 Series 对象，字典的键 (key) 就是索引。其实在建立 Series 对象时，也可以使用 index 参数自行建立索引。

程序实例 ch20_5.py：建立索引不是从 0 开始计数。

```
# ch20_5.py
import pandas as pd

myindex = [3, 5, 7]
price = [100, 200, 300]
s4 = pd.Series(price, index=myindex)
print(f"{s4}")
```

执行结果

```
==================== RESTART: D:\Python_Excel\ch20\ch20_5.py ===================
3    100
5    200
7    300
dtype: int64
```

程序实例 ch20_6.py：建立含自定义索引的 Series 对象，同时列出结果。

```
# ch20_6.py
import pandas as pd

fruits = ['Orange', 'Apple', 'Grape']
price = [30, 50, 40]
s5 = pd.Series(price, index=fruits)
print(f"{s5}")
```

执行结果

```
==================== RESTART: D:\Python_Excel\ch20\ch20_6.py ===================
Orange    30
Apple     50
Grape     40
dtype: int64
```

上述有时候也可以用下列方式建立一样的 Series 对象：

```
s5 = pd.Series([30, 50, 40], index=['Orange', 'Apple', 'Grape'])
```

由上述读者应该体会到，Series 对象有一个很大的特色是可以使用任意方式的索引。

20-1-5　使用标量建立 Series 对象

程序实例 ch20_7.py：使用标量建立 Series 对象，同时列出结果。

```
# ch20_7.py
import pandas as pd

s6 = pd.Series(9, index=[1, 2, 3])
print(f"{s6}")
```

执行结果

```
==================== RESTART: D:\Python_Excel\ch20\ch20_7.py ===================
1    9
2    9
3    9
dtype: int64
```

虽然只有一个标量搭配三个索引，Pandas 会主动将所有索引值用此标量补上。

20-1-6　列出 Series 对象索引与值

从前面实例可以知道，我们可以直接用 print(对象名称)，打印 Series 对象，其实也可以使用下列方式得到 Series 对象索引和值：

```
obj.values          # 假设对象名称是 obj，Series 对象值 values
obj.index           # 假设对象名称是 obj，Series 对象索引 index
```

程序实例 ch20_8.py：打印 Series 对象索引和值。

```
# ch20_8.py
import pandas as pd

s = pd.Series([30, 50, 40], index=['Orange', 'Apple', 'Grape'])
print(f"{s.values}")
print(f"{s.index}")
```

执行结果

```
==================== RESTART: D:\Python_Excel\ch20\ch20_8.py ====================
[30 50 40]
Index(['Orange', 'Apple', 'Grape'], dtype='object')
```

20-1-7　Series 的运算

Series 运算方法许多与 NumPy 的 ndarray 或 Python 的列表相同，但是有一些扩充更好用的功能，本小节会做解说。

程序实例 ch20_9.py：可以将切片概念应用在 Series 对象。

```
# ch20_9.py
import pandas as pd

s = pd.Series([0, 1, 2, 3, 4, 5])
print(f"s[2:4] = \n{s[2:4]}")
print(f"s[:3] = \n{s[:3]}")
print(f"s[2:] = \n{s[2:]}")
print(f"s[-1:] = \n{s[-1:]}")
```

执行结果

```
==================== RESTART: D:\Python_Excel\ch20\ch20_9.py ====================
s[2:4] =
2    2
3    3
dtype: int64
s[:3] =
0    0
1    1
2    2
dtype: int64
s[2:] =
2    2
3    3
4    4
5    5
dtype: int64
s[-1:] =
5    5
dtype: int64
```

四则运算与求余数的概念也可以应用在 Series 对象。

程序实例 ch20_10.py：Series 对象相加。

```
# ch20_10.py
import pandas as pd

x = pd.Series([1, 2])
y = pd.Series([3, 4])
print(f"{x + y}")
```

执行结果

```
==================== RESTART: D:\Python_Excel\ch20\ch20_10.py ====================
0    4
1    6
dtype: int64
```

程序实例 ch20_11.py：Series 对象相乘。

```
# ch20_11.py
import pandas as pd

x = pd.Series([1, 2])
y = pd.Series([3, 4])
print(f"{x * y}")
```

执行结果

```
================== RESTART: D:\Python_Excel\ch20\ch20_11.py ==================
0    3
1    8
dtype: int64
```

逻辑运算的概念也可以应用在 Series 对象。

程序实例 ch20_12.py：逻辑运算应用在 Series 对象。

```
# ch20_12.py
import pandas as pd

x = pd.Series([1, 5, 9])
y = pd.Series([2, 4, 8])
print(f"{x > y}")
```

执行结果

```
================== RESTART: D:\Python_Excel\ch20\ch20_12.py ==================
0    False
1     True
2     True
dtype: bool
```

有 2 个 Series 对象拥有相同的索引，这时也可以将这 2 个对象相加。

程序实例 ch20_13.py：Series 对象拥有相同索引，执行相加的应用。

```
# ch20_13.py
import pandas as pd

fruits = ['Orange', 'Apple', 'Grape']
x1 = pd.Series([20, 30, 40], index=fruits)
x2 = pd.Series([25, 38, 55], index=fruits)
y = x1 + x2
print(f"{y}")
```

执行结果

```
================== RESTART: D:\Python_Excel\ch20\ch20_13.py ==================
Orange    45
Apple     68
Grape     95
dtype: int64
```

在执行相加时，如果 2 个索引不相同，也可以执行相加，这时不同索引的内容值会填上 NaN(Not a Number)，可以解释为非数字或无定义数字。

程序实例 ch20_14.py：Series 对象拥有不同索引，执行相加的应用。

```
# ch20_14.py
import pandas as pd

fruits1 = ['Orange', 'Apple', 'Grape']
fruits2 = ['Orange', 'Banana', 'Grape']
x1 = pd.Series([20, 30, 40], index=fruits1)
x2 = pd.Series([25, 38, 55], index=fruits2)
y = x1 + x2
print(f"{y}")
```

执行结果

```
================== RESTART: D:\Python_Excel\ch20\ch20_14.py ==================
Apple      NaN
Banana     NaN
Grape     95.0
Orange    45.0
dtype: float64
```

当索引是非数值而是字符串时，可以使用下列方式取得元素内容。

程序实例 ch20_15.py：Series 的索引是字符串，使用字符串当作索引取得元素内容的应用。

```
# ch20_15.py
import pandas as pd

fruits = ['Orange', 'Apple', 'Grape']
x = pd.Series([20, 30, 40], index=fruits)
print(f"{x['Apple']}")
print('-'*70)
print(f"{x[['Apple', 'Orange']]}")
print('-'*70)
print(f"{x[['Orange', 'Apple', 'Orange']]}")
```

执行结果

```
=================== RESTART: D:\Python_Excel\ch20\ch20_15.py ===================
30
----------------------------------------------------------------------
Apple     30
Orange    20
dtype: int64
----------------------------------------------------------------------
Orange    20
Apple     30
Orange    20
dtype: int64
```

我们也可以将标量与 Series 对象做运算，甚至可以将函数应用在 Series 对象。

程序实例 ch20_16.py：将标量与函数应用在 Series 对象上。

```
# ch20_16.py
import pandas as pd
import numpy as np


fruits = ['Orange', 'Apple', 'Grape']
x = pd.Series([20, 30, 40], index=fruits)
print((x + 10) * 2)
print('-'*70)
print(np.sin(x))
```

执行结果

```
=================== RESTART: D:\Python_Excel\ch20\ch20_16.py ===================
Orange     60
Apple      80
Grape     100
dtype: int64
----------------------------------------------------------------------
Orange    0.912945
Apple    -0.988032
Grape     0.745113
dtype: float64
```

上述列出了 float64，表示模块是使用 64 位的浮点数处理数据。

20-2 DataFrame

DataFrame 是一种二维的数组数据结构，逻辑上而言可以视为类似 Excel 的工作表，在这个二维数组内可以存放整数、浮点数、字符串、Python 对象(例如，字符串 list、字典 dist 等)、NumPy 的 ndarray、标量等。

可以使用 DataFrame( ) 建立 DataFrame，语法如下：

```
pandas.DataFrame(data=None,index=None,dtype=None,name=None)
```

20-2-1 使用 Series 建立 DataFrame

可以使用组合 Series 对象成为二维数组的 DataFrame，组合的方式如下：

```
pandas.concat([Series1, Series2, … ], axis=0)
```

上述参数 axis 是设定轴的方向，这会牵涉未来数据方向，默认 axis 是 0，我们可以更改此设定，例如 axis=1，整个影响方式如下图所示。

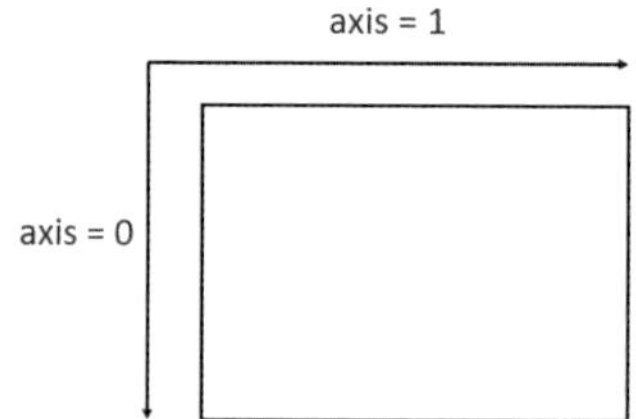

程序实例 ch20_17.py：建立 Beijing、HongKong、Singapore 2020—2022 年 3 月的平均温度，成为 3 个 Series 对象。笔者设定 concat( ) 方法不设定 axis，结果达不到预期。

```
1 # ch20_17.py
2 import pandas as pd
3 years = range(2020, 2023)
4 beijing = pd.Series([20, 21, 19], index = years)
5 hongkong = pd.Series([25, 26, 27], index = years)
6 singapore = pd.Series([30, 29, 31], index = years)
7 citydf = pd.concat([beijing, hongkong, singapore])  # 预设axis=0
8 print(type(citydf))
9 print(citydf)
```

执行结果

```
=================== RESTART: D:\Python_Excel\ch20\ch20_17.py ===================
<class 'pandas.core.series.Series'>
2020    20
2021    21
2022    19
2020    25
2021    26
2022    27
2020    30
2021    29
2022    31
dtype: int64
```

很明显上述不是我们的预期，经过 concat( ) 方法组合后，citydf 数据形态仍是 Series，问题出现在使用 concat( ) 组合 Series 对象时 axis 的默认是 0，在第 7 行增加参数 axis=1 即可。

程序实例 ch20_18.py：重新设计 ch20_17.py 建立 DataFrame 对象。

```
# ch20_18.py
import pandas as pd
years = range(2020, 2023)
beijing = pd.Series([20, 21, 19], index = years)
hongkong = pd.Series([25, 26, 27], index = years)
singapore = pd.Series([30, 29, 31], index = years)
citydf = pd.concat([beijing,hongkong,singapore],axis=1)  # axis=1
print(type(citydf))
print(citydf)
```

执行结果

```
==================== RESTART: D:\Python_Excel\ch20\ch20_18.py ====================
<class 'pandas.core.frame.DataFrame'>
       0   1   2
2020  20  25  30
2021  21  26  29
2022  19  27  31
```

从上述执行结果我们已经得到所需要的 DataFrame 对象了。

20-2-2　字段 columns 属性

上述 ch20_18.py 的执行结果不完美是因为字段 columns 没有名称，在 Pandas 中可以使用 columns 属性设定域名。

程序实例 ch20_19.py：扩充 ch20_18.py，使用 columns 属性设定域名。

```
# ch20_19.py
import pandas as pd
years = range(2020, 2023)
beijing = pd.Series([20, 21, 19], index = years)
hongkong = pd.Series([25, 26, 27], index = years)
singapore = pd.Series([30, 29, 31], index = years)
citydf = pd.concat([beijing,hongkong,singapore],axis=1)  # axis=1
cities = ["Beijing", "HongKong", "Singapore"]
citydf.columns = cities
print(citydf)
```

执行结果

```
==================== RESTART: D:\Python_Excel\ch20\ch20_19.py ====================
      Beijing  HongKong  Singapore
2020       20        25         30
2021       21        26         29
2022       19        27         31
```

20-2-3　Series 对象的 name 属性

Series 对象有 name 属性，我们可以在建立对象时，在 Series( ) 内建立此属性，也可以在对象建立好了后再设定此属性，如果有 name 属性，在打印 Series 对象时就可以看到此属性。

程序实例 ch20_20.py：建立 Series 对象，同时建立 name。

```
# ch20_20.py
import pandas as pd

beijing = pd.Series([20, 21, 19], name='Beijing')
print(beijing)
```

执行结果

```
==================== RESTART: D:\Python_Excel\ch20\ch20_20.py ====================
0    20
1    21
2    19
Name: Beijing, dtype: int64
```

程序实例 ch20_21.py：更改 ch20_19.py 的设计方式，使用 name 属性设定 DataFrame 的 columns 域名。

```
# ch20_21.py
import pandas as pd
years = range(2020, 2023)
beijing = pd.Series([20, 21, 19], index = years)
hongkong = pd.Series([25, 26, 27], index = years)
singapore = pd.Series([30, 29, 31], index = years)
beijing.name = "Beijing"
hongkong.name = "HongKong"
singapore.name = "Singapore"
citydf = pd.concat([beijing, hongkong, singapore],axis=1)
print(citydf)
```

执行结果 与 ch20_19.py 相同。

20-2-4 使用元素是字典的列表建立 DataFrame

一个列表的元素是字典时，可以使用此列表建立 DataFrame。

程序实例 ch20_22.py：使用元素是字典的列表建立 DataFrame。

```
# ch20_22.py
import pandas as pd
data = [{'apple':50,'Orange':30,'Grape':80},{'apple':50,'Grape':80}]
fruits = pd.DataFrame(data)
print(fruits)
```

执行结果

```
=================== RESTART: D:\Python_Excel\ch20\ch20_22.py ===================
   apple  Orange  Grape
0     50    30.0     80
1     50     NaN     80
```

上述如果碰上字典键 (key) 没有对应，该位置将填入 NaN。

20-2-5 使用字典建立 DataFrame

一个字典键 (key) 的值 (value) 是列表时，也可以很方便地用于建立 DataFrame。

程序实例 ch20_23.py：使用字典建立 DataFrame。

```
# ch20_23.py
import pandas as pd
cities = {'country':['China','Japan','Singapore'],
          'town':['Beijing','Tokyo','Singapore'],
          'population':[2000, 1600, 600]}
citydf = pd.DataFrame(cities)
print(citydf)
```

执行结果

```
=================== RESTART: D:\Python_Excel\ch20\ch20_23.py ===================
     country       town  population
0      China    Beijing        2000
1      Japan      Tokyo        1600
2  Singapore  Singapore         600
```

20-2-6 index 属性

对于 DataFrame 对象，我们可以使用 index 属性设定对象的 row 标签，例如，若是以 ch20_23.py 的执行结果而言，0,1,2 索引就是 row 标签。

程序实例 ch20_24.py：重新设计 ch20_23.py，将 row 标签改为 first、second、third。

```
# ch20_24.py
import pandas as pd
cities = {'country':['China','Japan','Singapore'],
          'town':['Beijing','Tokyo','Singapore'],
          'population':[2000, 1600, 600]}
rowindex = ['first', 'second', 'third']
citydf = pd.DataFrame(cities, index=rowindex)
print(citydf)
```

执行结果

```
================== RESTART: D:\Python_Excel\ch20\ch20_24.py ==================
          country       town  population
first       China    Beijing        2000
second      Japan      Tokyo        1600
third   Singapore  Singapore         600
```

20-2-7　将 columns 字段当作 DataFrame 对象的 index

另外，以字典方式建立 DataFrame，如果字典内某个元素被当作 index 时，这个元素就不会在 DataFrame 的字段 columns 上出现。

程序实例 ch20_25.py：重新设计 ch20_24.py，这个程序会将 country 当作 index。

```
# ch20_25.py
import pandas as pd
cities = {'country':['China', 'Japan', 'Singapore'],
          'town':['Beijing','Tokyo','Singapore'],
          'population':[2000, 1600, 600]}
citydf = pd.DataFrame(cities,columns=["town","population"],
                      index=cities["country"])
print(citydf)
```

执行结果

```
================== RESTART: D:\Python_Excel\ch20\ch20_25.py ==================
                town  population
China        Beijing        2000
Japan          Tokyo        1600
Singapore  Singapore         600
```

20-3　基本 Pandas 数据分析与处理

Series 和 DataFrame 对象建立完成后，下一步就是执行数据分析与处理，Pandas 提供了许多函数和方法，用户可以使用这些函数和方法执行许多数据分析与处理，本节将讲解基本概念，读者若想更进一步学习，可以参考 Pandas 官方网站。

20-3-1　索引参照属性

本小节将说明下列属性的用法。

at：使用 index 和 columns 内容取得或设定单一元素内容或数组内容。

iat：使用 index 和 columns 编号取得或设定单一元素内容。

loc：使用 index 或 columns 内容取得或设定整个 row 或 columns 数据或数组内容。

iloc：使用 index 或 columns 编号取得或设定整个 row 或 columns 数据。

程序实例 ch20_26.py：在说明上述属性用法前，笔者先建立一个 DataFrame 对象，然后用此对象做解说。

```
# ch20_26.py
import pandas as pd
cities = {'Country':['China','China','Thailand','Japan','Singapore'],
          'Town':['Beijing','Shanghai','Bangkok','Tokyo','Singapore'],
          'Population':[2000, 2300, 900, 1600, 600]}
df = pd.DataFrame(cities, columns=["Town","Population"],
                  index=cities["Country"])
print(df)
```

执行结果 下列是 Python Shell 窗口的执行结果，下列实例请在此窗口执行。

```
================== RESTART: D:\Python_Excel\ch20\ch20_26.py ==================
               Town  Population
China       Beijing        2000
China      Shanghai        2300
Thailand    Bangkok         900
Japan         Tokyo        1600
Singapore Singapore         600
```

实例 1：使用 at 属性取得 row 是 'Japan' 和 column 是 'Town'，并列出结果。

```
>>> df.at['Japan','Town']
'Tokyo'
```

如果可以观察到有 2 个索引内容是 'China'，如果 row 是 'China' 时，这时可以获得数组数据，可以参考下列实例。

实例 2：使用 at 属性取得 row 是 'China' 和 column 是 'Town'，并列出结果。

```
>>> df.at['China', 'Town']
array(['Beijing', 'Shanghai'], dtype=object)
```

实例 3：使用 iat 属性取得 row 是 2，column 是 0，并列出结果。

```
>>> df.iat[2,0]
'Bangkok'
```

实例 4：使用 loc 属性取得 row 是 'Singapore'，并列出结果。

```
>>> df.loc['Singapore']
Town          Singapore
Population          600
Name: Singapore, dtype: object
```

实例 5：使用 loc 属性取得 row 是 'Japan' 和 'Thailand'，并列出结果。

```
>>> df.loc[['Japan', 'Thailand']]
             Town  Population
Japan       Tokyo        1600
Thailand  Bangkok         900
```

实例 6：使用 loc 属性取得 row 是 'China': 'Thailand'，column 是 'Town': 'Population'，并列出结果。

```
>>> df.loc['China':'Thailand','Town':'Population']
              Town  Population
China      Beijing        2000
China     Shanghai        2300
Thailand   Bangkok         900
```

实例 7：使用 iloc 属性取得 row 是 0 的数据，并列出结果。

```
>>> df.iloc[0]
Town          Beijing
Population       2000
Name: China, dtype: object
```

20-3-2　直接索引

除了上一节的方法可以取得 DataFrame 对象内容，也可以使用直接索引方式取得内容，这一小节仍将使用 ch20_26.py 所建的 DataFrame 对象 df。

实例 1：直接索引取得 'Town' 的数据并打印。

```
>>> df['Town']
China          Beijing
China         Shanghai
Thailand       Bangkok
Japan            Tokyo
Singapore    Singapore
Name: Town, dtype: object
```

实例 2：取得 column 是 'Town'，row 是 'Japan' 的数据并打印。

```
>>> df['Town']['Japan']
'Tokyo'
```

实例 3：取得 column 是 'Town' 和 'Population' 的数据并打印。

```
>>> df[['Town','Population']]
                Town  Population
China        Beijing        2000
China       Shanghai        2300
Thailand     Bangkok         900
Japan          Tokyo        1600
Singapore  Singapore         600
```

实例 4：取得 row 编号 3 之前的数据并打印。

```
>>> df[:3]
              Town  Population
China      Beijing        2000
China     Shanghai        2300
Thailand   Bangkok         900
```

实例 5：取得 Population 大于 1000 的数据并打印。

```
>>> df[df['Population'] > 1000]
           Town  Population
China   Beijing        2000
China  Shanghai        2300
Japan     Tokyo        1600
```

20-3-3　四则运算方法

下列是适用 Pandas 的四则运算方法。

add( )：加法运算。

sub( )：减法运算。

mul( )：乘法运算。

div( )：除法运算。

程序实例 ch20_27.py：加法与减法运算。

```
# ch20_27.py
import pandas as pd

s1 = pd.Series([1, 2, 3])
s2 = pd.Series([4, 5, 6])
x = s1.add(s2)
print(x)

y = s1.sub(s2)
print(y)
```

执行结果

```
=================== RESTART: D:\Python_Excel\ch20\ch20_27.py ===================
0    5
1    7
2    9
dtype: int64
0   -3
1   -3
2   -3
dtype: int64
```

程序实例 ch20_28.py：乘法与除法运算。

```
# ch20_28.py
import pandas as pd

data1 = [{'a':10, 'b':20}, {'a':30, 'b':40}]
df1 = pd.DataFrame(data1)
data2 = [{'a':1, 'b':2}, {'a':3, 'b':4}]
df2 = pd.DataFrame(data2)
x = df1.mul(df2)
print(x)

y = df1.div(df2)
print(y)
```

执行结果

```
=================== RESTART: D:\Python_Excel\ch20\ch20_28.py ===================
    a    b
0  10   40
1  90  160
      a     b
0  10.0  10.0
1  10.0  10.0
```

20-3-4 逻辑运算方法

下列是适用 Pandas 的逻辑运算方法。

gt( )、lt( )：大于、小于运算。

ge( )、le( )：大于或等于、小于或等于运算。

eq( )、ne( )：等于、不等于运算。

程序实例 ch20_29.py：逻辑运算 gt( ) 和 eq( ) 的应用。

```
# ch20_29.py
import pandas as pd

s1 = pd.Series([1, 5, 9])
s2 = pd.Series([2, 4, 8])
x = s1.gt(s2)
print(x)

y = s1.eq(s2)
print(y)
```

执行结果

```
=================== RESTART: D:\Python_Excel\ch20\ch20_29.py ===================
0    False
1     True
2     True
dtype: bool
0    False
1    False
2    False
dtype: bool
```

20-3-5　NumPy 的函数应用在 Pandas

程序实例 ch20_30.py：将 NumPy 的函数 square( ) 应用在 Series，square( ) 是计算平方的函数。

```
# ch20_30.py
import pandas as pd
import numpy as np

s = pd.Series([1, 2, 3])
x = np.square(s)
print(x)
```

执行结果

```
=================== RESTART: D:\Python_Excel\ch20\ch20_30.py ===================
0    1
1    4
2    9
dtype: int64
```

程序实例 ch20_31.py：将 NumPy 的随机值函数 randint( ) 应用在建立 DataFrame 对象的元素内容，假设有一个课程第一次成绩 first、第二次成绩 second 和最后成绩 final 皆使用随机数给予，分数是 60(含)~100(不含) 分。

```
1  # ch20_31.py
2  import pandas as pd
3  import numpy as np
4  name = ['Frank', 'Peter', 'John']
5  score = ['first', 'second', 'final']
6  df = pd.DataFrame(np.random.randint(60,100,size=(3,3)),
7                    columns=name,
8                    index=score)
9  print(df)
```

执行结果

```
=================== RESTART: D:\Python_Excel\ch20\ch20_31.py ===================
        Frank  Peter  John
first      61     76    65
second     69     91    87
final      99     87    98
```

上述第 6 行 np.random.randint(60,100,size=(3,3)) 方法可以建立 (3,3) 数组，每个分数是 60~100 分。

20-3-6　NaN 相关的运算

在数据的收集中常常因为执行者疏忽，漏了收集某一时段的数据，这些可用 NaN 代替。在先前的四则运算中我们没有对 NaN 的值做运算的实例，其实凡是与 NaN 做运算，所得的结果也是 NaN。

程序实例 ch20_32.py：与 NaN 相关的运算。

```
# ch20_32.py
import pandas as pd
import numpy as np

s1 = pd.Series([1, np.nan, 5])
s2 = pd.Series([np.nan, 6, 8])
x = s1.add(s2)
print(x)
```

执行结果

```
================== RESTART: D:\Python_Excel\ch20\ch20_32.py ==================
0     NaN
1     NaN
2    13.0
dtype: float64
```

20-3-7 NaN 的处理

下列是适合处理 NaN 的方法。

dropna( )：将 NaN 删除，然后回传新的 Series 或 DataFrame 对象。

fillna(value)：将 NaN 由特定 value 值取代，然后回传新的 Series 或 DataFrame 对象。

isna( )：判断是否为 NaN，如果是回传 True，如果否回传 False。

notna( )：判断是否为 NaN，如果是回传 False，如果否回传 True。

程序实例 ch20_33.py：isna( ) 和 notna( ) 的应用。

```
# ch20_33.py
import pandas as pd
import numpy as np

df = pd.DataFrame([[1, 2, 3],[4, np.nan, 6],[7, 8, np.nan]])
print(df)
print("-"*70)
x = df.isna()
print(x)
print("-"*70)
y = df.notna()
print(y)
```

执行结果

```
================== RESTART: D:\Python_Excel\ch20\ch20_33.py ==================
   0    1    2
0  1  2.0  3.0
1  4  NaN  6.0
2  7  8.0  NaN
----------------------------------------------------------------------
       0      1      2
0  False  False  False
1  False   True  False
2  False  False   True
----------------------------------------------------------------------
      0      1      2
0  True   True   True
1  True  False   True
2  True   True  False
```

上述 np.nan 是使用 NumPy 模块，然后在指定位置产生 NaN 数据。

程序实例 ch20_34.py：沿用先前实例在 NaN 位置填上 0。

```
# ch20_34.py
import pandas as pd
import numpy as np

df = pd.DataFrame([[1, 2, 3],[4, np.nan, 6],[7, 8, np.nan]])
z = df.fillna(0)
print(z)
```

执行结果

```
================== RESTART: D:\Python_Excel\ch20\ch20_34.py ==================
   0    1    2
0  1  2.0  3.0
1  4  0.0  6.0
2  7  8.0  0.0
```

程序实例 ch20_35.py：dropna( ) 如果不含参数，会删除含 NaN 的 row。

```
# ch20_35.py
import pandas as pd
import numpy as np

df = pd.DataFrame([[1, 2, 3],[4, np.nan, 6],[7, 8, np.nan]])
x = df.dropna(0)
print(x)
```

执行结果

```
=================== RESTART: D:\Python_Excel\ch20\ch20_35.py ===================
   0    1    2
0  1  2.0  3.0
```

程序实例 ch20_36.py：删除含 NaN 的 columns。

```
# ch20_36.py
import pandas as pd
import numpy as np

df = pd.DataFrame([[1, 2, 3],[4, np.nan, 6],[7, 8, np.nan]])
x = df.dropna(axis='columns')
print(x)
```

执行结果

```
=================== RESTART: D:\Python_Excel\ch20\ch20_36.py ===================
   0
0  1
1  4
2  7
```

20-3-8 几个简单的统计函数

如下是几个简单的统计函数。

cummax(axis=None)：回传指定轴累积的最大值。

cummin(axis=None)：回传指定轴累积的最小值。

cumsum(axis=None)：回传指定轴累积的总和。

max(axis=None)：回传指定轴的最大值。

min(axis=None)：回传指定轴的最小值。

sum(axis=None)：回传指定轴的总和。

mean(axis=None)：回传指定轴的平均数。

median(axis=None)：回传指定轴的中位数。

std(axis=None)：回传指定轴的标准偏差。

程序实例 ch20_37.py：请再执行一次 ch20_26.py，方便取得 DataFrame 对象 df 的数据，然后使用此数据，列出这些城市的人口总计 sum( ) 和累积人口总计 cumsum( )。

```
# ch20_37.py
import pandas as pd
cities = {'Country':['China','China','Thailand','Japan','Singapore'],
          'Town':['Beijing','Shanghai','Bangkok','Tokyo','Singapore'],
          'Population':[2000, 2300, 900, 1600, 600]}
df = pd.DataFrame(cities, columns=["Town","Population"],
                  index=cities["Country"])
print(df)
print('-'*70)
total = df['Population'].sum()
print('人口总计 "', total)
print('-'*70)
print('累积人口总计')
cum_total = df['Population'].cumsum()
print(cum_total)
```

执行结果

```
================== RESTART: D:\Python_Excel\ch20\ch20_37.py ==================
               Town  Population
China       Beijing        2000
China      Shanghai        2300
Thailand    Bangkok         900
Japan         Tokyo        1600
Singapore Singapore         600
------------------------------------------------------------
人口总计 " 7400
------------------------------------------------------------
累积人口总计
China        2000
China        4300
Thailand     5200
Japan        6800
Singapore    7400
Name: Population, dtype: int64
```

程序实例 ch20_38.py：延续前一个实例，在 df 对象内插入人口累积总数 Cum_Population 字段。

```
# ch20_38.py
import pandas as pd
cities = {'Country':['China','China','Thailand','Japan','Singapore'],
          'Town':['Beijing','Shanghai','Bangkok','Tokyo','Singapore'],
          'Population':[2000, 2300, 900, 1600, 600]}
df = pd.DataFrame(cities, columns=["Town","Population"],
                  index=cities["Country"])

x = df['Population'].cumsum()
df['Cum_Population'] = x
print(df)
```

执行结果

```
================== RESTART: D:\Python_Excel\ch20\ch20_38.py ==================
               Town  Population  Cum_Population
China       Beijing        2000            2000
China      Shanghai        2300            4300
Thailand    Bangkok         900            5200
Japan         Tokyo        1600            6800
Singapore Singapore         600            7400
```

程序实例 ch20_39.py：列出最多与最少人口数。

```
# ch20_39.py
import pandas as pd
cities = {'Country':['China','China','Thailand','Japan','Singapore'],
          'Town':['Beijing','Shanghai','Bangkok','Tokyo','Singapore'],
          'Population':[2000, 2300, 900, 1600, 600]}
df = pd.DataFrame(cities, columns=["Town","Population"],
                  index=cities["Country"])

print('最多人口数 ', df['Population'].max())
print('最少人口数 ', df['Population'].min())
```

执行结果

```
================== RESTART: D:\Python_Excel\ch20\ch20_39.py ==================
最多人口数  2300
最少人口数  600
```

程序实例 ch20_40.py：有几位学生考试分数如下图所示。

	语文	英文	数学	自然	社会
1	14	13	15	15	12
2	12	14	9	10	11
3	13	11	12	13	14
4	10	10	8	10	9
5	13	15	15	15	14

请建立 DataFrame 对象，同时打印。

```
# ch20_40.py
import pandas as pd

course = ['Chinese','English','Math','Natural','Society']
chinese = [14, 12, 13, 10, 13]
eng = [13, 14, 11, 10, 15]
math = [15, 9, 12, 8, 15]
nature = [15, 10, 13, 10, 15]
social = [12, 11, 14, 9, 14]

df = pd.DataFrame([chinese, eng, math, nature, social],
                  columns = course,
                  index = range(1,6))
print(df)
```

执行结果

```
=================== RESTART: D:\Python_Excel\ch20\ch20_40.py ===================
   Chinese  English  Math  Natural  Society
1       14       12    13       10       13
2       13       14    11       10       15
3       15        9    12        8       15
4       15       10    13       10       15
5       12       11    14        9       14
```

程序实例 ch20_41.py：列出每位学生总分数。

```
# ch20_41.py
import pandas as pd

course = ['Chinese','English','Math','Natural','Society']
chinese = [14, 12, 13, 10, 13]
eng = [13, 14, 11, 10, 15]
math = [15, 9, 12, 8, 15]
nature = [15, 10, 13, 10, 15]
social = [12, 11, 14, 9, 14]

df = pd.DataFrame([chinese, eng, math, nature, social],
                  columns = course,
                  index = range(1,6))
total = [df.iloc[i].sum() for i in range(0, 5)]
print(total)
```

执行结果

```
=================== RESTART: D:\Python_Excel\ch20\ch20_41.py ===================
[62, 63, 59, 63, 60]
```

程序实例 ch20_42.py：增加总分字段，然后列出 DataFrame。

```
# ch20_42.py
import pandas as pd

course = ['Chinese','English','Math','Natural','Society']
chinese = [14, 12, 13, 10, 13]
eng = [13, 14, 11, 10, 15]
math = [15, 9, 12, 8, 15]
nature = [15, 10, 13, 10, 15]
social = [12, 11, 14, 9, 14]

df = pd.DataFrame([chinese, eng, math, nature, social],
                  columns = course,
                  index = range(1,6))
total = [df.iloc[i].sum() for i in range(0, 5)]
df['Total'] = total
print(df)
```

执行结果

```
==================== RESTART: D:\Python_Excel\ch20\ch20_42.py ====================
   Chinese  English  Math  Natural  Society  Total
1       14       12    13       10       13     62
2       13       14    11       10       15     63
3       15        9    12        8       15     59
4       15       10    13       10       15     63
5       12       11    14        9       14     60
```

程序实例 ch20_43.py：列出各科平均分数，同时列出平均分数的总分。

```
# ch20_43.py
import pandas as pd

course = ['Chinese','English','Math','Natural','Society']
chinese = [14, 12, 13, 10, 13]
eng = [13, 14, 11, 10, 15]
math = [15, 9, 12, 8, 15]
nature = [15, 10, 13, 10, 15]
social = [12, 11, 14, 9, 14]

df = pd.DataFrame([chinese, eng, math, nature, social],
                  columns = course,
                  index = range(1,6))
total = [df.iloc[i].sum() for i in range(0, 5)]
df['Total'] = total

ave = df.mean()
print(ave)
```

执行结果

```
==================== RESTART: D:\Python_Excel\ch20\ch20_43.py ====================
Chinese    13.8
English    11.2
Math       12.6
Natural     9.4
Society    14.4
Total      61.4
dtype: float64
```

20-3-9 增加 index

可以使用 loc 属性为 DataFrame 增加平均分数。

程序实例 ch20_44.py：在 df 下方增加 Average 平均分数。

```
# ch20_44.py
import pandas as pd

course = ['Chinese','English','Math','Natural','Society']
chinese = [14, 12, 13, 10, 13]
eng = [13, 14, 11, 10, 15]
math = [15, 9, 12, 8, 15]
nature = [15, 10, 13, 10, 15]
social = [12, 11, 14, 9, 14]

df = pd.DataFrame([chinese, eng, math, nature, social],
                  columns = course,
                  index = range(1,6))
total = [df.iloc[i].sum() for i in range(0, 5)]
df['Total'] = total

ave = df.mean()
df.loc['Average'] = ave
print(df)
```

执行结果

```
=================== RESTART: D:\Python_Excel\ch20\ch20_44.py ===================
         Chinese  English  Math  Natural  Society  Total
1           14.0     12.0  13.0     10.0     13.0   62.0
2           13.0     14.0  11.0     10.0     15.0   63.0
3           15.0      9.0  12.0      8.0     15.0   59.0
4           15.0     10.0  13.0     10.0     15.0   63.0
5           12.0     11.0  14.0      9.0     14.0   60.0
Average     13.8     11.2  12.6      9.4     14.4   61.4
```

20-3-10　删除 index

若想删除 index 是 Average，可以使用 drop( )，可以参考下列实例。

程序实例 ch20_45.py：删除 Average。

```
# ch20_45.py
import pandas as pd

course = ['Chinese','English','Math','Natural','Society']
chinese = [14, 12, 13, 10, 13]
eng = [13, 14, 11, 10, 15]
math = [15, 9, 12, 8, 15]
nature = [15, 10, 13, 10, 15]
social = [12, 11, 14, 9, 14]

df = pd.DataFrame([chinese, eng, math, nature, social],
                  columns = course,
                  index = range(1,6))
total = [df.iloc[i].sum() for i in range(0, 5)]
df['Total'] = total

ave = df.mean()
df.loc['Average'] = ave
df = df.drop(index=['Average'])
print(df)
```

执行结果

```
=================== RESTART: D:\Python_Excel\ch20\ch20_45.py ===================
   Chinese  English  Math  Natural  Society  Total
1     14.0     12.0  13.0     10.0     13.0   62.0
2     13.0     14.0  11.0     10.0     15.0   63.0
3     15.0      9.0  12.0      8.0     15.0   59.0
4     15.0     10.0  13.0     10.0     15.0   63.0
5     12.0     11.0  14.0      9.0     14.0   60.0
```

20-3-11　排序

排序可以使用 sort_values( )，可以参考下列实例。

程序实例 ch20_46.py：将 DataFrame 对象 Total 字段从大排到小。

```
# ch20_46.py
import pandas as pd

course = ['Chinese','English','Math','Natural','Society']
chinese = [14, 12, 13, 10, 13]
eng = [13, 14, 11, 10, 15]
math = [15, 9, 12, 8, 15]
nature = [15, 10, 13, 10, 15]
social = [12, 11, 14, 9, 14]

df = pd.DataFrame([chinese, eng, math, nature, social],
                  columns = course,
                  index = range(1,6))
total = [df.iloc[i].sum() for i in range(0, 5)]
df['Total'] = total

df = df.sort_values(by='Total', ascending=False)
print(df)
```

执行结果

```
================== RESTART: D:\Python_Excel\ch20\ch20_46.py ==================
   Chinese  English  Math  Natural  Society  Total
2       13       14    11       10       15     63
4       15       10    13       10       15     63
1       14       12    13       10       13     62
5       12       11    14        9       14     60
3       15        9    12        8       15     59
```

上述预设是从小排到大，在 sort_values( ) 增加参数 ascending=False，可以改为从大排到小。

程序实例 ch20_47.py：增加名次字段，然后填入名次 (Ranking)。

```
# ch20_47.py
import pandas as pd

course = ['Chinese','English','Math','Natural','Society']
chinese = [14, 12, 13, 10, 13]
eng = [13, 14, 11, 10, 15]
math = [15, 9, 12, 8, 15]
nature = [15, 10, 13, 10, 15]
social = [12, 11, 14, 9, 14]

df = pd.DataFrame([chinese, eng, math, nature, social],
                  columns = course,
                  index = range(1,6))
total = [df.iloc[i].sum() for i in range(0, 5)]
df['Total'] = total

df = df.sort_values(by='Total', ascending=False)
rank = range(1, 6)
df['Ranking'] = rank
print(df)
```

执行结果

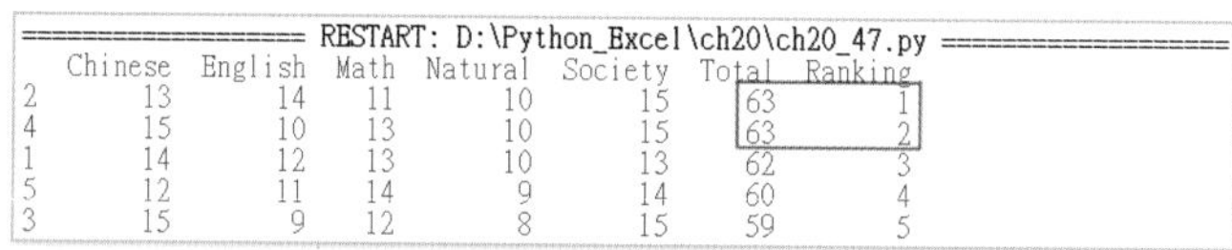

```
================== RESTART: D:\Python_Excel\ch20\ch20_47.py ==================
   Chinese  English  Math  Natural  Society  Total  Ranking
2       13       14    11       10       15     63        1
4       15       10    13       10       15     63        2
1       14       12    13       10       13     62        3
5       12       11    14        9       14     60        4
3       15        9    12        8       15     59        5
```

上述有一处不完美，第 2 行与第 1 行一样是 63 分，但是名次是第 2 名，我们可以使用下列方式解决。

程序实例 ch20_48.py：设定同分数有相同名次。

```
# ch20_48.py
import pandas as pd

course = ['Chinese','English','Math','Natural','Society']
chinese = [14, 12, 13, 10, 13]
eng = [13, 14, 11, 10, 15]
math = [15, 9, 12, 8, 15]
nature = [15, 10, 13, 10, 15]
social = [12, 11, 14, 9, 14]

df = pd.DataFrame([chinese, eng, math, nature, social],
                  columns = course,
                  index = range(1,6))
total = [df.iloc[i].sum() for i in range(0, 5)]
df['Total'] = total

df = df.sort_values(by='Total', ascending=False)
rank = range(1, 6)
df['Ranking'] = rank

for i in range(1, 5):
    if df.iat[i, 5] == df.iat[i-1, 5]:
        df.iat[i, 6] = df.iat[i-1, 6]
print(df)
```

执行结果

```
================== RESTART: D:\Python_Excel\ch20\ch20_48.py ==================
   Chinese  English  Math  Natural  Society  Total  Ranking
2       13       14    11       10       15     63        1
4       15       10    13       10       15     63        1
1       14       12    13       10       13     62        3
5       12       11    14        9       14     60        4
3       15        9    12        8       15     59        5
```

程序实例 ch20_49.py：依 index 重新排序，这时可以使用 sort_index( )。

```
# ch20_49.py
import pandas as pd

course = ['Chinese','English','Math','Natural','Society']
chinese = [14, 12, 13, 10, 13]
eng = [13, 14, 11, 10, 15]
math = [15, 9, 12, 8, 15]
nature = [15, 10, 13, 10, 15]
social = [12, 11, 14, 9, 14]

df = pd.DataFrame([chinese, eng, math, nature, social],
                  columns = course,
                  index = range(1,6))
total = [df.iloc[i].sum() for i in range(0, 5)]
df['Total'] = total

df = df.sort_values(by='Total', ascending=False)
rank = range(1, 6)
df['Ranking'] = rank

for i in range(1, 5):
    if df.iat[i, 5] == df.iat[i-1, 5]:
        df.iat[i, 6] = df.iat[i-1, 6]

df = df.sort_index()
print(df)
```

执行结果

```
================== RESTART: D:\Python_Excel\ch20\ch20_49.py ==================
   Chinese  English  Math  Natural  Society  Total  Ranking
1       14       12    13       10       13     62        3
2       13       14    11       10       15     63        1
3       15        9    12        8       15     59        5
4       15       10    13       10       15     63        1
5       12       11    14        9       14     60        4
```

20-4　读取与输出 Excel 文件

Pandas 可以读取的文件有很多，例如 TXT、CSV、Json、Excel 等，也可以将文件以上述格式写入文件夹，本节将说明读写 Excel 格式的文件。

20-4-1　写入 Excel 格式文件

Pandas 可以使用 to_excel( ) 将 DataFrame 对象写入 Excel 文件，它的语法如下：

```
to_excel(path=None, header=True, index=True, encoding=None,
         startrow=n, startcol=n, … )
```

- path：文件路径 (名称)。

- header：是否保留 columns，预设是 True。
- index：是否保留 index，预设是 True。
- encoding：文件编码方式。
- startrow：起始行。
- startcol：起始列。

程序实例 ch20_50.py：建立的 DataFrame 对象概念，用保留 header 和 index 的方式存入 out20_50a.xlsx，然后用没有保留的方式存入 out20_50b.xlsx。

```
# ch20_50.py
import pandas as pd

items = ['软件','书籍','国际证照']
Jan = [200, 150, 80]
Feb = [220, 180, 100]
March = [160, 200, 110]
April = [100, 120, 150]
df = pd.DataFrame([Jan, Feb, March, April],
                  columns = items,
                  index = range(1,5))
df.to_excel("out20_50a.xlsx")
df.to_excel("out20_50b.xlsx", header=False, index=False)
```

执行结果 下面是 out20_50a.xlsx 与 out20_50b.xlsx 的结果。

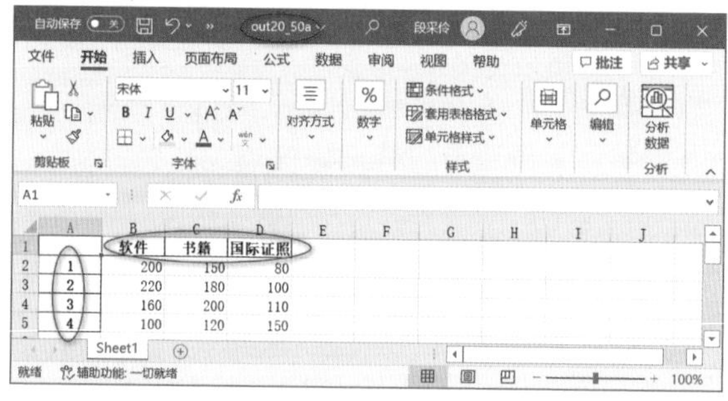

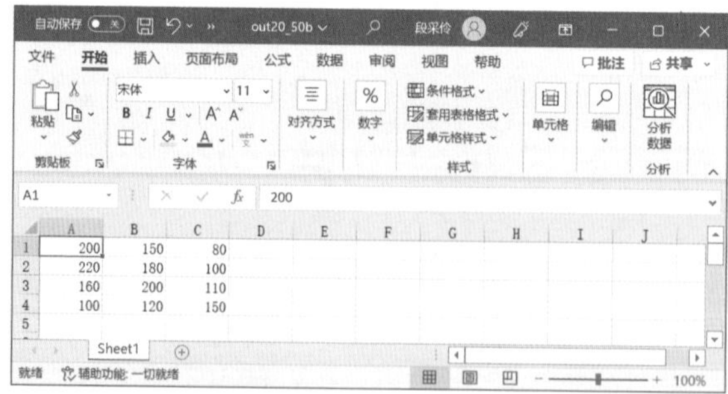

20-4-2 读取 Excel 格式文件

Pandas 可以使用 read_excel( ) 读取 Excel 文件，它的语法如下：

```
read_excel(excel_writer=None, sheet_name=None, names=None, header=True,
        index_col=None, names=None, encoding=None,
        userows=None, usecols=None, … )
```

- excel_writer：文件路径（名称）。
- sheet_name：工作表名称。
- header：设定哪一行为字段标签，默认是 0。当参数有 names 时，此值为 None。如果所读取的文件有字段标签时，就需设定此 header 值。
- index_col：指出第几列是索引，默认是 None。
- names：如果 header=0 时，可以设定字段标签。
- encoding：文件编码方式。
- nrows：设定读取前几行。
- skiprows：跳过几行。
- usecols：设定读取哪几列，例如“B:E”。

程序实例 ch20_51.py：分别读取 ch20_50.py 所建立的 Excel 文件，然后打印。

```
# ch20_51.py
import pandas as pd

x = pd.read_excel("out20_50a.xlsx",index_col=0)
items = ['软件','书籍','国际证照']
y = pd.read_excel("out20_50b.xlsx",names=items)
print(x)
print("-"*70)
print(y)
```

执行结果

```
=================== RESTART: D:\Python_Excel\ch20\ch20_51.py ===================
    软件   书籍  国际证照
1  200  150    80
2  220  180   100
3  160  200   110
4  100  120   150
----------------------------------------------------------------------
    软件   书籍  国际证照
0  220  180   100
1  160  200   110
2  100  120   150
```

注 1 使用 read_excel( ) 读取工作簿工作表时，会自行判断有数据的最后一行和最后一列。

注 2 上述含 pandas 模块的程序，最大的困扰是中文标签字段和数据内容没有对齐，可以使用 set_option( ) 函数解决。

```
pd.set_option('display.unicode.east_asian_width', True)
```

上述主要功能是设定 unicode 的亚洲文字宽度为 True。

程序实例 ch20_51_1.py：使用 pd.set_option( ) 函数重新设计 ch20_51.py。

```
# ch20_51.py
import pandas as pd

pd.set_option('display.unicode.east_asian_width', True)
x = pd.read_excel("out20_50a.xlsx",index_col=0)
items = ['软件','书籍','国际证照']
y = pd.read_excel("out20_50b.xlsx",names=items)
print(x)
print("-"*70)
print(y)
```

执行结果

```
================= RESTART: D:\Python_Excel\ch20\ch20_51_1.py =================
   软件  书籍  国际证照
1   200   150        80
2   220   180       100
3   160   200       110
4   100   120       150
--------------------------------------------------------------------------
   软件  书籍  国际证照
0   220   180       100
1   160   200       110
2   100   120       150
```

20-4-3 读取 Excel 文件的系列实例

有一个 data20_52.xlsx 工作簿有 3C 连锁卖场台北店和高雄店工作表，内容如下图所示。

	A	B	C	D	E	F
1						
2		单位：万				
3		3C连锁卖场业绩表				
4		产品	第一季	第二季	第三季	第四季
5		iPhone	88000	78000	82000	92000
6		iPad	50000	52000	55000	60000
7		iWatch	50000	55000	53500	58000

台北店 高雄店

程序实例 ch20_52.py：读取台北店工作表，然后输出，同时观察执行结果。

```
# ch20_52.py
import pandas as pd

pd.set_option('display.unicode.east_asian_width', True)
x = pd.read_excel("data20_52.xlsx",sheet_name="台北店")
print(x)
```

执行结果

```
================== RESTART: D:\Python_Excel\ch20\ch20_52.py ==================
   Unnamed: 0        Unnamed: 1 Unnamed: 2 Unnamed: 3 Unnamed: 4 Unnamed: 5
0         NaN         单位 : 万        NaN        NaN        NaN        NaN
1         NaN  3C连锁卖场业绩表        NaN        NaN        NaN        NaN
2         NaN              产品     第一季     第二季     第三季     第四季
3         NaN            iPhone      88000      78000      82000      92000
4         NaN              iPad      50000      52000      55000      60000
5         NaN            iWatch      50000      55000      53500      58000
```

从上述执行结果可以看到，第一行默认是字段标签，因为没有数据，结果显示 Unnamed：0 等。至于其他没有数据的字段则显示 NaN。此外，上述 data20_52.xlsx 有台北店和高雄店两个工作表，参数 sheet_name= "台北店" 指定读取台北店工作表，如果省略则会读取第一个工作表，所以也是显示上述结果，读者可以自行练习，本书 ch20 文件夹的 data20_52_1.py 是此练习的程序，可以得到与 ch20_52.py 相同的结果。

对于 data20_52.xlsx 而言，假设只想读取 B4:F7 单元格区间，可以参考下列实例。

程序实例 ch20_53.py：读取 B4:F7 单元格区间。

```
# ch20_53.py
import pandas as pd

pd.set_option('display.unicode.east_asian_width', True)
x = pd.read_excel("data20_52.xlsx",skiprows=3,usecols="B:F")
print(x)
```

执行结果

```
================== RESTART: D:\Python_Excel\ch20\ch20_53.py ==================
       产品   第一季  第二季  第三季  第四季
0  iPhone    88000    78000    82000    92000
1    iPad    50000    52000    55000    60000
2  iWatch    50000    55000    53500    58000
```

上述第 5 行使用了 skiprows=3 参数，表示跳过前 3 行。usecols= “B:F” 参数表示使用 B 列至 F 列的区间。在 read_excel( ) 函数内也可以使用 header 设定从第几行开始读取，若是设定 header=3，表示跳过前 3 行，读者可以自行练习，本书 ch20 文件夹的 data20_53_1.py 是此练习的程序，可以得到与 ch20_53.py 相同的结果。

第 21 章

用 Pandas 操作 Excel

本章主要是讲解使用 Python + Pandas 操作 Excel。

21-1　识别与输出部分 Excel 数据

这一节将使用 customer.xlsx 文件当作实例，此文件有 150 个客户数据，内容如下图所示。

	A	B	C	D	E
1	客户编号	性别	学历	年收入	年龄
2	A1	男	大学	120	35
3	A4	男	硕士	88	28
4	A7	女	大学	59	29
5	A10	女	大学	105	37
6	A13	男	高中	65	43
7	A16	女	硕士	70	27
8	A19	女	大学	88	39
9	A22	男	博士	150	52

销售表　工作表2　工作表3

21-1-1　使用 info( ) 识别 Excel 文件

函数 info( ) 可以列出工作表的域名、数据类别、数据数和所占的内存空间。

程序实例 ch21_1.py：列出 customer.xlsx 工作簿客户数据工作表的相关数据。

```
# ch21_1.py
import pandas as pd

pd.set_option('display.unicode.east_asian_width', True)
df = pd.read_excel("customer.xlsx",index_col=0)
print(df.info())
```

执行结果　下列可以看到有 4 个字段和 150 笔数据，占约 5.94KB 内存空间。

```
==================== RESTART: D:\Python_Excel\ch21\ch21_1.py ====================
<class 'pandas.core.frame.DataFrame'>
Index: 150 entries, A1 to A448
Data columns (total 4 columns):
 #   Column  Non-Null Count  Dtype
---  ------  --------------  -----
 0   性别      150 non-null    object
 1   学历      150 non-null    object
 2   年收入     150 non-null    int64
 3   年龄      150 non-null    int64
dtypes: int64(2), object(2)
memory usage: 4.1+ KB
None
```

21-1-2　输出前后数据

函数 head(n) 可以输出前 *n* 笔数据，如果省略 *n* 则输出前 5 笔数据。函数 tail(n) 可以输出后 *n* 笔数据，如果省略 *n* 则输出后 5 笔数据。

程序实例 ch21_2.py：输出前 3 笔数据和前 5 笔数据，同时输出后 5 笔数据。

```
# ch21_2.py
import pandas as pd

pd.set_option('display.unicode.east_asian_width', True)
df = pd.read_excel("customer.xlsx",index_col=0)
print("输出前 3 笔数据")
print(df.head(3))
print("-"*70)
print("输出前 5 笔数据")
print(df.head())
print("-"*70)
print("输出后 5 笔数据")
print(df.tail())
```

执行结果

```
==================== RESTART: D:\Python_Excel\ch21\ch21_2.py ====================
输出前 3 笔数据
         性别  学历  年收入  年龄
客户编号
A1        男  大学   120   35
A4        男  硕士    88   28
A7        女  大学    59   29
------------------------------------------------------------
输出前 5 笔数据
         性别  学历  年收入  年龄
客户编号
A1        男  大学   120   35
A4        男  硕士    88   28
A7        女  大学    59   29
A10       女  大学   105   37
A13       男  高中    65   43
------------------------------------------------------------
输出后 5 笔数据
         性别  学历  年收入  年龄
客户编号
A436      女  大学    50   32
A439      女  大学    48   30
A442      男  硕士    65   37
A445      女  大学    70   41
A448      女  大学    90   48
```

21-1-3 了解工作表的行数和列数

属性 shape 可以了解工作表的行数和列数。

程序实例 ch21_3.py：输出工作表的行数和列数。

```
# ch21_3.py
import pandas as pd

df = pd.read_excel("customer.xlsx",index_col=0)
print(f"(行数, 列数) = {df.shape}")
```

执行结果

```
==================== RESTART: D:\Python_Excel\ch21\ch21_3.py ====================
(行数, 列数) = (150, 4)
```

21-1-4 输出字段的计数

函数 value_counts( ) 可以输出字段的计数，回传的数据形态是 Series，同时使用从大到小输出，这个函数常用的参数如下：

- ascending：预设是 False，如果设为 True 将改为从小到大输出。
- normalize：若是设为 True 可以列出占比。

程序实例 ch21_4.py：列出各学历的人数，同时列出所占比例。

```
# ch21_4.py
import pandas as pd

df = pd.read_excel("customer.xlsx",index_col=0)
print("输出各学历人数")
print(df['学历'].value_counts())
print("输出各学历占比")
print(df['学历'].value_counts(normalize=True))
```

执行结果

```
==================== RESTART: D:\Python_Excel\ch21\ch21_4.py ====================
输出各学历人数
大学    84
硕士    34
博士    16
高中    16
Name: 学历, dtype: int64
输出各学历占比
大学    0.560000
硕士    0.226667
博士    0.106667
高中    0.106667
Name: 学历, dtype: float64
```

21-2 缺失值处理

在企业运作时可能会因员工疏忽造成数据漏输入，这一节将使用工作簿 data21_5.xlsx 的业绩表工作表讲解这方面的应用。

	A	B	C	D	E	F
1						
2		深智数字业务员销售业绩表				
3		姓名	一月	二月	三月	总计
4		李生时	4560	5152	6014	15726
5		章艺文	8864		7842	16706
6		张铁桥	4234	8045	7098	19377
7		王终生	7799	5435		13234
8		周华元	9040	8048	5098	22186

业绩表

21-2-1 找出漏输入的单元格

Pandas 在读取 Excel 工作表时，如果碰上漏输入数据的单元格会显示 NaN，此外，也可以用 isnull( ) 函数测试，漏输入单元格的地方会显示 True。

程序实例 ch21_5.py：列出漏输入数据的单元格。

```
# ch21_5.py
import pandas as pd

pd.set_option('display.unicode.east_asian_width', True)
df = pd.read_excel("data21_5.xlsx",skiprows=2,usecols="B:F")
print(df)
print("-"*70)
print(df.isnull())
```

执行结果

```
==================== RESTART: D:\Python_Excel\ch21\ch21_5.py ====================
     姓名  一月    二月    三月   总计
0  李生时  4560  5152.0  6014.0  15726
1  章艺文  8864     NaN  7842.0  16706
2  张铁桥  4234  8045.0  7098.0  19377
3  王终生  7799  5435.0     NaN  13234
4  周华元  9040  8048.0  5098.0  22186
----------------------------------------------------------------------
    姓名   一月   二月   三月   总计
0  False  False  False  False  False
1  False  False   True  False  False
2  False  False  False  False  False
3  False  False  False   True  False
4  False  False  False  False  False
```

21-2-2 填入 0.0

函数 fillna(n) 可以在缺失值的单元格内填入值，例如，fillna(0.0) 可以填入 0.0。

程序实例 ch21_6.py：将缺失值的单元格填入 0.0。

```
# ch21_6.py
import pandas as pd

pd.set_option('display.unicode.east_asian_width', True)
df = pd.read_excel("data21_5.xlsx",skiprows=2,usecols="B:F")
df1 = df.fillna(0.0)
print(df1)
df1.to_excel(excel_writer="out21_6.xlsx",index=False)
```

执行结果 下列是 Python Shell 窗口的执行结果与 out21_6.xlsx 的结果。

```
==================== RESTART: D:\Python_Excel\ch21\ch21_6.py ====================
     姓名  一月    二月    三月   总计
0  李生时  4560  5152.0  6014.0  15726
1  章艺文  8864     0.0  7842.0  16706
2  张铁桥  4234  8045.0  7098.0  19377
3  王终生  7799  5435.0     0.0  13234
4  周华元  9040  8048.0  5098.0  22186
```

	A	B	C	D	E
1	姓名	一月	二月	三月	总计
2	李生时	4560	5152	6014	15726
3	章艺文	8864	0	7842	16706
4	张铁桥	4234	8045	7098	19377
5	王终生	7799	5435	0	13234
6	周华元	9040	8048	5098	22186

Sheet1

21-2-3 删除缺失值的行数据

在 data21_5.xlsx 的工作表中，因为只有总计字段，所以缺失值存在不会造成太大的影响，但是如果要计算每个月的平均业绩，就会有很大的差异，这时可以删除含有缺失值的行。

函数 dropna(axis=0) 可以删除缺失值的行，这个函数如果省略 axis=0 或是设定 axis=0 则可以删除含有缺失值的行。如果 axis=1，可以删除含有缺失值的列。

程序实例 ch21_7.py：删除含有缺失值的行。

```
# ch21_7.py
import pandas as pd

pd.set_option('display.unicode.east_asian_width', True)
df = pd.read_excel("data21_5.xlsx",skiprows=2,usecols="B:F")
print(df.dropna())
```

执行结果

```
==================== RESTART: D:\Python_Excel\ch21\ch21_7.py ====================
     姓名  一月    二月    三月   总计
0  李生时  4560  5152.0  6014.0  15726
2  张铁桥  4234  8045.0  7098.0  19377
4  周华元  9040  8048.0  5098.0  22186
```

21-3 重复数据的处理

函数 drop_duplicates( ) 可以删除重复的数据行，此函数语法如下：

```
drop_duplicates(subset=None, keep='first', inplace=False)
```

上述各参数意义如下：

- subset：只考虑处理某些行。
- keep：预设是 first，表示保存第一个出现的行项目，其他删除。
- implace：是否将重复数据放在适当位置或是回传副本。

有一个 data21_8.xlsx 文件内容如下图所示。

	A	B	C	D	E	F
1						
2		深智数字业务员销售业绩表				
3		姓名	一月	二月	三月	总计
4		李生时	4560	5152	6014	15726
5		周华元	9040	8048	5098	22186
6		章艺文	8864		7842	16706
7		李生时	4560	5152	6014	15726
8		张铁桥	4234	8045	7098	19377
9		王终生	7799	5435		13234
10		周华元	9040	8048	5098	22186

业绩表

程序实例 ch21_8.py：删除重复的数据行。

```
# ch21_8.py
import pandas as pd

pd.set_option('display.unicode.east_asian_width', True)
df = pd.read_excel("data21_8.xlsx",skiprows=2,usecols="B:F")
print(df.drop_duplicates())
```

执行结果

```
==================== RESTART: D:\Python_Excel\ch21\ch21_8.py ====================
     姓名  一月    二月    三月   总计
0  李生时  4560  5152.0  6014.0  15726
1  周华元  9040  8048.0  5098.0  22186
2  章艺文  8864     NaN  7842.0  16706
4  张铁桥  4234  8045.0  7098.0  19377
5  王终生  7799  5435.0     NaN  13234
```

21-4 Pandas 的索引操作

这一节将使用下列 data21_9.xlsx 工作簿当作实例。

	A	B	C	D	E	F
1						
2		姓名	一月	二月	三月	总计
3		李生时	4560	5152	6014	15726
4		章艺文	8864		7842	16706
5		张铁桥	4234	8045	7098	19377
6		王终生	7799	5435		13234
7		周华元	9040	8048	5098	22186

业绩表

21-4-1 更改行索引

使用 Pandas 读取 Excel 文件后，会自动配置 0 ~ *n* 的行索引，不过可以使用 index 属性更改行索引。

程序实例 ch21_9.py：将行索引改成从 1 开始。

```
# ch21_9.py
import pandas as pd

pd.set_option('display.unicode.east_asian_width', True)
df = pd.read_excel("data21_9.xlsx",
                   skiprows=1,usecols="B:F")
print(df)
print("-"*70)
df.index = [i for i in range(1,6)]
print(df)
```

执行结果

```
==================== RESTART: D:\Python_Excel\ch21\ch21_9.py ====================
     姓名  一月    二月    三月   总计
0  李生时  4560  5152.0  6014.0  15726
1  章艺文  8864     NaN  7842.0  16706
2  张铁桥  4234  8045.0  7098.0  19377
3  王终生  7799  5435.0     NaN  13234
4  周华元  9040  8048.0  5098.0  22186
----------------------------------------------------------------------
     姓名  一月    二月    三月   总计
1  李生时  4560  5152.0  6014.0  15726
2  章艺文  8864     NaN  7842.0  16706
3  张铁桥  4234  8045.0  7098.0  19377
4  王终生  7799  5435.0     NaN  13234
5  周华元  9040  8048.0  5098.0  22186
```

21-4-2 更改列索引

使用 Pandas 读取 Excel 文件后，可以使用 column 属性更改列索引。

程序实例 ch21_10.py：扩充 ch21_9.py，将列索引改成第一季、第二季和第三季。

```
# ch21_10.py
import pandas as pd

pd.set_option('display.unicode.east_asian_width', True)
df = pd.read_excel("data21_9.xlsx",
                   skiprows=1,usecols="B:F")
print(df)
print("-"*70)
df.columns = ['姓名','第一季','第二季','第三季','总计']
df.index = [i for i in range(1,6)]
print(df)
```

执行结果

```
=================== RESTART: D:\Python_Excel\ch21\ch21_10.py ===================
     姓名  一月    二月    三月   总计
0  李生时  4560  5152.0  6014.0  15726
1  章艺文  8864     NaN  7842.0  16706
2  张铁桥  4234  8045.0  7098.0  19377
3  王终生  7799  5435.0     NaN  13234
4  周华元  9040  8048.0  5098.0  22186
----------------------------------------------------------------------
     姓名  第一季  第二季  第三季   总计
1  李生时    4560  5152.0  6014.0  15726
2  章艺文    8864     NaN  7842.0  16706
3  张铁桥    4234  8045.0  7098.0  19377
4  王终生    7799  5435.0     NaN  13234
5  周华元    9040  8048.0  5098.0  22186
```

21-5 筛选列或行数据

这一节将讲解数据的筛选，主要是使用下列 data21_1.xlsx 文件的员工表工作表。注：读者也可以参考 20-3-1 节，只是这一小节使用 Excel 文件做实例。

飞马传播公司员工表

员工代号	姓名	出生日期	到职日期	部门	职位	月薪
1001	陈×郎	1950/5/2	1991/1/1	行政	总经理	86000
1002	周×媚	1966/7/1	1991/1/1	表演组	演员	65000
1010	刘×华	1964/8/20	1991/3/1	表演组	歌星	77000
1018	张×友	1965/10/13	1991/6/1	行政	专员	55000
1025	林×莲	1972/3/12	1991/8/15	表演组	歌星	48000
1043	张×芳	1970/4/3	1992/3/7	宣传组	专员	55000
1056	苏×朋	1974/7/9	1992/5/10	表演组	演员	72000
1079	吴×隆	1974/1/20	1993/2/1	宣传组	助理专员	42000
1091	林×萍	1969/3/25	1993/7/10	表演组	歌星	66000
1096	张×玉	1976/7/22	1994/9/18	表演组	演员	83000
1103	陈×伦	1973/12/8	1994/12/20	表演组	歌星	63000

员工表

21-5-1 筛选特定列数据

程序实例 ch21_11.py：筛选只显示姓名列，以及显示姓名与部门列。

```
# ch21_11.py
import pandas as pd

pd.set_option('display.unicode.east_asian_width', True)
df = pd.read_excel("data21_11.xlsx",
                   skiprows=2,usecols="B:H")

print(df['姓名'])
print("-"*70)
print(df[['姓名','部门']])
```

执行结果

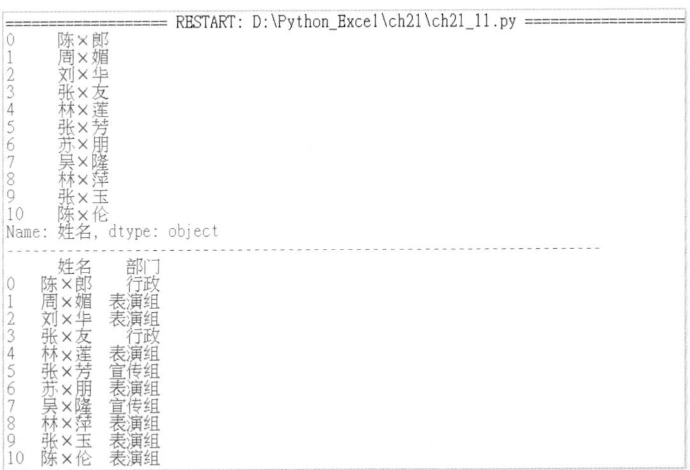

```
=================== RESTART: D:\Python_Excel\ch21\ch21_11.py ===================
0     陈×郎
1     周×媚
2     刘×华
3     张×友
4     林×莲
5     张×芳
6     苏×朋
7     吴×隆
8     林×萍
9     张×玉
10    陈×伦
Name: 姓名, dtype: object
----------------------------------------------------------------------
      姓名    部门
0   陈×郎    行政
1   周×媚  表演组
2   刘×华  表演组
3   张×友    行政
4   林×莲  表演组
5   张×芳  宣传组
6   苏×朋  表演组
7   吴×隆  宣传组
8   林×萍  表演组
9   张×玉  表演组
10  陈×伦  表演组
```

21-5-2 筛选特定行

要筛选特定行可以使用 loc 和 iloc 属性。

程序实例 ch21_12.py：用 loc 属性筛选第 2 行，分别用 loc 和 iloc 属性筛选第 3 ~ 5 行。

```
# ch21_12.py
import pandas as pd

pd.set_option('display.unicode.east_asian_width', True)
df = pd.read_excel("data21_11.xlsx",
                   skiprows=2,usecols="B:H")

print(df.loc[[2]])
print("-"*70)
print(df.loc[[3, 4, 5]])
print("-"*70)
print(df.iloc[3:6])
```

执行结果

```
================== RESTART: D:\Python_Excel\ch21\ch21_12.py ==================
   员工代号    姓名    出生日期    到职日期    部门  职位    月薪
2      1010  刘×华  1964-08-20  1991-03-01  表演组  歌星  77000
----------------------------------------------------------------------
   员工代号    姓名    出生日期    到职日期    部门  职位    月薪
3      1018  张×友  1965-10-13  1991-06-01    行政  专员  55000
4      1025  林×莲  1972-03-12  1991-08-15  表演组  歌星  48000
5      1043  张×芳  1970-04-03  1992-03-07  宣传组  专员  55000
----------------------------------------------------------------------
   员工代号    姓名    出生日期    到职日期    部门  职位    月薪
3      1018  张×友  1965-10-13  1991-06-01    行政  专员  55000
4      1025  林×莲  1972-03-12  1991-08-15  表演组  歌星  48000
5      1043  张×芳  1970-04-03  1992-03-07  宣传组  专员  55000
```

21-5-3 筛选符合条件的数据

程序实例 ch21_13.py：筛选下列 3 组数据。

（1）表演组。

（2）月薪大于 75000 元。

（3）到职日期为 1993 年 6 月 1 日以后。

```
# ch21_13.py
import pandas as pd
import datetime

pd.set_option('display.unicode.east_asian_width', True)
df = pd.read_excel("data21_11.xlsx",
                   skiprows=2,usecols="B:H")

print(df[df['部门'] == '表演组'])
print("-"*70)
print(df[df['月薪'] > 75000])
print("-"*70)
print(df[df['到职日期'] > datetime.datetime(1993,6,1)])
```

执行结果

```
==================== RESTART: D:\Python_Excel\ch21\ch21_13.py ====================
     员工代号    姓名    出生日期    到职日期    部门   职位    月薪
1       1002  周×媚  1966-07-01  1991-01-01  表演组  演员  65000
2       1010  刘×华  1964-08-20  1991-03-01  表演组  歌星  77000
4       1025  林×莲  1972-03-12  1991-08-15  表演组  歌星  48000
6       1056  苏×朋  1974-07-09  1992-05-10  表演组  演员  72000
8       1091  林×萍  1969-03-25  1993-07-10  表演组  歌星  66000
9       1096  张×玉  1976-07-22  1994-09-18  表演组  演员  83000
10      1103  陈×伦  1973-12-08  1994-12-20  表演组  歌星  63000
------------------------------------------------------------------------
    员工代号    姓名    出生日期    到职日期    部门    职位    月薪
0      1001  陈×郎  1950-05-02  1991-01-01    行政  总经理  86000
2      1010  刘×华  1964-08-20  1991-03-01  表演组    歌星  77000
9      1096  张×玉  1976-07-22  1994-09-18  表演组    演员  83000
------------------------------------------------------------------------
     员工代号    姓名    出生日期    到职日期    部门   职位    月薪
8       1091  林×萍  1969-03-25  1993-07-10  表演组  歌星  66000
9       1096  张×玉  1976-07-22  1994-09-18  表演组  演员  83000
10      1103  陈×伦  1973-12-08  1994-12-20  表演组  歌星  63000
```

21-6 单元格运算的应用

21-6-1　旅游统计

工作簿 data21_14.xlsx 旅游统计表内容如下图所示。

	A	B	C	D	E
1					
2		旅游统计表			
3		地区	2021年	2022年	增长
4		日本	2005400	2100008	
5		韩国	860089	900886	
6		中国	1280231	1120334	
7		新加坡	1780075	1800931	

旅游

程序实例 ch21_14.py：列出各地区旅游是否增长。

```
# ch21_14.py
import pandas as pd

pd.set_option('display.unicode.east_asian_width', True)
df = pd.read_excel("data21_14.xlsx",
                   skiprows=2,usecols="B:E")

df['增长'] = df['2022年'] > df['2021年']
print(df)
```

执行结果

```
==================== RESTART: D:\Python_Excel\ch21\ch21_14.py ====================
     地区    2021年    2022年  增长   增长
0    日本  2005400  2100008   NaN   True
1    韩国   860089   900886   NaN   True
2    中国  1280231  1120334   NaN  False
3  新加坡  1780075  1800931   NaN   True
```

21-6-2　高血压检测

工作簿 data21_15.xlsx 血压工作表内容如下图所示。

	A	B	C	D	E
1					
2		健康检查血压测试表			
3		考生姓名	收缩压	舒张压	高血压
4		陈嘉文	120	80	
5		李欣欣	98	60	
6		张家宜	150	100	
7		陈浩	130	90	
8		王铁牛	170	85	

血压表

程序实例 ch21_15.py：正常高血压定义是收缩压大于 140，舒张压大于 90，这个题目是列出测试者的收缩压与舒张压，然后列出是否高血压。

```
# ch21_15.py
import pandas as pd

pd.set_option('display.unicode.east_asian_width', True)
df = pd.read_excel("data21_15.xlsx",
                   skiprows=2,usecols="B:E")


data1 = df['收缩压'] > 140
print(data1)
data2 = df['舒张压'] > 90
print(data2)
df['高血压'] = data1 & data2
print(df)
```

执行结果

```
================== RESTART: D:\Python_Excel\ch21\ch21_15.py ==================
0    False
1    False
2     True
3    False
4     True
Name: 收缩压, dtype: bool
0    False
1    False
2     True
3    False
4    False
Name: 舒张压, dtype: bool
  考生姓名  收缩压  舒张压  高血压
0   陈嘉文     120      80   False
1   李欣欣      98      60   False
2   张家宜     150     100    True
3     陈浩     130      90   False
4   王铁牛     170      85   False
```

21-6-3 业绩统计

工作簿 data21_16.xlsx 业绩表工作表内容如下图所示。

	A	B	C	D	E	F
1						
2		深智数字业务员销售业绩表				
3		姓名	一月	二月	总计	月平均
4		李生时	4560	5152		
5		章艺文	8864	3728		
6		张铁桥	4234	8045		
7		王终生	7799	5435		
8		周华元	9040	8048		

业绩表

程序实例 ch21_16.py：计算业绩总计和月平均。

```
# ch21_16.py
import pandas as pd

pd.set_option('display.unicode.east_asian_width', True)
df = pd.read_excel("data21_16.xlsx",
                   skiprows=2,usecols="B:E")

df['总计'] = df['一月'] + df['二月']
df['月平均'] = df['总计'] / 2.0
print(df)
```

执行结果

```
=================== RESTART: D:\Python_Excel\ch21\ch21_16.py ===================
     姓名  一月  二月   总计  月平均
0  李生时  4560  5152   9712  4856.0
1  章艺文  8864  3728  12592  6296.0
2  张铁桥  4234  8045  12279  6139.5
3  王终生  7799  5435  13234  6617.0
4  周华元  9040  8048  17088  8544.0
```

21-6-4　计算销售排名

在 9-4-2 节有说明百货公司产品销售排名，这一节将用 Pandas 解析计算销售排名的方法，工作簿 data21_17.xlsx 的销售工作表内容如下图所示。

	A	B	C	D	E
1					
2		百货公司产品销售报表			
3		产品编号	名称	销售数量	排名
4		A001	香水	56	
5		A003	口红	72	
6		B004	皮鞋	27	
7		C001	衬衫	32	
8		C003	西装裤	41	
9		D002	领带	50	

销售

程序实例 ch21_17.py：计算销售排名，这个程序会先用销售数量由高到低排列，再重新依照索引排列。

```
# ch21_17.py
import pandas as pd

pd.set_option('display.unicode.east_asian_width', True)
df = pd.read_excel("data21_17.xlsx",
                   skiprows=2,usecols="B:E")

df = df.sort_values(by='销售数量',ascending=False)
rank = range(1,7)
df['排名'] = rank
print(df)
print("-"*70)
df = df.sort_index()
print(df)
```

执行结果

```
=================== RESTART: D:\Python_Excel\ch21\ch21_17.py ===================
  产品编号    名称  销售数量  排名
1     A003    口红        72     1
0     A001    香水        56     2
5     D002    领带        50     3
4     C003  西装裤        41     4
3     C001    衬衫        32     5
2     B004    皮鞋        27     6
----------------------------------------------------------------------
  产品编号    名称  销售数量  排名
0     A001    香水        56     2
1     A003    口红        72     1
2     B004    皮鞋        27     6
3     C001    衬衫        32     5
4     C003  西装裤        41     4
5     D002    领带        50     3
```

21-6-5 累计来客数

工作簿 data21_18.xlsx 的来客数工作表内容如下图所示。

超商来客数统计		
日期	来客数	累计来客数
2022/1/1	113	
2022/1/2	121	
2022/1/3	98	
2022/1/4	109	
2022/1/5	144	

来客数

程序实例 ch21_18.py：这个程序会使用 D 列累计来客数。

```
# ch21_18.py
import pandas as pd

pd.set_option('display.unicode.east_asian_width', True)
df = pd.read_excel("data21_18.xlsx",
                   skiprows=2,usecols="B:D")

df['累计来客数'] = df['来客数'].cumsum()
print(df)
```

执行结果

```
================== RESTART: D:\Python_Excel\ch21\ch21_18.py ==================
        日期  来客数  累计来客数
0 2022-01-01     113         113
1 2022-01-02     121         234
2 2022-01-03      98         332
3 2022-01-04     109         441
4 2022-01-05     144         585
```

21-7 水平合并工作表内容

Pandas 合并的函数是 merge( )，此函数语法如下：

```
merge(right, how, on, left_on, right_on)
```

- right：这是必要项，要合并的 DataFrame。
- how：这是选项，可以是 'left' 'right' 'outer' 'inner' 'cross'，主要是设定合并方式。
- on：这是选项，可以设定共同的字段。
- left_on：可以设定左边 DataFrame 的字段。
- right_on：可以设定右边 DataFrame 的字段。

注 简单的水平合并也可以参考 20-2-2 节。

21-7-1 有共同字段的水平合并

工作簿 data21_19a.xlsx 含有员工数据工作表，data21_19b.xlsx 含有业绩工作表，内容分别如下图所示。

员工ID	性别	出生日期
A1	男	2000/5/5
A4	男	1998/7/9
A7	女	1993/3/5
A10	女	1999/6/10
A13	男	1985/10/2

员工数据 | 工作表2 | 工作表3

ch21_19a.xlsx

员工ID	业绩
A1	81110
A4	92000
A7	69000
A10	72000
A13	88000

业绩表 | 工作表2 | 工作

ch21_19b.xlsx

程序实例 ch21_19.py：将 data21_19a.xlsx 的员工数据与 data21_19b.xlsx 的业绩数据执行水平合并。

```
1  # ch21_19.py
2  import pandas as pd
3
4  pd.set_option('display.unicode.east_asian_width', True)
5  # 读取员工数据
6  left = pd.read_excel("data21_19a.xlsx",
7                       skiprows=1,usecols="B:D")
8  # 读取员工业绩
9  right = pd.read_excel("data21_19b.xlsx",
10                       skiprows=1,usecols="B:C")
11 df = pd.merge(left,right,on='员工ID')     # 执行水平合并
12 print("员工数据")
13 print(left)
14 print("-"*70)
15 print("业绩表")
16 print(right)
17 print("-"*70)
18 print("合并结果")
19 print(df)
```

执行结果

```
================== RESTART: D:\Python_Excel\ch21\ch21_19.py ==================
员工数据
  员工ID 性别   出生日期
0     A1   男 2000-05-05
1     A4   男 1998-07-09
2     A7   女 1993-03-05
3    A10   女 1999-06-10
4    A13   男 1985-10-02
----------------------------------------------------------------------
业绩表
  员工ID   业绩
0     A1  81110
1     A4  92000
2     A7  69000
3    A10  72000
4    A13  88000
----------------------------------------------------------------------
合并结果
  员工ID 性别   出生日期   业绩
0     A1   男 2000-05-05  81110
1     A4   男 1998-07-09  92000
2     A7   女 1993-03-05  69000
3    A10   女 1999-06-10  72000
4    A13   男 1985-10-02  88000
```

上述第 11 行使用了参数 on='员工 ID'，如果省略此参数也可以得到一样的结果，读者可以自行练习，ch21 文件夹的 ch21_19_1.py 则是利用此概念设计的结果，读者可以参考。

21-7-2　没有共同字段的水平合并

如果两个工作表的窗体没有共同的字段，也可以合并，工作簿 data21_20a.xlsx 含有员工数据工作表，data21_20b.xlsx 含有业绩工作表，内容分别如下图所示。

	A	B	C	D	E
1					
2		员工ID	姓名	性别	出生日期
3		A1	洪锦魁	男	2000/5/5
4		A4	洪冰儒	男	1998/7/9
5		A7	洪雨星	女	1993/3/5
6		A10	洪星宇	女	1999/6/10
7		A13	洪冰雨	男	1985/10/2

员工数据 | 工作表2 | 工作表3

ch21_20a.xlsx

	A	B	C
1			
2		业绩ID	业绩
3		A1	81110
4		A4	92000
5		A10	69000
6		A20	72000
7		A30	88000

业绩表 | 工作表2 | 工作

ch21_20b.xlsx

上述两个窗体虽然没有共同的字段，但是员工数据工作表的员工 ID 和业绩工作表的业绩 ID 意义相同，这时会将有相同内容的数据合并。

程序实例 ch21_20.py：合并没有相同字段的工作表，合并时只有不同字段有相同内容的数据才可以合并。

```
# ch21_20.py
import pandas as pd

pd.set_option('display.unicode.east_asian_width', True)
# 读取员工数据
left = pd.read_excel("data21_20a.xlsx",
                     skiprows=1,usecols="B:E")
# 读取员工业绩
right = pd.read_excel("data21_20b.xlsx",
                      skiprows=1,usecols="B:C")
df = pd.merge(left,right,left_on='员工ID',right_on='业绩ID')
print("员工数据")
print(left)
print("-"*70)
print("业绩表")
print(right)
print("-"*70)
print("合并结果")
print(df)
```

执行结果

```
=================== RESTART: D:\Python_Excel\ch21\ch21_20.py ===================
员工数据
  员工ID   姓名 性别   出生日期
0     A1 洪锦魁   男 2000-05-05
1     A4 洪冰儒   男 1998-07-09
2     A7 洪雨星   女 1993-03-05
3    A10 洪星宇   女 1999-06-10
4    A13 洪冰雨   男 1985-10-02
----------------------------------------------------------------------
业绩表
  业绩ID   业绩
0     A1 81110
1     A4 92000
2    A10 69000
3    A20 72000
4    A30 88000
----------------------------------------------------------------------
合并结果
  员工ID   姓名 性别   出生日期 业绩ID   业绩
0     A1 洪锦魁   男 2000-05-05     A1 81110
1     A4 洪冰儒   男 1998-07-09     A4 92000
2    A10 洪星宇   女 1999-06-10    A10 69000
```

由上述执行结果可以得到，A1、A4 和 A10 因为两个工作表的员工 ID 和业绩 ID 皆有出现，所以只合并这些数据。

21-7-3 更新内容的合并

一个企业可能有多个分公司，当分公司建立员工数据时，必须定期和总公司的员工做更新数据合并，这时就可以使用本节的功能。工作簿 data21_21a.xlsx 是总公司员工数据工作表，data21_21b.xlsx 是分公司员工数据工作表，如下图所示。

员工ID	姓名	性别	出生日期
A1	洪锦魁	男	2000/5/5
A4	洪冰儒	男	1998/7/9
A7	洪雨星	女	1993/3/5
A10	洪星宇	女	1999/6/10
A13	洪冰雨	男	1985/10/2

员工数据　工作表2　工作表3

ch21_21a.xlsx

员工ID	姓名	性别	出生日期
A8	陈金郎	男	1985/5/5
A21	李小飞	男	1988/7/9
A31	许冰冰	女	1995/10/2

员工数据　工作表2　工作表3

ch21_21b.xlsx

程序实例 ch21_21.py：请将总公司和分公司的员工数据合并。

```
# ch21_21.py
import pandas as pd

pd.set_option('display.unicode.east_asian_width', True)
# 读取总公司员工数据
left = pd.read_excel("data21_21a.xlsx",
                     skiprows=1,usecols="B:E")
# 读取分公司员工数据
right = pd.read_excel("data21_21b.xlsx",
                      skiprows=1,usecols="B:E")
df = left.merge(right,how='outer')
print("总公司员工数据")
print(left)
print("-"*70)
print("分公司员工数据")
print(right)
print("-"*70)
print("合并结果")
print(df)
```

执行结果

```
=================== RESTART: D:\Python_Excel\ch21\ch21_21.py ===================
总公司员工数据
  员工ID    姓名 性别    出生日期
0     A1  洪锦魁   男 2000-05-05
1     A4  洪冰儒   男 1998-07-09
2     A7  洪雨星   女 1993-03-05
3    A10  洪星宇   女 1999-06-10
4    A13  洪冰雨   男 1985-10-02
----------------------------------------------------------------------
分公司员工数据
  员工ID    姓名 性别    出生日期
0     A8  陈金郎   男 1985-05-05
1    A21  李小飞   男 1988-07-09
2    A31  许冰冰   女 1995-10-02
----------------------------------------------------------------------
合并结果
  员工ID    姓名 性别    出生日期
0     A1  洪锦魁   男 2000-05-05
1     A4  洪冰儒   男 1998-07-09
2     A7  洪雨星   女 1993-03-05
3    A10  洪星宇   女 1999-06-10
4    A13  洪冰雨   男 1985-10-02
5     A8  陈金郎   男 1985-05-05
6    A21  李小飞   男 1988-07-09
7    A31  许冰冰   女 1995-10-02
```

21-8 垂直合并工作表内容

简单数据的垂直合并可以使用 concat( ) 函数，可以参考 20-2-1 节，这一节将用实际的工作表窗体做解说。

21-8-1 使用 concat( ) 函数执行员工数据的垂直合并

程序实例 ch21_22.py：使用 21-7-3 节的数据，然后使用 concat( ) 函数执行垂直合并。

```
# ch21_22.py
import pandas as pd

pd.set_option('display.unicode.east_asian_width', True)
# 读取总公司员工数据
top = pd.read_excel("data21_21a.xlsx",
                    skiprows=1,usecols="B:E")
# 读取分公司员工数据
bottom = pd.read_excel("data21_21b.xlsx",
                       skiprows=1,usecols="B:E")
df = pd.concat([top,bottom])
print("总公司员工数据")
print(top)
print("-"*70)
print("分公司员工数据")
print(bottom)
print("-"*70)
print("合并结果")
print(df)
```

执行结果

```
================== RESTART: D:\Python_Excel\ch21\ch21_22.py ==================
总公司员工数据
  员工ID    姓名 性别    出生日期
0     A1  洪锦魁   男 2000-05-05
1     A4  洪冰儒   男 1998-07-09
2     A7  洪雨星   女 1993-03-05
3    A10  洪星宇   女 1999-06-10
4    A13  洪冰雨   男 1985-10-02
----------------------------------------------------------------------
分公司员工数据
  员工ID    姓名 性别    出生日期
0     A8  陈金郎   男 1985-05-05
1    A21  李小飞   男 1988-07-09
2    A31  许冰冰   女 1995-10-02
----------------------------------------------------------------------
合并结果
  员工ID    姓名 性别    出生日期
0     A1  洪锦魁   男 2000-05-05
1     A4  洪冰儒   男 1998-07-09
2     A7  洪雨星   女 1993-03-05
3    A10  洪星宇   女 1999-06-10
4    A13  洪冰雨   男 1985-10-02
0     A8  陈金郎   男 1985-05-05
1    A21  李小飞   男 1988-07-09
2    A31  许冰冰   女 1995-10-02
```

上述的缺点是索引是旧的，可能会重复出现。

21-8-2 垂直合并同时更新索引

如果希望垂直合并时可以更新索引，可以在 concat( ) 函数内增加下列参数：

```
ignore_index = True
```

程序实例 ch21_23.py：增加 ignore_index=True，重新设计 ch21_22.py。

```
df = pd.concat([top,bottom],ignore_index=True)
```

执行结果

```
==================== RESTART: D:\Python_Excel\ch21\ch21_23.py ====================
总公司员工数据
  员工ID    姓名 性别     出生日期
0    A1  洪锦魁    男 2000-05-05
1    A4  洪冰儒    男 1998-07-09
2    A7  洪雨星    女 1993-03-05
3   A10  洪星宇    女 1999-06-10
4   A13  洪冰雨    男 1985-10-02
----------------------------------------------------------------------
分公司员工数据
  员工ID    姓名 性别     出生日期
0    A8  陈金郎    男 1985-05-05
1   A21  李小飞    男 1988-07-09
2   A31  许冰冰    女 1995-10-02
----------------------------------------------------------------------
合并结果
  员工ID    姓名 性别     出生日期
0    A1  洪锦魁    男 2000-05-05
1    A4  洪冰儒    男 1998-07-09
2    A7  洪雨星    女 1993-03-05
3   A10  洪星宇    女 1999-06-10
4   A13  洪冰雨    男 1985-10-02
5    A8  陈金郎    男 1985-05-05
6   A21  李小飞    男 1988-07-09
7   A31  许冰冰    女 1995-10-02
```

21-8-3　垂直合并同时自动删除重复项目

使用 concat( ) 函数执行工作表数据合并时，可能会有数据重复，这时可以使用 21-3 节所述的 drop_duplicates( ) 函数删除重复的项目。在实操中可能分公司的员工数据没有更新，因此合并员工数据时，会产生员工数据重复。例如，工作簿 data21_24a.xlsx 是总公司员工数据工作表，data21_24b.xlsx 是分公司员工数据工作表，如下图所示。

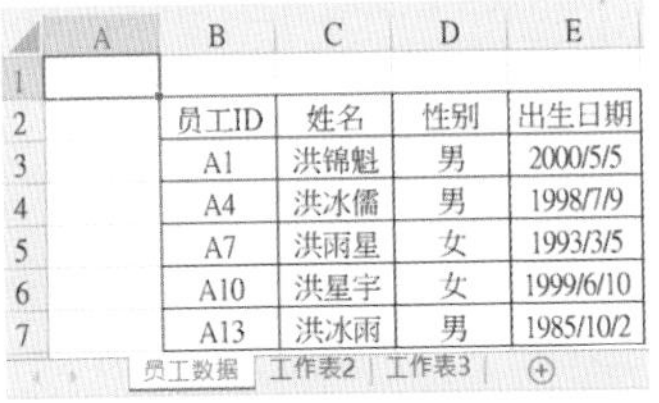

员工ID	姓名	性别	出生日期
A1	洪锦魁	男	2000/5/5
A4	洪冰儒	男	1998/7/9
A7	洪雨星	女	1993/3/5
A10	洪星宇	女	1999/6/10
A13	洪冰雨	男	1985/10/2

ch21_24a.xlsx

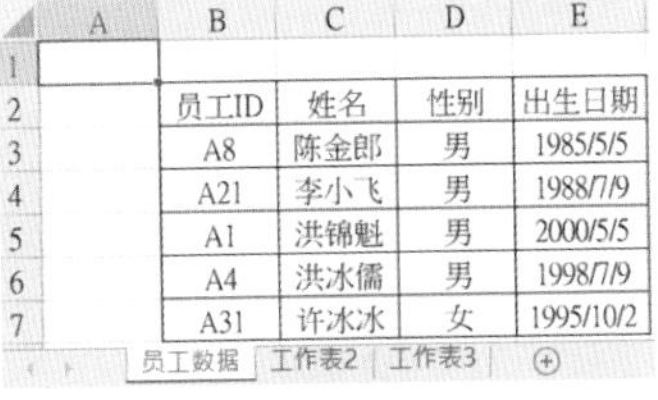

员工ID	姓名	性别	出生日期
A8	陈金郎	男	1985/5/5
A21	李小飞	男	1988/7/9
A1	洪锦魁	男	2000/5/5
A4	洪冰儒	男	1998/7/9
A31	许冰冰	女	1995/10/2

ch21_24b.xlsx

程序实例 ch21_24.py：垂直合并，同时删除重复的员工数据。

```
# ch21_24.py
import pandas as pd

pd.set_option('display.unicode.east_asian_width', True)
# 读取总公司员工数据
top = pd.read_excel("data21_24a.xlsx",
                    skiprows=1,usecols="B:E")
# 读取分公司员工数据
bottom = pd.read_excel("data21_24b.xlsx",
                       skiprows=1,usecols="B:E")
df = pd.concat([top,bottom],ignore_index=True).drop_duplicates()
print("总公司员工数据")
print(top)
print("-"*70)
print("分公司员工数据")
print(bottom)
print("-"*70)
print("合并结果")
print(df)
```

执行结果

```
=================== RESTART: D:\Python_Excel\ch21\ch21_24.py ===================
总公司员工数据
  员工ID   姓名 性别      出生日期
0     A1  洪锦魁   男 2000-05-05
1     A4  洪冰儒   男 1998-07-09
2     A7  洪雨星   女 1993-03-05
3    A10  洪星宇   女 1999-06-10
4    A13  洪冰雨   男 1985-10-02
------------------------------------------------------------------------
分公司员工数据
  员工ID   姓名 性别      出生日期
0     A8  陈金郎   男 1985-05-05
1    A21  李小飞   男 1988-07-09
2     A1  洪锦魁   男 2000-05-05
3     A4  洪冰儒   男 1998-07-09
4    A31  许冰冰   女 1995-10-02
------------------------------------------------------------------------
合并结果
  员工ID   姓名 性别      出生日期
0     A1  洪锦魁   男 2000-05-05
1     A4  洪冰儒   男 1998-07-09
2     A7  洪雨星   女 1993-03-05
3    A10  洪星宇   女 1999-06-10
4    A13  洪冰雨   男 1985-10-02
5     A8  陈金郎   男 1985-05-05
6    A21  李小飞   男 1988-07-09
9    A31  许冰冰   女 1995-10-02
```

第 2 2 章

建立数据透视表

在讲解数据透视表前，这一章将先讲解数据统计。

22-1 数据统计分析

使用 Pandas 做数据统计常使用的方法如下：

- value_counts( )：统计字段计数方法。
- groupby( )：群组字段数据。
- aggregate( )：汇总数据方法。

这一节将以 saleReport.xlsx 工作簿为例讲解，这个销售数据表有 227 笔销售数据。

	A	B	C	D	E	F	G	H
1	客户编号	性别	职业类别	年龄	交易日期	商品类别	金额	毛利
2	A1	男	软件设计	35	2019年1月3日	生活用品	1200	600
3	A4	男	金融业	28	2019年1月4日	家电	800	400
4	A7	女	硬件设计	29	2019年1月5日	家电	800	400
5	A10	女	家管	37	2019年2月13日	娱乐CD	1500	750
6	A13	男	金融业	43	2019年2月14日	文具	600	300
7	A16	女	软件设计	27	2019年2月15日	家电	800	400
8	A19	女	业务营销	39	2019年2月16日	3C商品	7000	700
9	A4	男	金融业	28	2019年3月11日	家电	800	400
10	A7	女	硬件设计	29	2019年3月11日	家电	800	400

销售数据表 | 工作表2 | 工作表3

22-1-1 计算客户数

虽然 salesReport.xlsx 工作簿有 227 笔销售数据，但是有些客户可能有多次交易，这时可以使用 value_counts( ) 函数统计客户数、商品类别数和客户职业类别数。

程序实例 ch22_1.py：使用 value_counts( ) 函数统计客户数。

```
# ch22_1.py
import pandas as pd

pd.set_option('display.unicode.east_asian_width',True)
# 读取销售数据
df = pd.read_excel("salesReport.xlsx")
# 输出原始数据
print(df)
# 统计客户数
print("-"*70)
customer_count = df.value_counts("客户编号")
print(customer_count)
```

执行结果

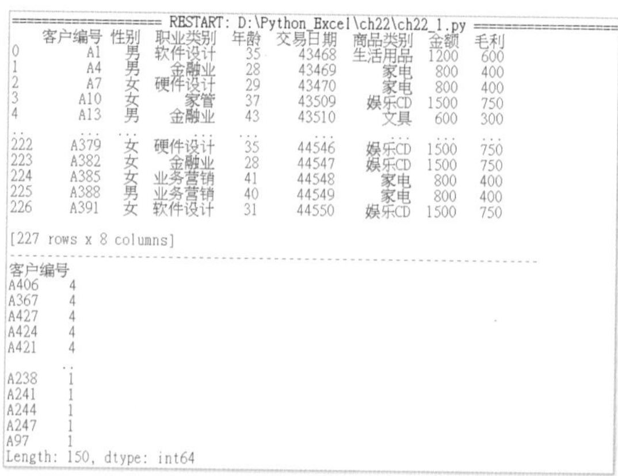

```
================== RESTART: D:\Python_Excel\ch22\ch22_1.py ==================
    客户编号 性别 职业类别 年龄 交易日期 商品类别 金额 毛利
0         A1   男 软件设计   35    43468 生活用品 1200  600
1         A4   男   金融业   28    43469     家电  800  400
2         A7   女 硬件设计   29    43470     家电  800  400
3        A10   女     家管   37    43509   娱乐CD 1500  750
4        A13   男   金融业   43    43510     文具  600  300
..       ...  ...      ...  ...      ...      ...  ...  ...
222     A379   女 硬件设计   35    44546   娱乐CD 1500  750
223     A382   女   金融业   28    44547   娱乐CD 1500  750
224     A385   女 业务营销   41    44548     家电  800  400
225     A388   男 业务营销   40    44549     家电  800  400
226     A391   女 软件设计   31    44550   娱乐CD 1500  750

[227 rows x 8 columns]
----------------------------------------------------------------------
客户编号
A406    4
A367    4
A427    4
A424    4
A421    4
       ..
A238    1
A241    1
A244    1
A247    1
A97     1
Length: 150, dtype: int64
```

22-1-2　统计客户性别、职业与商品类别数

程序实例 ch22_2.py：使用 value_counts( ) 函数统计客户性别数、客户职业类别数和商品类别数。

```
# ch22_2.py
import pandas as pd

pd.set_option('display.unicode.east_asian_width',True)
# 读取销售数据
df = pd.read_excel("salesReport.xlsx")
# 统计客户性别
sex_count = df.value_counts("性别")
print(sex_count)
print("-"*70)
# 统计客户职业类别
job_count = df.value_counts("职业类别")
print(job_count)
print("-"*70)
# 统计商品类别
product_count = df.value_counts("商品类别")
print(product_count)
```

执行结果

```
==================== RESTART: D:\Python_Excel\ch22\ch22_2.py ====================
性别
女    149
男     78
dtype: int64
----------------------------------------------------------------------
职业类别
业务营销    81
硬件设计    50
金融业      46
软件设计    39
家管        11
dtype: int64
----------------------------------------------------------------------
商品类别
家电        87
娱乐CD      76
生活用品    27
文具        22
3C商品      15
dtype: int64
```

22-1-3　先做分类再做统计

前一小节的程序设计是在做各类别的计数，其实我们可以先做分类再做计数。分类的函数是 groupby( )，当获得分类对象后，就可以使用这个对象配合前一小节所述的 value_counts( ) 函数执行统计计数。

程序实例 ch22_3.py：了解男性与女性客户的职业类别和购买商品类别。

```
# ch22_3.py
import pandas as pd

pd.set_option('display.unicode.east_asian_width',True)
# 读取销售数据
df = pd.read_excel("salesReport.xlsx")
# 统计男与女的职业类别数
sex_group = df.groupby(['性别'])
print(sex_group['职业类别'].value_counts())
print("-"*70)
# 统计男与女的购买商品类别数
print(sex_group['商品类别'].value_counts())
```

执行结果

```
=================== RESTART: D:\Python_Excel\ch22\ch22_3.py ===================
性别  职业类别
女    业务营销    54
      硬件设计    34
      金融业      28
      软件设计    22
      家管        11
男    业务营销    27
      金融业      18
      软件设计    17
      硬件设计    16
Name: 职业类别, dtype: int64
----------------------------------------------------------------------
性别  商品类别
女    家电        56
      娱乐CD      53
      文具        19
      生活用品    13
      3C商品       8
男    家电        31
      娱乐CD      23
      生活用品    14
      3C商品       7
      文具         3
Name: 商品类别, dtype: int64
```

22-1-4 数据汇总

数据汇总的函数是 aggregate( )，常用的汇总项目有下列几种。

- max：最高值。
- min：最低值。
- mean：平均值。
- median：中位数。

程序实例 ch22_4.py：统计不同性别、不同职业类别客户购买商品的最高值、最低值、平均数和中位数。

```
# ch22_4.py
import pandas as pd

pd.set_option('display.unicode.east_asian_width',True)
# 读取销售数据
df = pd.read_excel("salesReport.xlsx")
# 分类统计
job_group = df.groupby(['性别'])
print(job_group['金额'].aggregate(['max','min','mean','median']))
print("-"*70)
job_group = df.groupby(['职业类别'])
print(job_group['金额'].aggregate(['max','min','mean','median']))
```

执行结果

```
=================== RESTART: D:\Python_Excel\ch22\ch22_4.py ===================
       max  min         mean  median
性别
女    7000  600  1391.275168     800
男    7000  600  1626.923077    1200
----------------------------------------------------------------------
            max  min         mean  median
职业类别
业务营销   7000  600  1492.592593    1200
家管       1500  600  1036.363636     800
硬件设计   7000  600  1340.000000    1200
软件设计   7000  600  1584.615385    1200
金融业     7000  600  1589.130435    1200
```

22-2 建立数据透视表

22-2-1 认识 pivot_table( ) 函数

Pandas 提供的建立数据透视表的函数是 pivot_table( )，此函数语法如下：

```
pivot_table(data, value, index, columns, aggfunc, fill_value, margins,
        dropna, margins_name, observed, sort)
```

上述各参数意义如下：

- data：这是 DataFrame。
- value：这是 Excel 数据透视表的值字段。
- index：这是 Excel 数据透视表的行字段。
- columns：这是 Excel 数据透视表的列字段。
- aggfunc：这是汇整参数，主要是统计方式，例如 'mean' 'sum'。预设是 numpy.mean。
- fill_value：若是有缺失值时，设定取代的值，预设是 False。
- margins：预设是 False，如果是 True 会加总所有行或列。
- dropna：预设是 True，也就是当整列是 NaN 时不要处理。
- margins_name：预设是 False，当设为 True 时，将包含总计的列 / 行名称。
- ovserved：默认是 False，如果是 True 则只显示分类的观察值。

这一节将以 data22_5.xlsx 的业绩表工作表为实例解说，请参考如下工作表实例。

	A	B	C	D	E	F	G
1	业务员	年度	产品	单价	数量	销售额	地区
2	白冰冰	2021年	白松沙士	10	200	2000	台北市
3	白冰冰	2021年	白松绿茶	8	220	1760	台北市
4	白冰冰	2022年	白松沙士	10	250	2500	台北市
5	白冰冰	2022年	白松绿茶	8	300	2400	台北市
6	周慧敏	2021年	白松沙士	10	400	4000	台北市
7	周慧敏	2022年	白松沙士	10	420	4200	台北市
8	朱哥亮	2021年	白松沙士	10	390	3900	高雄市
9	朱哥亮	2021年	白松绿茶	8	420	3360	高雄市
10	朱哥亮	2022年	白松沙士	10	450	4500	高雄市
11	朱哥亮	2022年	白松绿茶	8	480	3840	高雄市

业绩表 | 工作表2 | 工作表3

这时若是使用 Excel 建立数据透视表，步骤如下：

（1）将活动单元格移至欲建数据透视表的窗体上。

（2）执行"插入"→"表格"→"数据透视表"。

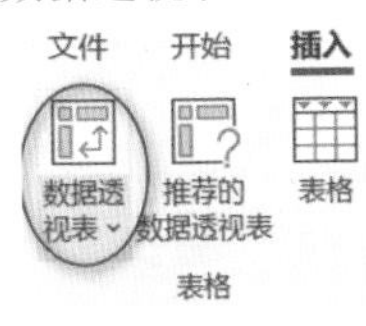

（3）出现来自表格或区域的数据透视表对话框，须执行相关设定，Excel 会自行判断所选取的表格和范围同时显示在表格 / 范围字段，如果这不是想要的单元格区间，也可单击此字段右边的 ⬆ 按钮，自行选择单元格区间。

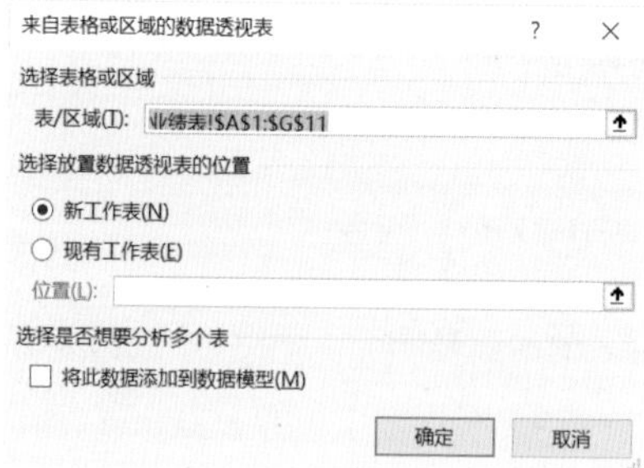

（4）单击“确定”按钮。

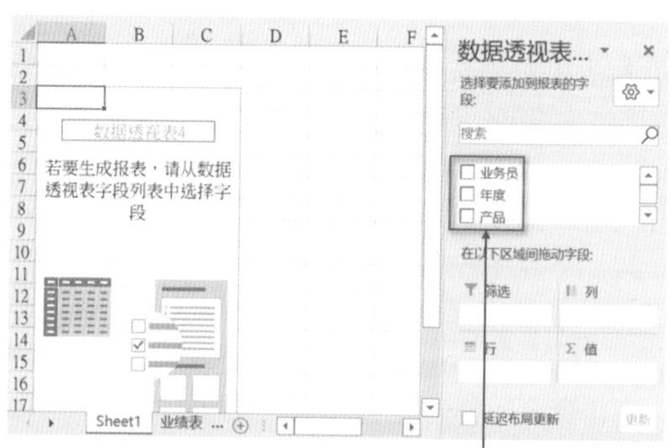

所有字段

（5）接下来只要将原先所选的数据清单项目字段拖曳至报表筛选、列、行及 Σ 值，很轻松地就可建立数据透视表。

上述关键点就是如何将指定的字段拖曳至适当的位置，上述窗口字段相对 Pandas 的 pivot_table( ) 函数各参数说明如下图所示。

有了上述概念，只要设定几个参数值，就可以设计数据透视表了。

22-2-2 使用数据透视表的数据分析实例

坦白地说要熟悉数据透视表，重要的是要先掌握所需呈现的数据，然后适当地设定下列参数：

values：相当于 Excel 的值字段。

index：相当于 Excel 的行字段。

columns：相当于 Excel 的列字段。

aggfunc：相当于统计数据方式，最常见的是‘sum’（加总），或是使用 NumPy 模块的 np.sum。

程序实例 ch22_5.py：执行 2021 年和 2022 年台北市和高雄市的销售统计。

```
# ch22_5.py
import pandas as pd
import numpy as np

pd.set_option('display.unicode.east_asian_width',True)
# 读取员工数据
df = pd.read_excel("data22_5.xlsx")
# 建立数据透视表
pvt = df.pivot_table(values='销售额',
                     index='年度',
                     columns='地区',
                     aggfunc=np.sum)

print(pvt)
```

执行结果

```
==================== RESTART: D:\Python_Excel\ch22\ch22_5.py ====================
地区     台北市  高雄市
年度
2021年    7760    7260
2022年    9100    8340
```

22-2-3　加总行和列数据

在 pivot_table( ) 函数内，如果增加设定下列参数可以执行加总功能。

- margins = True
- margins_name = ‘总计’　　　　　　# ‘总计’ 是设定域名

程序实例 ch22_6.py：扩充 ch22_5.py，增加总计功能。

```
# ch22_6.py
import pandas as pd
import numpy as np

pd.set_option('display.unicode.east_asian_width',True)
# 读取员工数据
df = pd.read_excel("data22_5.xlsx")
# 建立数据透视表
pvt = df.pivot_table(values='销售额',
                     index='年度',
                     columns='地区',
                     aggfunc=np.sum,
                     margins=True,
                     margins_name='总计')

print(pvt)
```

执行结果

```
==================== RESTART: D:\Python_Excel\ch22\ch22_6.py ====================
地区     台北市  高雄市   总计
年度
2021年    7760    7260  15020
2022年    9100    8340  17440
总计     16860   15600  32460
```

22-2-4 针对产品销售的统计

程序实例 ch22_7.py：执行 2021 年和 2022 年白松沙士和白松绿茶的销售统计。

```
# ch22_7.py
import pandas as pd
import numpy as np

pd.set_option('display.unicode.east_asian_width',True)
# 读取员工数据
df = pd.read_excel("data22_5.xlsx")
# 建立数据透视表
pvt = df.pivot_table(values='销售额',
                     index='年度',
                     columns='产品',
                     aggfunc=np.sum,
                     margins=True,
                     margins_name='总计')

print(pvt)
```

执行结果

```
================== RESTART: D:\Python_Excel\ch22\ch22_7.py ==================
产品     白松沙士  白松绿茶   总计
年度
2021年       9900      5120  15020
2022年      11200      6240  17440
总计        21100     11360  32460
```

22-3 行字段有多组数据的应用

在建立数据透视表时，可以让一个字段有多组数据，执行更进一步的分析。

程序实例 ch22_8.py：在年度销售的行字段增加业务员，这样可以看到每个业务员基于特定年度和特定产品的销售分析。

```
# ch22_8.py
import pandas as pd
import numpy as np

pd.set_option('display.unicode.east_asian_width',True)
# 读取员工数据
df = pd.read_excel("data22_5.xlsx")
# 建立数据透视表
pvt = df.pivot_table(values='销售额',
               index=['年度','业务员'],
                     columns='产品',
               aggfunc=np.sum,
                     margins=True,
                     margins_name='总计')

print(pvt)
```

执行结果

```
================== RESTART: D:\Python_Excel\ch22\ch22_8.py ==================
产品              白松沙士  白松绿茶   总计
年度   业务员
2021年 周慧敏       4000.0       NaN   4000
       朱哥亮       3900.0    3360.0   7260
       白冰冰       2000.0    1760.0   3760
2022年 周慧敏       4200.0       NaN   4200
       朱哥亮       4500.0    3840.0   8340
       白冰冰       2500.0    2400.0   4900
总计               21100.0   11360.0  32460
```

当一个字段有多组数据时，数据顺序会造成不同的数据透视表效果。

程序实例 ch22_9.py：调整 index 字段的年度与业务员顺序，然后观察执行结果。

```
# ch22_9.py
import pandas as pd
import numpy as np

pd.set_option('display.unicode.east_asian_width',True)
# 读取员工数据
df = pd.read_excel("data22_5.xlsx")
# 建立数据透视表
pvt = df.pivot_table(values='销售额',
                     index=['业务员','年度'],
                     columns='产品',
                     aggfunc=np.sum,
                     margins=True,
                     margins_name='总计')

print(pvt)
```

执行结果

```
==================== RESTART: D:\Python_Excel\ch22\ch22_9.py ====================
产品             白松沙士  白松绿茶   总计
业务员 年度
周慧敏 2021年    4000.0       NaN   4000
       2022年    4200.0       NaN   4200
朱哥亮 2021年    3900.0    3360.0   7260
       2022年    4500.0    3840.0   8340
白冰冰 2021年    2000.0    1760.0   3760
       2022年    2500.0    2400.0   4900
总计            21100.0   11360.0  32460
```

第 2 3 章

Excel 文件转成 PDF

23-1 安装模块

要将 Excel 的工作表转成 PDF 文件，需要安装 pywin32 模块，安装方式如下：

```
pip install pywin32
```

23-2 程序设计

将 data23_1.xlsx 的冰品销售工作表转成 PDF 文件，此工作表内容如下图所示。

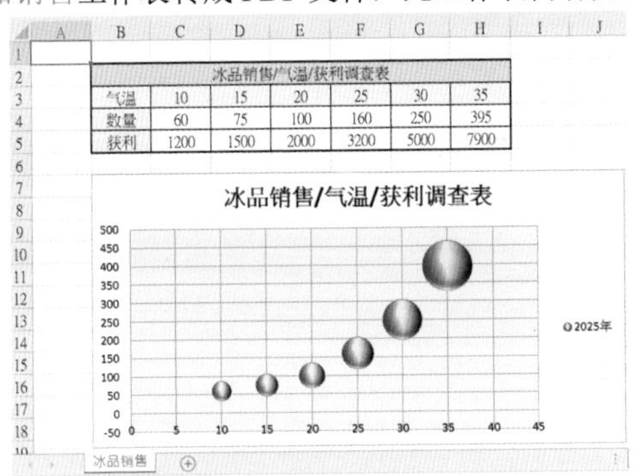

冰品销售/气温/获利调查表						
气温	10	15	20	25	30	35
数量	60	75	100	160	250	395
获利	1200	1500	2000	3200	5000	7900

程式实例 ch23_1.py：将上述工作表内容转成 PDF 文件。

```
# ch23_1.py
from win32com.client import DispatchEx

myexcel = "D:\Python_Excel\ch23\data23_1.xlsx"
mypdf = "D:\Python_Excel\ch23\out23_1.pdf"

# 建立COM应用对象
obj = DispatchEx("Excel.Application")
# 读取Excel文件
books = obj.Workbooks.Open(myexcel,False)
# 将文件转成PDF
books.ExportAsFixedFormat(0, mypdf)
books.Close(False)  # 关闭
obj.Quit()          # 结束
```

执行结果　开启 out23_1.pdf 可以得到如下结果。

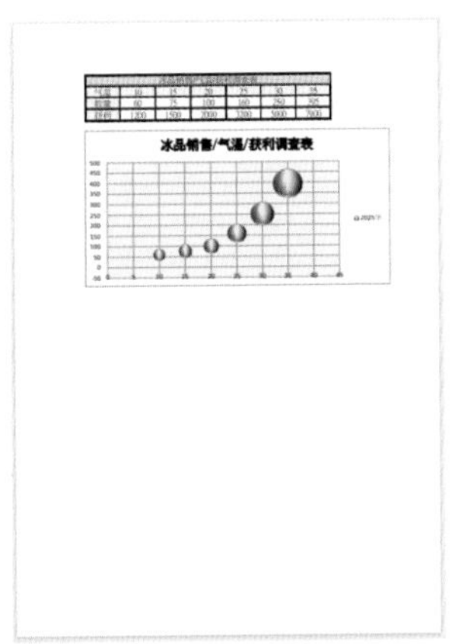

上述第 8 行的 DispatchEx( ) 函数是建立 COM 应用的对象，参数是放 Excel.Application，表示应用在 Excel。第 12 行是使用 ExportAsFixedFormat( ) 函数将 Excel 文件转成 PDF。了解上述程序后，未来在职场读者可以将所有的 Excel 文件转成 PDF 保存。